高等院校化学课实验系列教材

国家级精品课程教材

有机化学实验

（第二版）

武汉大学化学与分子科学学院实验中心　编

WUHAN UNIVERSITY PRESS
武汉大学出版社

图书在版编目（CIP）数据

有机化学实验/武汉大学化学与分子科学学院实验中心编.—2版.
—武汉：武汉大学出版社,2017.1（2024.1 重印）
国家级精品课程教材　高等院校化学课实验系列教材
ISBN 978-7-307-16723-0

Ⅰ.有…　Ⅱ.武…　Ⅲ.有机化学—化学实验—高等学校—教材
Ⅳ.O62-33

中国版本图书馆 CIP 数据核字（2015）第 204748 号

责任编辑:谢文涛　　　责任校对:汪欣怡　　　版式设计:马　佳

出版发行：**武汉大学出版社**　（430072　武昌　珞珈山）
　　　　　（电子邮箱：cbs22@whu.edu.cn　网址：www.wdp.com.cn）
印刷:武汉科源印刷设计有限公司
开本:720×1000　1/16　印张:23.75　字数:438 千字　插页:1
版次:2004 年 8 月第 1 版　　2017 年 1 月第 2 版
　　2024 年 1 月第 2 版第 5 次印刷
ISBN 978-7-307-16723-0　　定价:59.00 元

总　序

　　化学是一门在长期的实验与实践中诞生、发展和逐步完善的学科。目前，化学在与多学科的交叉、融合和应用中得到快速发展。化学实验课程在高等学校理科化学类专业本科生教育中是本科生重要的、不可替代的基础课。我国传统的化学实验课程教学一贯强调与理论课程紧密结合，重视"三基"能力（基本知识、基本理论、基本技能）培养，在过去半个世纪里对我国培养的化学专业人才发挥了重要作用；但这种传统的实验教学内容和教学方式，对通过实验教育培养学生的创新意识、创新精神和创新能力略显不足。

　　武汉大学自 1991 年开设化学试验班以来，就开始试行对实验课程进行改革，包括减少验证性实验，增加设计实验和开放实验等内容，藉以提高学生提出问题、分析问题和解决问题的能力。1998 年，武汉大学化学学院召开了全院的教学思想大讨论。在会上，一方面强调了应进一步加强培养学生的"三基"能力，同时也充分肯定了"设计实验"和"开放实验"的意义与重要性，提出应该重点研究如何通过实验教学培养学生的创新意识、创新精神和创新能力，还积极鼓励开设"综合研究性实验"课程，以作为"实验教学"与"科学研究"之间的桥梁。这一建议得到了学院教师的广泛认同与支持。同年，武汉大学在整合各二级化学学科实验教学资源基础上成立了化学实验教学中心，在学院各研究单位的大力支持下，加快了对化学实验课程体系和教学方法、手段的改革。通过多年的努力，包含各门实验课程的《大学化学实验》于 2003 年被评为"国家理科基地创建优秀名牌课程创建项目"，同年还被评为湖北省精品课程，2007 年被评为国家级精品课程。2006 年武汉大学化学实验教学中心被评为国家级实验教学示范中心。

　　武汉大学化学实验教学中心在总结武汉大学历年编写的化学实验教材基础上，汇编成为"大学化学实验"系列教材，于 2003—2005 年先后在武汉大学出版社出版。该实验系列教材出版后已被多所大学使用，并多次重印。

　　近些年来，武汉大学化学实验教学中心按照"固本—创新"的思想指引，在构建三个结合创新教学平台（"实验教学—理论教学—科学研究"平台、"计划教学—开放实验—业余科研"平台和"实验中心—科研院所—企业公司"平台）的基础上，充分利用学校和社会资源，紧密联系理论，深入进行实验教学改革。利用教学、科研与社会的互动，调动了中心以外教师的力量，密切关注交叉学科和社会热点，将学院科研成果和社会企业的课题经过改革后纳入实验教学，开出了一批内容先进、形式新颖、具有探索性的新型实验，优化了基础实验内容，丰富了设计实验和综合研究型实验的内涵。此外，在教学方法、教学手段等方面也进行了有益的尝试，并取得较优异的教改成绩。

在总结这段时期实验教学改革成绩和上一版实验教材使用经验的基础上，武汉大学化学实验教学中心组织相关教师修订编写了这套"大学化学实验"精品课程教材，包括《无机化学实验》、《分析化学实验》、《仪器分析实验》、《有机化学实验》、《物理化学实验》、《化工基础实验》和《综合化学实验》七分册。

这套教材较鲜明地体现了武汉大学化学实验教学中心的创新教育理念："以教师为主导，以学生为中心，以激发学生学习积极性为出发点，以培养学生创新能力为目的，狠抓基本技能训练，按照科学研究、思维和方法的规律为主线索组织实验教学，鼓励学生自我选择学术发展方向、自我设计和建立知识结构、自我提升科研技能。"前六分册以基础为主，重点强调学生"三基"技能的培训，培养学生利用已学习的知识解决部分问题的能力，按照"基础实验—设计实验—综合实验"三个层次安排实验内容，突出了"重基础、严规范、勤思考、培兴趣"的教学思想。《综合化学实验》的实验内容主要选自学院内外的实际科研成果，以前沿的课题为载体，对学生进行"化学研究全过程"的训练，重点强调创新意识、创新精神和创新能力的培训。

这套教材是武汉大学化学实验教学中心教学改革和国家级精品课程建设的联合成果，希望这套系列教材能较好地适应化学类各有关专业学生及若干其他类型和层次读者的要求，为大学化学实验课程的质量提高做出一定贡献。

中国科学院院士　查全性

2011 年 11 月 15 日

武昌珞珈山

第二版前言

本教材是以我校化学实验中心主编的《有机化学实验》（武汉大学出版社，2004年）为蓝本，同时借鉴国内外同类教材编写而成，教材可供综合性大学、理工科院校、师范院校的化学专业本科生使用。

本教材的特点如下：

（1）将原教材的第二、三、四章重新组合、编写成有机化合物的物理常数及测定，有机化合物的分离和纯化及基础实验等三章，增加了折光率、旋光度及测定、气相色谱介绍等内容。

（2）保留第五章，新增部分实验，制备的化合物附录红外光谱图和核磁共振谱图。

（3）增加第四章波谱技术简介。

（4）对原教材的第一章和第七章适当进行调整、补充或删除。根据本校所开设有机化学实验的实际情况，删除了原教材微型实验内容。

（5）所选实验内容和顺序遵循循序渐进的认识规律和实用原则，将内容分为基本理论、基本操作、简单化合物制备和连续合成实验，有利于教师组织教学及学生自学，使学生的学习由简单到难，由浅入深，全面接受有机化学实验的基本知识、基本装置和基本操作的训练，培养和提高学生学习有机化学实验的兴趣和能力。

参加本教材编写的有侯安新（主编）（第一、四、五、六章）；熊英（副主编）（第二、三章）；龚林波（第七章及附录）。本教材编写主要参考我校2004年版《有机化学实验》，对该书的主要作者王福来、封孝华等老师表示诚挚的谢意。部分内容参考或取自北京大学、清华大学、中国科技大学等编写的《有机化学实验》，参考书已列在参考文献目录中，并深表谢意。由于编者水平有限，时间仓促，书中缺点错误在所难免，恳请同行专家及师生指正。

编　者
2014年10月

目　　录

第一章　有机化学实验常识

一、有机化学实验目的、内容

有机化学是一门实验科学，它的理论是在大量实验的基础上产生，并接受实验的检验而得到发展和逐步完善的。有机化学实验课的目的在于：①验证有机化学理论并加深对理论的理解；②训练有机化学实验的基本操作能力；③培养理论联系实际、严谨求实的实验作风和良好的实验习惯；④培养学生的初步科研能力，即根据原料及产物的性质正确选择反应路线和分离纯化路线，正确控制反应条件，准确记录实验数据及对实验结果进行综合整理分析的能力。

有机化学实验内容可分为四大类：

（1）有机化合物的合成实验，又称制备实验，以通过化学反应获取反应产物为目的。

（2）有机化合物的分离纯化实验。包含两方面：①从有机反应中将产物从反应混合物中进行分离纯化；②以从混合物中获得某种预期成分为目的，一般不发生化学变化。被分离的混合物可以来自矿物（如石油）、动物、植物或微生物发酵液。

（3）有机化合物的结构分析和结构确认。①物理常数测定实验；②化合物性质实验，以确定化合物是否具有某种性质或某种官能团为目的；③元素定性分析实验，以确定化合物中是否含有某种元素为目的；④元素定量分析实验，以确定化合物中某种元素的含量多少为目的；⑤波谱实验，通过核磁共振谱、红外光谱、紫外光谱等现代技术确定化合物的结构。

（4）理论探讨性实验，如对反应动力学、反应机理、催化机理、反应过渡态的研究等。此类实验在基础课教学实验中涉及较少。

制备实验在有机化学实验中占多数，它是有机化学实验的核心，制备实验涉及化学反应、分离、纯化、物理常数测定和结构分析及结构确认。例如，通过有机合成得到的是产物、副产物、未反应的原料、溶剂、催化剂等的混合物，需进行分离纯化才能得到较纯净的产物，最后还需通过适当的有机分析实验来鉴定产物。

有机化学实验中所用到的实验装置和操作技能是多种多样的，其中那些反复使用的、具有固定规程和要点的操作单元称为基本操作。复杂的实验是基本操作的不同组合，因此，基本操作能力训练是有机化学实验课程的核心任务。为训练基本操作能力而专门设计的实验称为基本操作实验，其中多数是分离纯化实验。

二、有机化学实验室安全常识

实验安全是有机化学实验课程的基本要求。为了保证实验顺利完成，预防事故的发生，学生必须有强烈的安全意识。在进实验室前，学生必须认真阅读实验室安全守则和安全知识，了解实验所用试剂的毒性及安全使用方法；熟悉所用仪器设备的正确操作步骤及要领。对常见事故的发生原因、预防办法及处置措施有所了解。

（一）个人防护

做化学实验期间必须佩戴护目镜或近视眼镜。必须穿过膝、长袖实验服，不准穿短裤、裙装、拖鞋、大开口鞋和凉鞋，不准穿底部带铁钉的鞋。长发（过衣领）必须扎短或藏于帽内。

（二）防火

有机试剂大部分可燃，一部分是易燃品，而实验室中经常使用的溶剂则大部分是易燃品且具有较大的挥发性。同时，实验室中又要用电加热，各种电器的使用也往往会产生电火花。所以着火燃烧是发生率最高的实验事故。常见的情况有：①在烧杯或蒸发皿等敞口容器中加热有机液体时，可燃的蒸气遇明火引起燃烧；②回流或蒸馏操作中未加沸石或未采用磁力搅拌，引起暴沸，液体冲出瓶外被明火点燃；③直接加热装有液体有机物的烧瓶，引起烧瓶破裂，液体逸出并被点燃；④在倾倒或量取有机液体时不小心将液体洒出瓶外并被明火点燃；⑤盛放有机液体的瓶子长期不加盖，蒸气不断挥发出来，由于它比空气重，会下沉流动聚集于地面低洼处，遇到丢弃的未熄灭的火柴头等引起燃烧；

⑥将废溶剂等倒入废物缸，其蒸气大量挥发，被明火点燃；⑦在使用金属钠时，不小心使金属钠接触水或潮湿的台面、抹布等引起燃烧。

如果发生了燃烧事故，千万不可惊慌失措。首先是立即切断电源，移开火焰周围的可燃物品，然后根据不同情况作不同处置。若是热溶剂挥发出的蒸气在瓶口处燃烧，可用湿抹布盖熄；若仅有一两滴液体溅在实验台面上燃烧，则移开周围可燃物后，可任其烧完，一般会在一分钟之内自行熄灭而不会烧坏台面；若洒出的液体稍多，可用防火沙、湿抹布或石棉布盖熄；若火势较大，则需用灭火器喷熄；若可燃液体溅在衣服上并引起燃烧，应立即就地躺倒滚动将火压熄，切不可带火奔跑，以免火势扩大。

实验室内灭火应该注意：①一般不可用水灭火，因为有机物会浮在水面上继续燃烧并随水的流动迅速扩散，只有当着火的有机物极易溶于水，且火势不大时才可用水灭火；②用灭火器灭火时应从火焰的四周向中心扑灭，且电器着火时不可用泡沫灭火器灭火；③金属钾、钠造成的着火事故不可用灭火器扑灭，更不能用水，只能用干沙或石棉布盖熄。若一时不具备这些东西，也可将实验室常用的碳酸钠或碳酸氢钠固体倒在火焰上将火扑灭。

为了预防实验中可能发生的着火事故，在实验前必须对所用到的试剂、溶剂等有尽可能详尽的了解。一般说来化合物闪点愈低，愈易燃烧，如果同时沸点也较低（挥发性大），则使用时更应加倍小心。常用的有机物的闪点可参阅书末的附录 8（Ⅱ）。此外，实验室应经常开窗通风透气以防止可燃蒸气的聚集，在实验中严格准确地按照规程操作也是必不可少的。只要实验人员懂得药品性能，重视安全，集中思想，严格操作，着火事故是可以预防的。

（三）防爆炸

有机化学实验室中易见的爆炸事故及其发生原因、预防办法和处置措施包括：

（1）燃爆，一般地说，药品爆炸极限愈宽广，则发生爆炸的危险性就愈大。所以，在使用氢气、乙炔、环氧乙烷、甲醛等易燃气体或乙醚等液体时，必须保持室内空气流通并熄灭附近的明火。

（2）在密闭系统中进行放热反应或加热液体而发生爆炸。凡需要加热的或进行放热反应的装置都不可密封。

（3）减压蒸馏时若使用锥形瓶或平底烧瓶作接收瓶或蒸馏瓶，因其平底处不能承受较大的负压而发生爆炸。故减压蒸馏时只允许用圆底瓶或梨形瓶作接收瓶和蒸馏瓶。

（4）乙醚、四氢呋喃、二氧六环、共轭多烯等化合物，久置后会产生一定量的过氧化物。在对这些物质进行蒸馏时，过氧化物被浓缩，达到一定浓度时发生爆炸。故在对这些物质蒸馏之前一定要检验并除去其中的过氧化物（方法见第213页），而且不允许蒸干。

（5）某些类型的化合物在一定条件下会发生自爆或爆炸性反应（见第8页）。为此，多硝基化合物、叠氮化合物应避免高温、撞击或剧烈的震动；金属钾、钠应避免接触水、湿抹布或潮湿的仪器；重氮盐应随制随用，若确需作短期的存放，应保存在水溶液中；氯酸钾、过氧化物等应避免与还原剂混放。

爆炸事故的发生率远低于着火事故，但一旦发生，危害往往十分严重。所以，爆炸危险性较大的实验应在专门的防爆设施（如装有机玻璃的通风橱）中进行，操作人员必须戴上防爆面罩。一般情况下不允许一个人单独关在实验室里做实验，以免在万一发生事故时无人救援。如果爆炸事故已经发生，应立即将受伤人员撤离现场，并迅速清理爆炸现场以防引发着火、中毒等事故。如果已经引发了其他事故，则按相应的方法处置。

（四）防中毒

有机化学药品的中毒途径有三种，即误服、皮肤沾染和经呼吸道摄入。误服的可能性微乎其微；而只要严格、细心地按规程操作，皮肤沾染也是可以避免的；但要预防毒品蒸气经呼吸道摄入人体，应引起重视。所以预防中毒的最根本的办法是：①预先查阅有关资料，对所操作的试剂的毒性有尽可能详细的了解；②试剂取用后立即盖好盖子，以防其蒸气大量挥发，并保持空气流通，使空气中有毒气体的浓度降至允许浓度以下；③严格规程，细心操作，防止皮肤沾染和药品飞溅。

如果已经发生了中毒事故，应区别不同情况分别处理：

万一有药品溅入口中应立即吐出，并用大量水洗漱口腔。如果已经吞下，若为强酸或强碱则第一步都需大量饮水冲稀，第二步则分别服用氢氧化铝膏或醋、酸果汁等以中和酸、碱，第三步则服用鸡蛋白或牛奶。

皮肤沾染的原因和处理方法见"药品灼伤"部分（第5页）。

若因吸入毒气而发生中毒事件，应区别症状的轻重作不同的处理。若实验者本人感到有窒息、头昏、恶心等轻微中毒症状，应停止实验，到空气新鲜处做一做深呼吸，待恢复正常后，改善实验场所的通风状况再重新开始实验；若实验者中毒昏倒，应迅速将其抬到空气新鲜处平卧休息；若严重昏迷，或出现斑点、呕吐等症状，应及时送往医院治疗。

（五）防割伤

割伤主要发生于以下两种情况：

（1）玻璃仪器口径不合而勉强连接或装配仪器时用力过猛；

（2）在向橡皮塞中插入玻璃管、玻璃棒或温度计时，塞孔太小，而手在玻璃管、玻璃棒或温度计上的握点离塞子太远。所以，预防割伤就必须注意口径不合的仪器不要勉强连接，装配仪器用力要适度。

在割伤发生后应先取出伤口中的碎玻璃，若伤口不大，可用蒸馏水洗净伤口，涂上紫药水，撒上止血粉，再以纱布包扎；若伤口较大或割破了动脉血管，应以手按住或用布带扎住血管靠近心脏的一端，以防止大量出血，并迅速送往医院。

（六）防烫伤和冻伤

皮肤触及热的物体如热的铁圈、沸水、热蒸气等会被烫伤；触及干冰、液氮等会被冻伤。前者可涂上烫伤膏或万花油，后者可以用手按摩，加速血液流通或涂上冻伤膏，较严重者则需请医生治疗。

（七）防药品灼伤

当强酸、强碱及腐蚀性药品沾及人的皮肤、眼睛等时，会造成药品灼伤。常见情况为：①在倾倒、转移、称量药品时不小心触及；②在开启储有挥发性液体的瓶塞，高压蒸气携带液体冲出溅及人体；③蒸馏时发生暴沸或在密闭系统中反应，塞子或仪器接头处被冲开，药液溅上人身；④反应中生成的腐蚀性气体大量散发到空气中，人体暴露在这样的气体里而被沾染。对于前三种情况，只要严格、细心地按照相应的规程操作，都可避免沾染；对于反应中产生的腐蚀性气体可根据其性质，先用水或适当的药液吸收，再将尾气导入下水道，使之不能散发到室内空气中去。如果药品沾染已经发生，只要沾染物不是金属钾、钠，第一步都需用大量自来水冲洗；第二步应区别情况处理，酸沾染用3%~5%碳酸氢钠溶液洗，碱沾染用2%醋酸洗，溴沾染用酒精擦净溴液，再涂上甘油；酸、碱沾染还有第三步处理，即先用清水洗净，再涂上凡士林。若沾染物为金属钾、钠，则应首先清除钾、钠，再按碱沾染处理；若沾染部位是眼睛，则先用大量自来水冲洗后，酸和溴可用1%碳酸氢钠洗，碱可用1%硼酸洗，然后送医院治疗。

（八）防走水

冷凝管的进、出水口与套接的橡皮管口径不相匹配，缓缓渗漏，或下水道堵塞，废水溢出，会造成地面大量积水。冷却水开得太大，冲脱橡皮管的套接处，水急速冲出溅上热的红外灯会引起红外灯爆炸，溅在用电器或热的反应瓶上会造成电器短路或反应瓶破裂。故应注意使橡皮管口径与套接的玻璃接头相匹配，冷却水大小适宜，并保持下水道畅通。

（九）气体钢瓶的安全

凡可不用气体钢瓶时应尽量不用。必须使用时要注意：①认准标色（表1-1），不可混用；②储放时要用专用工具固定，确保钢瓶稳固，避免雨淋、烘烤、水浸和药品腐蚀，远离热源；③搬运时要轻拿轻放并戴上瓶帽；④使用时要安放稳妥并装上减压阀；瓶中气体不可用完，应至少留下瓶压 0.5% 的气体不用；⑤在使用可燃气体时需装有防回火装置；⑥定期检查钢瓶，一般钢瓶三年一次，玻璃钢瓶一年一次。

表 1-1　气体钢瓶的标色

气体类别	氮	空气	二氧化碳	氧	氢	氯	氨	其他可燃气体	其他不可燃气体
瓶身颜色	黑	黑	黑	天蓝	深绿	草绿	黄	红	黑
横条颜色	棕				红	白			
标字颜色	黄	白	黄	黑	红	白	黑	白	黄

三、有机化学实验室学生守则

为保障实验正常进行，避免实验事故，培养良好的实验作风和实验习惯，学生必须遵守下列守则：

（1）实验前必须认真预习有关实验内容，明确实验的目的和要求，了解实验原理、反应特点、原料和产物的性质。明确实验所用的实验装置、主要的操作步骤及影响实验成败的关键点，写好预习笔记。

（2）必须穿实验服进入实验室，禁止穿拖鞋，短裤，裙装进入实验室，女生长发要盘扎。

（3）实验中要集中精力，认真操作，仔细观察，如实记录，不做与该次实验无关的事情。禁止带手机等电子产品进入实验室。

（4）遵从教师指导，严格按规程操作。

（5）保持实验台面、地面、仪器及水槽的整洁。所有废弃的固体物应丢入废物缸，不得丢入水槽，有机溶剂倒入废液回收桶。

（6）爱护公物，节约水、电。不得乱拿别人的仪器，不得私自将药品、仪器携出实验室。公用仪器用完后要及时归还。

（7）实验完毕，洗净仪器并收藏锁好，清理实验台面，经教师检查合格后并在记录本上签名方可离开实验室。

（8）学生轮流值日。值日生须做好地面、公共台面、水槽的卫生并清理废物缸，检查水、电，关好门窗，经检查合格后方可离开。

四、有机化学药品常识

实验中用到的有机化学药品称为有机化学试剂，它与一般的无机试剂在性质上有较大的差别，主要表现为：

1. 易燃性

绝大多数有机化学药品是可燃的，一部分是易燃的，其中有少数还会由于燃烧过快而发生燃爆。对于起火燃烧危险性大小的标度方法，常见的有以下几种：

（1）闪点：指液体或挥发性固体的蒸气在空气中出现瞬间火苗或闪光的最低温度点。若温度高于闪点，药品随时都可能被点燃。药品闪点在-4℃以下者为一级易燃品；在-4~21℃之间者为二级易燃品；在21~93℃之间者为三级易燃品。查阅相关文献即可推测某种具体的有机试剂起火燃烧的危险性大小。实验室中常用的有机溶剂大多为一级易燃液体。

（2）火焰点：在开杯试验中若出现的火苗能持续燃烧，则可持续燃烧5s以上的最低温度称为火焰点，也叫着火点。当药品的闪点在100℃以下时，火焰点与闪点相差甚微，当闪点在100℃以上时，火焰点一般高出闪点5~20℃。

（3）自燃点：分为受热自燃和自热自燃两种情况。前者指样品受热引起燃烧的最低温度；后者指样品在空气中由于氧化作用产生的热量积累，自动升温，终致起火燃烧的最低温度。自燃点越低，起火燃烧的危险性越大。

2. 爆炸性

（1）燃爆。燃爆指易燃气体或蒸气在空气中由于燃烧太快，产生的热量来不及散发而导致的爆炸。易燃气体或易燃液体的蒸气与空气混合，在一定的浓度范围内遇到明火即发生爆炸，而低于或高于这个浓度范围则不会爆炸。这个浓度范围称为爆炸极限或燃爆极限。爆炸极限通常以体积百分浓度来表示，其浓度范围越宽广，则发生爆炸的危险性就越大。一些常见有机化合物的爆炸极限列于书末附录8中。

（2）自爆。亚硝基化合物、多硝基化合物、叠氮化合物在较高温度或遇到撞击时会自行爆炸；金属钾、钠在遇水时会猛烈反应而发生爆炸；重氮盐在干燥时会自行爆炸；过氧化物在浓缩到一定程度或遇到较强还原剂时会剧烈反应而发生爆炸。此外，氯酸、高氯酸、氮的卤化物、雷酸盐、多炔烃等类化合物在一定的条件下也易发生爆炸。

3. 化学毒性

实验室中所用的有机化学药品除葡萄糖等极少数之外都是有毒的。药品的化学毒性有急性毒性、亚急性毒性、慢性毒性和特殊毒性之分。

4. 酸碱性和腐蚀性

有机强酸如磺酸、冰醋酸等具有相当强的酸性和腐蚀性；有机强碱如胺类等具有很强的碱性并往往带有强烈的刺激性恶臭；许多有机化合物可以透过皮肤被吸收。

5. 有机试剂取用常识

（1）规格。化学试剂按其纯度分成不同的规格，国内生产的试剂分为四级（表1-2）。

试剂的规格越高，纯度也越高，价格就越贵。凡较低规格试剂可以满足要求者，就不要用高规格试剂。在有机化学实验中大量使用的是三级品和四级品，有时还可以用工业品代替。在取用试剂时要核对标签以确认所用试剂规格无误。标签松动、脱落的要贴好，分装试剂要随手贴上标签。

表 1-2　国产试剂的规格

试剂级别	中文名称	代号及英文名称	标签颜色	主要用途
一级品	保证试剂"优级纯"	GR（Guarantee Reagent）	绿	用作基准物质，用于分析鉴定及精密的科学研究
二级品	分析试剂"分析纯"	AR（Analytical Reagent）	红	用于分析鉴定及一般性科学研究
三级品	化学纯粹试剂"化学纯"	CP（Chemically Pure）	蓝	用于要求较低的分析实验和要求较高的合成实验
四级品	实验试剂	LR（Laboratory Reagent）	棕、黄或其他	用于一般性合成实验和科学研究

（2）固体试剂的称取。固体试剂用天平称取。目前实验室大多采用数字显示的电子天平，它有多种规格。最常用的有两种：一种的感量为 0.01g，最大称量量为 200g，大体上与传统的托盘扭力天平相当；另一种的感量为 0.0001g，最大称量量为 100g，大体上与传统的分析天平相当。可根据需要称量的量及要求的准确程度选用。天平的感量越小越精密，价格越高，对操作的要求也越严格。各种天平的使用方法不尽相同，应按照使用说明书调试和使用。

称取固体试剂应该注意：不可使天平"超载"。如果需要称量的量多于天平的最大称量量，则应分批称取。不可使试剂直接接触天平的任何部位。一般固体试剂可放在表面皿或烧杯中称量；特别稳定且不吸潮的也可放在称量纸上称量；吸潮性或挥发性固体需放在干燥的锥形瓶（或圆底瓶）中塞住瓶口称量；金属钾、钠应放在盛有惰性溶剂的容器中称量，最后以差减法求取净重。固体试剂在开瓶后用牛角匙移取，有时也可用不锈钢刮匙挑取，任何时候都不许用手直接抓取。取用后应随手将原瓶盖好，不许将试剂瓶敞口放置。

（3）液体试剂的量取。液体试剂一般用量筒或量杯量取，用量少时可用移液管量取，用量少且计量要求不严格时也可用滴管汲取。取用时要小心勿使其洒出，观察刻度时应使眼睛与液面的弯月面底部平齐。试剂取用后应随手将原瓶盖好。黏度较大的液体可像称取固体那样称取，以免因量器的黏附而造成误差过大。吸潮性液体要尽快量取，发烟性或可放出毒气的液体应在通风橱内量取，腐蚀性液体应戴上乳胶手套量取。挥发性液体或溶有过量气体的液体（如氨水）在取用时应先将瓶子冷却降压，然后开瓶取用。

五、有机化学实验室的常用仪器

（一）玻璃仪器

1. 玻璃仪器的分类

有机化学实验室中使用最多的是玻璃仪器，玻璃仪器一般可分为普通玻璃仪器和标准磨口仪器（图 1-1 和图 1-2）。

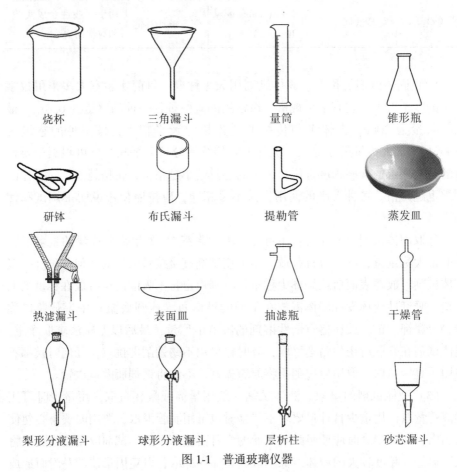

| 烧杯 | 三角漏斗 | 量筒 | 锥形瓶 |

| 研钵 | 布氏漏斗 | 提勒管 | 蒸发皿 |

| 热滤漏斗 | 表面皿 | 抽滤瓶 | 干燥管 |

| 梨形分液漏斗 | 球形分液漏斗 | 层析柱 | 砂芯漏斗 |

图 1-1　普通玻璃仪器

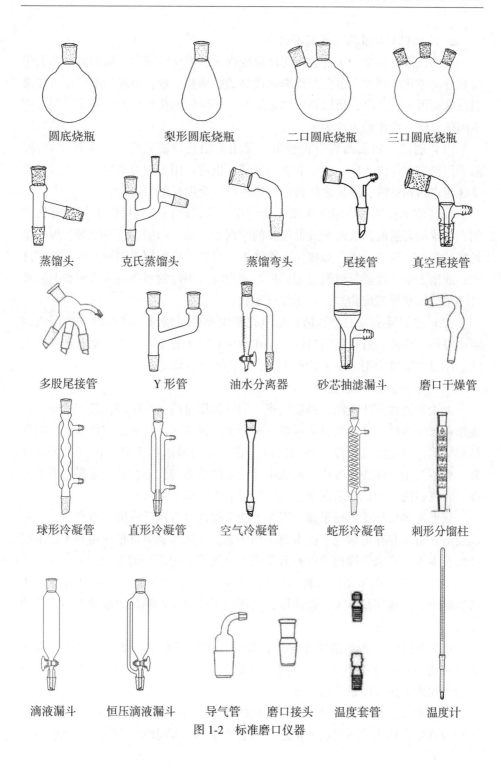

圆底烧瓶　　梨形圆底烧瓶　　二口圆底烧瓶　　三口圆底烧瓶

蒸馏头　　克氏蒸馏头　　蒸馏弯头　　尾接管　　真空尾接管

多股尾接管　　Y 形管　　油水分离器　　砂芯抽滤漏斗　　磨口干燥管

球形冷凝管　　直形冷凝管　　空气冷凝管　　蛇形冷凝管　　刺形分馏柱

滴液漏斗　　恒压滴液漏斗　　导气管　　磨口接头　　温度套管　　温度计

图 1-2　标准磨口仪器

2. 玻璃仪器的洗涤、干燥和使用

玻璃仪器上沾染的污物会干扰反应进程，影响反应速度，增加副产物的生成和分离纯化的困难，也会严重影响产品的收率和质量，情况严重时还可能遏制反应而得不到产品，所以必须洗涤除去。洗涤玻璃仪器应根据具体情况采用不同的方法，常用的方法为：

（1）刷洗。如仪器沾染较轻微，可用毛刷蘸取洗衣粉，加少许水刷洗，然后用自来水冲洗干净。对于非磨口仪器，也可以用去污粉刷洗。但磨口仪器不能用去污粉刷洗，因为去污粉中有细沙粒，会损伤磨口。

（2）溶剂浸洗。如用洗衣粉不能洗净，或已知污染物可溶于某种有机溶剂，可选用合适的回收溶剂或低规格的溶剂如乙醇、丙酮、石油醚等，加入适量浸渍溶解，振荡洗去。如振荡不能洗去，可装上冷凝管煮沸回流使之溶解洗去；或塞上塞子经较长时间浸泡后用毛刷刷洗。用过的溶剂需倒入回收瓶，不可随手倒入水槽或废物缸，以免酿成事故。

（3）洗液浸洗。工业酒精和氢氧化钠配制强碱溶液，将玻璃仪器浸入碱液中浸泡，洗液具有很强的腐蚀性，在使用时需十分小心，勿使触及皮肤和衣物。用过的洗液应倒回原来的瓶子中，以供下次洗涤之用。

（4）超声波振动洗涤。

无论用何种方法洗涤，都应注意：①仪器用过后尽快洗净，若久置则往往凝结而难以洗涤。②污物过多时需尽量倒出后再洗。若污物已成焦油状，应先尽量倾倒，再用废纸揩净，然后洗涤。③凡可用清水和洗衣粉刷洗干净的仪器，就不要用其他洗涤方法，而凡用其他方法洗净的仪器，最后还需用清水冲净。④仪器洗净的标志是器壁上能均匀形成水膜而不挂水珠。

仪器洗净后往往需要干燥，因为水能干扰许多有机反应的正常进行，而有的反应在有水存在的情况下根本得不到产物。干燥仪器时可根据需要干燥的仪器数量多少、要求干燥的程度高低及是否急用等采用不同的方法。

（1）晾干。实验结束后将所用仪器洗净，开口向下挂置，任其在空气中自然晾干，下次实验时可直接取用，这样晾干的仪器可满足大多数有机实验的要求。

（2）吹干。一两件急待干燥的仪器可用电吹风吹干，如仪器壁上还有水膜，可用一两毫升乙醇荡洗，再用一两毫升乙醚荡洗，可更快地吹干。数件至十数件仪器可用气流烘干器吹干。

（3）烘干。较大批量的仪器可用烘箱烘干。应注意在烘干仪器时，仪器上的橡皮塞、软木塞不可放入烘箱；活塞和磨口玻璃塞需取下洗净分别放置，待烘干后再重新装配。

所有玻璃仪器在使用时都应注意：①轻拿轻放，安装松紧应适度；②除试管外一般不可直接用火加热；③厚壁容器不可加热；④薄壁的平底器（如锥形瓶、平底烧瓶）不耐压，不可用于真空系统；⑤量器（如量筒、量杯、移液管）不可在高温下烘烤；⑥广口容器不可用来储放或加热有机溶剂。

对于磨口仪器，在安装时应使磨口对接端正，勿使其受侧向应力。在磨口仪器内盛装强碱时，其磨口处应涂上一层薄薄的凡士林，以免受强碱腐蚀。在减压下使用时也应涂上一层凡士林，在高真空条件下使用时则应涂上真空油脂。

无论标准磨口或普通玻璃仪器，在不使用时都要将阳磨和阴磨拆开洗净，分开放置，以防久置黏结。如不分开放置，也可在阳磨与阴磨之间夹进小纸片来防止黏结。如果已经黏结而不能打开，可用电吹风对磨口处吹热风或用热水浸煮，然后用木块轻轻敲击使之松脱。

(二) 小型机电仪器

（1）电吹风。电吹风用于吹干急用的玻璃仪器，先以热风吹干后再调至冷风挡吹冷。

（2）烘箱。烘箱用于烘干成批量的玻璃仪器和无腐蚀性且热稳定性好的药品，如变色硅胶等。一般烘箱都具有鼓风和自动控温的功能。当用于烘干玻璃仪器时，先将仪器用清水洗净沥干，开口向上放入烘箱，接通电源，将自动控温旋钮调至约110℃。为了加快烘干，可启动烘箱内鼓风机。若仪器干燥程度要求较高，可在冷至100℃左右时用干布衬手取出，置干燥器中冷却。用有机溶剂洗净的仪器在没有用清水冲洗干净之前不可在烘箱中烘，以免发生危险。当一批仪器快要烘干时，不要再放入湿仪器，否则会使已烘干的仪器重新吸收水汽，或在热烫的仪器上滴上冷水珠而造成仪器炸裂。

（3）气流烘干器。用于烘干玻璃仪器，亦有冷风挡和热风挡。使用时将洗净甩干的仪器挂在它的风柱上，开启热风挡，可在数分钟内烘干，再以冷风吹冷。气流烘干器的电热丝较细，当仪器烘干取下时应随手关掉，不可使其持续数小时吹热风，否则会烧断电热丝。若仪器壁上的水没有甩干，会顺风孔滴落在电热丝上造成短路而损坏烘干器。

（4）磁力搅拌器。它是以电动机带动磁场旋转，并以磁场控制磁子旋转，从而达到搅拌的目的。磁子是一根包裹着玻璃或聚四氟乙烯外壳的软铁棒，外形为棒状（用于锥形瓶等平底容器）或橄榄状（用于圆底瓶或梨形瓶），直接放在瓶中。一般磁力搅拌器都兼有加热装置，可以调速调温，也可以按照设定的温度维持恒温。或将电热套与磁力搅拌器连成一体，以便用于化学反应。在物料较少，不需太高温度的情况下，磁力搅拌可代替其他方式的搅拌，且易于密封，使用方便。但若物料过于黏稠，或其中有大量较重的固体颗粒，或调速过急，都会使磁子跳动而撞破瓶壁。如果发现磁子跳动，应立即将调速旋钮旋到零，待磁子静止后再重新缓缓开启，必要时还需改善被搅拌物料的状况，如加适当的溶剂以改变其黏度等（图 1-3）。

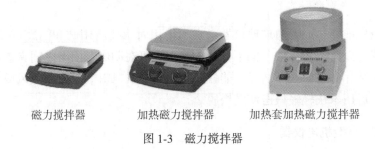

磁力搅拌器　　加热磁力搅拌器　　加热套加热磁力搅拌器

图 1-3　磁力搅拌器

（5）电动搅拌器。亦称机械搅拌器，用于非均相反应。当反应物料量较大，用磁力搅拌不能达到搅拌均匀效果时，使用电动搅拌器。使用时应注意保持转动轴承的润滑，经常加油，且由于功率较小，不可用于搅拌过于黏稠的物料，以免超负荷。（见 P18）

（6）红外灯。通常与变压器联用，安装在防尘的罩子里，用于烘干固体样品。使用时注意调至适宜的温度。若温度过高，会将样品烘熔或烤焦。水珠溅落在热的红外灯上会引起红外灯爆炸，故不宜在其附近用水。

（7）调压变压器。与其他电器联用以调节温度或转速。使用时注意接好地线，不许超负荷使用，输入端与输出端不许错接，调节时应缓慢均匀，其碳刷磨短而接触不良时应更换碳刷。不使用时应保持干燥清洁，防止腐蚀。

（8）真空油泵。用于提供中度真空，在高真空实验中也作为扩散泵的前级泵使用。单相油泵只能用单相电源，三相油泵只能用三相电源。使用油泵时必须接好泵前的保护系统（参见减压蒸馏），以防止泵油受到污染而降低功效，泵油用脏了要及时更换。油泵不宜经常拆卸。

（9）机械水泵。一般外形为箱状，箱的下半部储水，上半部装有压缩机和水泵。它通过将水压入水泵以获得真空，可用于抽粗真空，也可提供循环冷却水。在不使用时要将箱内储水全部放干，以防机件锈蚀（图 1-4）。

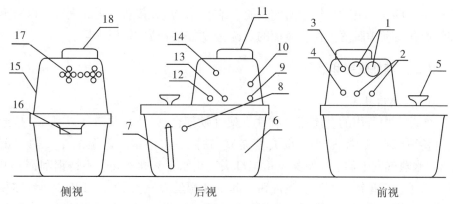

侧视　　　　　　　　　后视　　　　　　　　　前视

1—真空表；2—抽气嘴；3—电源指示灯；4—电源开关；5—水箱上盖手柄；
6—水箱；7—放水软管；8—溢水嘴；9—电源线进线孔；10—保险座；
11—电机风罩；12—循环水出水嘴；13—循环水进水嘴；14—循环水开关；
15—上循；16—水箱把子；17—散热孔；18—电机风罩

图 1-4　机械水泵

（10）冰箱。用以储存热敏感的药品，也用于小量制冰。有的药品会散发出腐蚀性气体腐蚀冰箱机件，有的会散发出易燃气体，被电火花点燃而造成事故，所以装盛容器必须严格密封后才可放入冰箱。用锥形瓶或平底烧瓶装盛的药品不可放入冰箱，以免在负压下瓶底破裂。瓶上的标签易受冰箱中水汽侵蚀而模糊或脱落，故在放入冰箱前应以石蜡涂盖。

（11）旋转蒸发仪

旋转蒸发仪的基本原理就是减压蒸馏，也就是在减压情况下，当溶剂蒸馏时，蒸馏烧瓶在连续平稳地转动，使液体蒸出（图 1-5）。

主要用于在减压条件下连续蒸馏大量易挥发性溶剂。尤其对萃取液的浓缩和色谱分离时的接收液的蒸馏，可以分离和纯化反应产物。

蒸馏烧瓶是一个带有标准磨口接口的茄形或圆底烧瓶，通过一高度回流蛇形冷凝管与减压泵相连，回流冷凝管另一开口与带有磨口的接收烧瓶相连，用于接收被蒸发的有机溶剂。在冷凝管与减压

图 1-5　旋转蒸发仪

泵之间有一三通活塞，当体系与大气相通时，可以将蒸馏烧瓶、接液烧瓶取下，转移溶剂，当体系与减压泵相通时，则体系应处于减压状态。使用时，应

先减压，再开动电动机转动蒸馏烧瓶；结束时，应先停机，再通大气，以防蒸馏烧瓶在转动中脱落。作为蒸馏的热源，常配有相应的恒温水槽。

（三）其他仪器和器具

1. 金属器具

实验室中所用的金属器具有铁支架（铁架台）、十字夹（十字头）、爪形夹（冷凝管夹）、烧瓶夹（霍夫曼夹）、铁圈、水浴锅、保温漏斗（热水漏斗）、水蒸气发生器、三脚架、鱼尾灯头、止水夹、螺丝夹、不锈钢刮铲、剪刀、镊子、三角锉、圆锉、老虎钳、起子（螺丝刀）、扳手、打孔器、台称和气体钢瓶等。所有这些器具在不用时均应保持干燥，防止药品侵蚀。凡有螺丝或转动轴的地方均应滴加润滑油以防锈蚀。

2. 橡胶、塑料和陶瓷制品

实验室中的瓷质仪器主要是瓷蒸发皿和瓷漏斗（布氏漏斗），其特性及使用常识同玻璃仪器。常用的橡胶制品是橡皮塞、橡皮管、氧气枕等，应避免与有机溶剂或腐蚀性气体长期接触，以免被溶解或加速老化。常用的塑制品为聚乙烯塑料管和聚四氟乙烯搅拌头、搅拌棒叶片等，应保持洁净，防火防烫。

六、有机化学实验中的常识性技能

（一）加热

在有机化学反应中加热反应物，温度每上升 10℃，一般可提高反应速度一倍。在分离纯化实验中为实现保温、溶解、升华、蒸馏、蒸发、浓缩等目的也要加热。实验室中的热源有电炉和电热套等，加热的方式根据具体情况确定。

（1）水浴加热。若需要加热的温度在 80℃ 以下，可用水浴加热。水浴锅可为铜质或铝质。当加热少量低沸点液体时，也可用烧杯代替水浴锅，但烧杯下面一定要垫石棉网。将装有待加热物料的烧瓶浸于水中，使水面高于瓶内液面，瓶底也不触及锅底，然后调节电压将温度控制在所需的温度范围之内。

（2）油浴加热。当需要加热的温度高于 80℃ 时，可采用油浴加热。油浴所能达到的温度因所用油的种类不同而不同。甘油和邻苯二甲酸二丁酯适用于加热至160℃左右，过高则易分解。石蜡和液体石蜡都可加热至220℃，再升温虽不分解，但易冒烟燃烧；硅油和真空泵油加热至250℃仍然稳定，但价格昂贵，较少使用。

油浴的使用方法与水浴类似，但久用会变黑，高温会冒烟，混入水珠会造成爆溅。油的膨胀系数较大，若浴锅内装得较多，受热时会溢出锅外，造成污染或引起燃烧。所以在人数众多的学生实验室中不常使用。但多聚乙二醇可加热至180~220℃，不冒烟，遇水也不爆溅，是一种良好的加热浴液。

（3）磁力搅拌加热套。磁力搅拌加热是目前实验室采用较多的加热方式，操作方便、易于操作，一般可在400℃以下安全使用。

（二）冷却，低温制冷

当反应大量放热，需要降温来控制速度以避免事故时；当反应中间体不稳定，需在低温下反应时；当需要降低固体物质在溶剂中的溶解度以使其结晶析出时；当需要把化合物的蒸气冷凝收集时；当需要将空气中的水汽凝聚下来以免其进入油泵或反应系统时都要进行冷却。当被冷却物为气体时，可使它从穿越致冷剂的管道内部流过；当被冷却物为液体、固体或反应混合物时，可将装有该物质的瓶子浸于致冷剂中，通过管壁、瓶壁的传热作用而实现冷却，只有在特殊情况下才允许将致冷剂直接加于被冷却物中。常用致冷剂列于表1-3，使用时可根据具体的冷却要求选用。当温度低于−38℃时，需使用装有有机液体的低温温度计来测量温度。

表 1-3　常用致冷剂

致冷剂	可达到的最低温度	致冷剂	可达到的最低温度
自来水	室温	干冰与乙醇混合	−72℃
冰水混合物	0~5℃	干冰与乙醚混合	−77℃
一份食盐与三份碎冰混合	−21℃	干冰与丙酮混合	−78℃
143g 六水合氯化钙与 100g 碎冰混合	−55℃	液态空气	−185~−190℃
液氨	−33℃	液氮	−210℃

（三）搅拌

在非均相反应中，搅拌可增大相间接触面，缩短反应时间；在边反应边加料的实验中，搅拌可防止局部过浓、过热，减少副反应。所以搅拌在合成反应中有广泛的应用。

（1）手工搅拌。若反应时间不长，无毒气放出，且对搅拌速度要求不高，可在敞口容器（如烧杯）中用手工搅拌。一般情况下只可用玻璃棒而不许用温度计来搅拌。但若在搅拌反应的同时还需观察温度，可用小橡皮圈将温度计和玻璃棒套在一起搅拌。玻璃棒的下端应超出温度计的水银泡的下端 $0 \sim 5\mathrm{cm}$。搅拌不宜过猛，尽量不要触及容器内壁，以免打破容器或温度计。

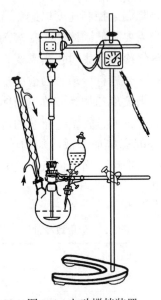

图 1-6　电动搅拌装置

（2）电动搅拌（机械搅拌）。当反应物料总体积较大，或当反应物或反应过程中出现黏度增大，磁力搅拌有困难时，采用电动搅拌。电动搅拌的装置如图 1-6 所示，由电动机、搅拌棒、搅拌头三部分组成。电动机竖直安装在铁支架上，转速由调速器控制。转轴下端有扣接搅拌棒的螺旋套头。搅拌棒由玻璃棒或不锈钢管制作，分上、下两段，中间用橡皮管连接以作缓冲。搅拌棒下端可弯制成不同的形状，如图 1-7 a~e；也可装上不同的叶片（图

1-7 中 f~h），以适应不同的容器。图 1-7 中 a，e 适合于尖底瓶，b，f 适合于圆底瓶，c，d，g，h 适合于锥形瓶。

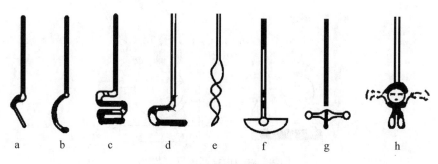

a   b   c   d   e   f   g   h

图 1-7　不同形状的搅拌棒

图 1-8 绘出了几种搅拌头的形状。实验中根据需要，选用合适的搅拌装置。

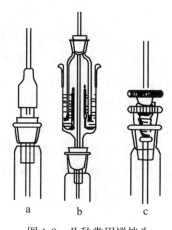

a   b   c

图 1-8　几种常用搅拌头

（3）磁力搅拌。加热磁力搅拌器是实验室广泛使用的反应搅拌装置，使用方便，噪音小，调速平稳，温度易于控制。磁力搅拌可代替沸石用于常压蒸馏、减压蒸馏和回流反应（图 1-9）。

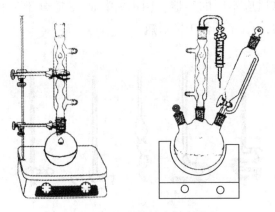

图 1-9　磁力搅拌回流反应装置

七、实验预习、实验记录和实验报告

1. 预习和预习笔记

为了做好实验、避免事故，在实验前必须对所要做的实验有尽可能全面和深入的了解，包括实验的目的要求，实验原理（化学反应原理和操作原理），实验所用试剂及产物的物理、化学性质及规格用量，实验所用的仪器装置，实验的操作程序和操作要领，实验中可能出现的现象和可能发生的事故等。为此，需要认真阅读实验教材的有关章节（含理论部分、操作部分），查阅适当的手册，做出预习笔记。预习笔记也就是实验提纲，它包括实验名称、实验目的、实验原理、主要试剂和产物的物理常数、试剂规格用量、装置示意图和操作步骤。在操作步骤的每一步后面都需留出适当的空白，以供实验时作记录之用。

2. 实验记录

在实验过程中应认真操作，仔细观察，勤于思索，同时应将观察到的实验现象及测得的各种数据及时真实地记录下来。由于是边实验边记录，可能时间仓促，故记录应简明准确，也可用各种符号代替文字叙述。例如，用"△"表示加热，"+NaOH sol"表示加入氢氧化钠溶液，"↓"表示沉淀生成，"↑"表示气体放出，"sec"表示"秒"，"$T\uparrow 60℃$"表示温度上升到 60℃，等等。

3. 实验报告

实验报告是将实验操作、实验现象及所得各种数据综合归纳、分析提高的过程，是把直接的感性认识提高到理性概念的必要步骤，也是向导师报告、与他人交流及储存备查的手段。实验报告是将实验记录整理而成的，不同类型的实验有不同的格式。

（1）化合物性质实验的实验报告示例如下：

实验项目	操　　作	现象	反应与解释
1. 烯烃的化学性质 ①与溴作用	在试管中放 0.5 mL 2% 的 Br_2-CCl_4 溶液，滴入 4 滴环己烯，振摇。	溴的红色褪去	环己烯与溴加成，生成无色的溴代产物：
②与高锰酸钾作用	……	……	……

（2）合成实验的实验报告，以正溴丁烷的合成为例，格式如下：

正溴丁烷的制备

一、目的要求

1. 了解从正丁醇制备正溴丁烷的原理及方法，实践、印证 S_N2 反应。

2. 初步掌握回流、气体吸收装置及分液漏斗的使用。

二、反应式

$$NaBr+H_2SO_4 \longrightarrow HBr+NaHSO_4$$

$$n\text{-}C_4H_9OH+HBr \xrightarrow{H_2SO_4} n\text{-}C_4H_9Br+H_2O$$

副反应

$$n\text{-}C_4H_9OH \xrightarrow{H_2SO_4} CH_3CH =\!=\!CHCH_3+H_2O$$

$$2n\text{-}C_4H_9OH \xrightarrow{H_2SO_4} (n\text{-}C_4H_9)_2O+H_2O$$

$$2NaBr+3H_2SO_4 \longrightarrow Br_2+SO_2\uparrow+2H_2O+2NaHSO_4$$

三、主要试剂及产物的物理常数

名　称	分子量	性　状	折光率	密　度	熔点/℃	沸点/℃	溶解度/(g/100 mL 溶剂)		
							水	醇	醚
正丁醇	74.12	无色透明液体	$1.399\ 3^{20}$	$0.809\ 8\frac{20}{4}$	-89.5	117.2	7.9^{20}	∞	∞
正溴丁烷	137.03	无色透明液体	$1.440\ 1^{20}$	$1.275\ 8\frac{20}{4}$	-112.4	101.6	不溶	∞	∞

四、试剂规格及用量（略）

五、实验装置图

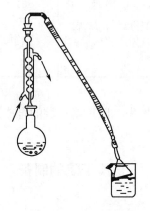

正溴丁烷的制备装置

六、实验步骤及现象

步　骤	现　象
① 于 50mL 圆底瓶中放 5mL 水，加入 7mL 浓 H_2SO_4，振摇冷却。	放　热。
② 加 4.6mL n-C_4H_9OH 及 6.5gNaBr，加磁子，摇动。	NaBr 部分溶解，瓶中产生雾状气体(HBr)。
③ 在瓶口安装冷凝管，冷凝管顶部安装气体吸收装置，开启冷凝水，回流 40min。开启加热和磁力搅拌，保持微沸。	雾状气体增多，NaBr 渐渐溶解，瓶中液体由一层变为三层，上层开始极薄，中层为橙黄色，随着反应进行，上层越来越厚，中层越来越薄，最后消失。上层颜色由淡黄→橙黄。

步　　骤	现　　象
④ 稍冷,改装成蒸馏装置,蒸出正溴丁烷。	开始馏出液为乳白色油状物,后来油状物减少,最后馏出液变清(说明正溴丁烷全部蒸出),冷却后,蒸馏瓶内析出结晶($NaHSO_4$)。
⑤ 粗产物用 5mL 水洗。 在干燥分液漏斗中用 3mL 浓 H_2SO_4 洗, 3mL 水洗, 6mL 饱和 $NaHCO_3$ 洗, 3mL 水洗。	产物在下层,呈乳浊状。 产物在上层(清亮),硫酸在下层,呈棕黄色。 二层交界处有絮状物产生又呈乳浊状。
⑥ 将粗产物转入小锥形瓶中,加 1gCaCl₂ 干燥。	开始浑浊,最后变清。
⑦ 产品滤入 25mL 蒸馏瓶中,常压蒸馏,收集 99~103℃馏分。	98℃开始有馏出液(3~4 滴),温度很快升至 99℃,并稳定于 101~102℃,最后升至 103℃,温度下降,停止蒸馏,冷却后,瓶中残留有约 0.5mL 的黄棕色液体。
⑧ 产物称重。	得 4.1g,无色透明。

七、产率计算

理论产量:其他试剂过量,理论产量按正丁醇计:

$$n\text{-}C_4H_9OH + HBr \longrightarrow n\text{-}C_4H_9Br + H_2O$$

$$\begin{array}{cc} 1 & 1 \\ 0.05 & 0.05 \end{array}$$

即 $0.05 \times 137 = 6.85$ (g) 正溴丁烷

$$百分产率 = \frac{实际产量}{理论产量} \times 100\% = \frac{4.1g}{6.85g} \times 100\% = 60.0\%$$

八、讨论

(1) 在回流过程中,瓶中液体出现三层,上层为正溴丁烷,中层可能为硫酸氢正丁酯,随着反应的进行,中层消失表明正丁醇已转化为正溴丁烷。上、中层液体为橙黄色,可能是由于混有少量溴所致,溴是由硫酸氧化溴化氢而产生的。

(2) 反应后的粗产物中,含有未反应的正丁醇及副产物正丁醚等。用浓硫酸洗可除去这些杂质。因为醇、醚能与浓 H_2SO_4 作用生成锌盐而溶于浓 H_2SO_4 中，而正溴丁烷不溶。

$$R\overset{..}{\underset{..}{O}}H+H_2SO_4 \longrightarrow \left[R\overset{..}{\underset{H}{O}}H \right]^+ HSO_4^-$$

$$R\overset{..}{\underset{..}{O}}R+H_2SO_4 \longrightarrow \left[R\overset{..}{\underset{H}{O}}R \right]^+ HSO_4^-$$

（3）本实验最后一步，蒸馏前用折叠滤纸过滤，在滤纸上沾了些产品，建议不用折叠滤纸，而在小漏斗上放一小团棉花，这样简单方便，而且可以减少损失。

（3）其他形式的实验报告。

除性质实验、合成实验之外，还有分离纯化实验、常数测定实验、天然产物提取实验、对映异构体拆分实验、动力学研究实验等，其实验报告的格式可以参照合成实验报告的格式填写。但凡是没有化学反应的实验（如天然产物提取实验），可将"反应式"一栏改为"实验原理"；凡是没有产率可以计算的实验（如熔点测定实验），则将"产率计算"一栏删去。

无论是何种格式的实验报告，填写的共同要求是：

（1）条理清楚。

（2）详略得当。陈述清楚，又不繁琐。

（3）语言准确。除讨论栏外尽可能不使用"如果"，"可能"等模棱两可的字词。例如，"如果加料太快，反应会过于激烈，可能溢出瓶外"这样的句子，阅读者就不能明白实验者在实际操作中是否使反应物溢出了瓶外，所以应避免类似的句子。

（4）数据完整。重要的操作步骤、现象和实验数据不能漏掉。

（5）绘制实验装置图时应避免概念性错误。例如，简单蒸馏的装置图中温度计水银泡的位置绘得过高或过低；溴化氢尾气吸收装置图中水面绘得过高，将出气口全部浸没，都属于概念错误。

（6）讨论栏可写实验体会、成功经验、失败教训、改进的设想等。如果实验做得平平淡淡，无甚体会，也无新的建议，则不讨论亦可。

（7）真实。无论装置图或操作规程，如果自己使用的或做的与书上不同，则按实际使用的装置绘制，按实际操作的程序记载，不要照搬书上的，更不可伪造实验现象和数据。

八、手册查阅和有机化学文献简介

查阅化学文献是化学工作者从事科学研究的重要方面，也是必备的基本功。进入实验之前查阅有关文献，了解有关的现状、发展水平和动态，使自己做出正确判断，少走弯路，以利于实验成功。对于基础有机化学实验要求每个学生在实验前，查找实验中用到的各种试剂的物理常数、化学性质、生物化学特征包括毒性以及防范措施；仪器选择及装置、操作方法和安全措施。

化学文献浩如烟海，为了尽快从中找出自己所需要的内容，需对化学文献的形成和分类有所了解，对于其中与自己的工作关系密切的相关文献，则要做到较为熟悉。一般说来，最新的科研成果总是首先发表于各种期刊杂志上，所以期刊杂志是"第一手"资料。为了便于查阅期刊杂志，若干国家有专门班子将发表在上面的文章收集摘录并作整理，编排出检索目录后再出版，称为文摘。所以文摘是"第二手资料"。文摘虽便于查找，但由于内容涉及方方面面，而一个化学工作者往往毕生只侧重于某一方面的工作，每次都直接从文摘查找仍嫌过于浩瀚。所以有人专门收集某一方面的常用资料，严格编排检索方法后出版。其中专门收集各种数据公式、物理常数和理化性质的称为工具书，如辞典、手册等；专门收集某一专业或某一领域内前人工作经验的称为专业参考书，如有机反应、有机实验等。工具书和专业参考书中内容深广、分十数册或数十册出版的称为系列参考书。

计算机网络的出现为文献的查阅提供了空前的方便，它可以在很短的时间内完成大范围的搜索，迅速找出所需要的文献。但入网的文献只有一小部分是免费的，而且都是较新近的文献，20 世纪 90 年代以前的文献入网的很少，所以较早期的资料还需要从书面文献中去查阅。

（一）书面文献

1. 工具书

（1）《化工辞典》。

该辞典由化学工业出版社出版，其第 2 版（1979 年 12 月）收集化学化工名词 10 500 余条，对所列出的无机和有机化合物给出了分子式、结构式及基本的物理化学性质，并着重从化工原料的角度扼要叙述其制法和用途。书前有中文笔画顺序的目录和汉语拼音检字表。

（2）《试剂手册》。

该手册由中国医药公司上海化学试剂采购供应站编写，上海科学技术出版社出版，其第二版（1985）收入了化学试剂 7 500 余种，其中包括一部分生化试剂、生物染色素、指示剂、试纸和试液等。每种试剂给出了中、英文名称，分子式，结构式，物理化学性质，用途和储运注意事项等，对常用者还举出了参考规格。各条目按其英文名称的字母顺序排列，书末附有中、英文名称索引。

（3）《化学试剂》。

该书由北京化工厂编写，1971 年印行，收集了北京化工厂经营试剂 2 681 种及其他物质百余条。每条目有中、英文名称，分子式，分子量，简明理化性质，部分物理常数及参考规格，按照尾字笔画分组排列，书末有中、英文名称索引。

（4）《化学试剂目录》。

该目录由上海化学试剂总厂编写，上海印刷四厂印刷（1987），收集了该厂及所属分厂生产的化学试剂 4 863 种，工业品、精细化工产品 73 种，共 4 936 条。每条目有中、英文名称，别名，示性式，分子式，分子量，性状，用途，产品规格（内含物理常数），运输要求等。按照化合物中文名称的尾字笔画分组，各组内再按照中文名称首字笔画顺序排列。书末附有中文名称笔画索引、英文名称的字母顺序索引和有机产品分子式索引。

（5）*Handbook of Chemistry and Physics*。

这是一本由美国 CRC Press inc 出版的《化学与物理手册》，俗称"理化手册"。现任主编为 Robert C，Weast Ph D。该手册初版于 1913 年，此后每隔一两年即增删修订出一新版，到 1996 年已出至第 76 版。其 1~30 版各为单本，31~50 版各分上、下两册，从第 51 版（1970 年）开始又合为一册出版。较新的版本封面上有 CRC 标记（chemical rubber company）。其内容分为六个部分：A. 数学用表。包括数学基本公式、对数表、度量衡的换算等。B. 元素及无机化合物。介绍无机化合物的性质和物理常数等。C. 有机化合物。D. 普通化学。包括恒沸混合物、热力学常数、缓冲溶液的 pH 值等。E. 普通物理常数。包括导热性、热力学性质、介电常数等。F. 其他杂表。包括张力、黏度、临界温度、临界压力等。

（6）*The Merck Index*。

美国出版的这本《默克索引》是一部化学品与药物的大辞典，该书按化合物英文名称（不少化合物用它的药名或商品名）的字母顺序作辞典式排列，并依次编出其流水号。以 1983 年出版的第 10 版为例，共收入约 10 000 种化合物，4 500 多个结构式，42 000 种化学品和药物。列出了化合物的性状、物理常数、制法、用途、毒性特征、急救措施和参考文献等，此外还有有机化学的人名反应和其他杂表。书末附有 C. A. 登记号索引、分子式索引和名称参照索引。

（7）*Dictionary of Organic Compounds*。

这本《有机化合物辞典》初版于 1934—1937 年间，由 Heibron I. V. 主编。此后相继修订再版。该书收入 5 万个条目，连同衍生物在内共 15 万种化合物，按化合物英文名称的字母顺序排列，一般用系统命名，天然产物用俗名。内容包括名称、别名、属性名、结构图、CAS 登录号、分子式、分子量、熔点、沸点、溶解度、密度、折射率、比旋光度、*pK* 数值、光谱数据、重结晶溶剂、毒性和参考文献等。

本辞典的第 3 版有中文译本，名为《汉译海氏有机化合物辞典》，分为 4 册，仍按化合物英文名称字母顺序排列，收入 3 万多个条目，连衍生物在内共约 6 万种化合物，1966 年由科学出版社出版。

（8）*Beilstein's Handbuch der Organischen Chemie*。

这部德文的《拜尔斯坦有机化学手册》习惯上简称"拜尔斯坦"，是目前有机化合物收集得最全面、最完整的大型系列工具书。

（9）*Lange's Handbook of Chemistry*。

这本《兰格化学手册》俗称"兰格手册"，内容分为 11 部分，其中第 7 部分为有机化学部分，以表格形式列出有机化合物的名称、别名、分子式、拜尔斯坦文献、式量、晶形和颜色、密度、熔点、沸点和溶解度。化合物按英文名称字母顺序排列，表前有"有机环系"、"有机基团的名称和式子"、分子式索引和熔点索引。各版本收入化合物的数量不等，第 12 版收入量为 6 500 余种。此外还收入了各学科的一些重要理论和公式，如有机化合物的沸点计算等。本手册第 12 版已有中文译本，名为《兰格氏化学手册》，尚久芳等译，科学出版社 1991 年 3 月出版。译者在其中加编了化合物的中文名称笔画索引。

（10）*Chemical Dictionary*。

这是一本内容较为全面的化学辞典，由 Hackh 编著，其第 4 版于 1994 年出版，收入化学及与化学密切相关的学科词目共 57 000 余条，按英文名称排序，虽较陈旧，仍有参考价值。20 世纪 60 年代薛德炯等人将其译成中文并作了充实和修订，更名为《英汉化学辞典》，仍按英文名称排序，于 1964 年 11 月由中国工业出版社出版。中译本可反映 20 世纪 60 年代初的化学学科水平。

（11）《化学化工药学大辞典》。

该书于 1981 年由大学图书出版社出版，收集化学、药学及化工等文面词目近万条，按英文名称排序，有中文名称、组成、结构、制法、性质、用途（含药效）及参考文献。其物理常数较齐全，只是所用为繁体字，稍有不便。

（12）*Aldrich*。

这是一本由美国 Aldrich 化学试剂公司出版的化学试剂目录，共收入 18 000 余种化合物。内容包括分子式（较复杂者附有结构式）、相对分子量、熔点、沸点、折光率等，并给出了该化合物的红外光谱图及核磁共振谱图的出处和不同包装的价格，书末附有分子式索引。该书每两年出一新本，书中附有回执。Aldrich 公司可为每一位填写了回执的读者免费寄送该书。

2. 有机化学实验参考书（见参考文献）

（1）兰州大学、复旦大学化学系有机化学教研室编写的《有机化学实验》。

（2）有机化学实验技术编写组编写的《有机化学实验技术》。

（3）韩广甸等编写的《有机制备化学手册》。

（4）［美］D. L. 帕维亚等著的《现代有机化学实验技术导论》。

（5）Lehman J. W. *Operational Organic Chemistry*，*a Laboratory Course*。

（6）Miller J. A.，Neuzil E. F. *Modern Experimental Organic Chemistry*。

（7）Royston M. Roberts，et al *Modern Experimental Organic Chemistry*。

（8）Clark F. M. Jr *Experimental Organic Chemistry*。

3. 与有机合成实验相关的系列参考书

（1）Organic Synthesis。

是一套详细介绍有机合成反应操作步骤的丛书。内容可信度极高，每个反应都经过至少两个实验室重复通过。最引人入胜的是后面的 Notes，详细说明操作时应该注意的事项及解释为何如此设计、不当操作可能导致的副产物等，是本学习"know how"的反应丛书。

（2）Organic Reactions。

这是一套介绍重要有机反应的丛书，1954 年开始出版，大体每一年出一卷，至 1992 年已出至第 42 卷。其内容包括反应机理、应用范围和反应条件，并附有大量参考文献，卷末有前几卷的反应名称索引。

（3）Reagents for Organic Synthesis。

这套《有机合成试剂》由 Fieser and Fieaers 编纂，John Wiley & Sons Inc. 出版，1967 年开始出第 1 卷，以后大体上每两年左右出一卷，至 1990 年已出至第 15 卷。它主要收集到出书时为止所出现的较为重要的有机合成试剂，每卷收集数百种，按照英文字母顺序排列，介绍其结构式、分子量、物理常数、制备、纯化方法、在合成中的应用、参考文献等。

4. 化学文摘

美、德、英、俄、日等国都有（或曾有）化学文摘性刊物，目前应用最广泛的是美国化学文摘。

美国化学文摘（Chemical Abstracts，CA），由美国化学会化学文摘社编辑出版，是目前最重要的一种化学文摘，于 1907 年创刊，1962 年起，每年出两卷，每卷出 13 期。自 1967 年（66 卷）至今，改为周刊，每卷出 26 期。单期号刊载生化类和有机化学类内容，而双期号刊载大分子类、应用与化工、物化与分析化学类内容。

5. 与有机化学关系密切的期刊杂志

（1）化学学报，中国化学会主办，刊登化学方面的原始性研究成果。

（2）化学通报，中国化学会主办，以刊载专论、评述，介绍知识，交流教学经验为主，也有少量研究简报。

（3）有机化学，中国科学院上海有机化学研究所主办，这是一种偏重于基础理论的有机化学专业性刊物，重点介绍有机化学新进展、新知识、新理论、新成果。

（4）化学世界，内容涉及与化学相关的许多方面，但侧重于化学工艺。

（5）高等学校化学学报，化学学科综合性学术期刊，重点报道国内高校师生在化学领域内的创造性研究成果，也刊载高校以外的研究人员在化学研究方面的最新成果。

（6）Journal of the American Chemical Society，美国化学会志，简写 J. Am. Chem. Soc，或 J. A. C. S.，半月刊，1879 年创刊。主要刊载无机、有机、物化、高分子及生物化学等领域内的原始性研究论文。

（7）Journal of Chemical Society，此为英国化学会志，简写 J. Chem. Soc.，月刊，1841 年创刊，刊载无机、有机、物理化学和生物化学方面的研究论文。

（8）Journal of Organic Chemistry，有机化学杂志，简写 J. Org. Chem.，月刊，1936 年创刊，刊载有机化学方面的研究论文和短文。

（9）Chemical Review，化学评论，简写 Chem. Rev.，双月刊，刊载无机、有机、物理化学等方面的研究成果、发展概况和专题评论。

（10）Angewandte Chemie，应用化学，简写 Angew. Chem.，半月刊，德文。创刊于 1888 年，1962 年开始出英文国际版。刊载化学方面的研究论文、通讯简报及专题评论。其中有机化学方面内容居多。

（11）Synthesis，合成杂志，1973 年创刊，主要刊载有机合成方面的论文。

（12）Tetrahedron（四面体）和 Tetrahedron Letters（四面体通讯），刊载有机化学方面的研究论文及综述评论。

（二）化学学科的电子资源

（1）中国期刊网（http://202.114.65.37）

有机化学相关文献主要集中在理工 B 专辑。

（2）重庆维普数据库（http://vip.lib.whu.edu.cn/vip）

①中文科技期刊全文数据库。

②外文科技期刊文摘数据库。

③中文科技期刊引文数据库。

（3）万方数据库（http://202.114.65.51：85）

（4）Web of Science［SCIE］（http://apps.isiknowledge.com）

（5）ACS［美国化学会］（http://pubs.acs.org）

（6）Science Online（http://www.sciencemag.org）

（7）Nature（http://www.nature.com）

（8）John Wily（http://www3.interscience.wiley.com）

（9）Royal Society（http://royalsociety.lib.tsinghua.edu.cn）

第二章 有机化合物的物理常数 及其测定方法

有机化合物的熔点（m. p.）、沸点（b. p.）、折光率（n_D^t）以及比旋光 $[\alpha]_D^t$ 是有机化合物重要的物理性质，是鉴定有机化合物的必要常数，也常用来定性地检验物质的纯度。

一、熔点及其测定

（一）基本原理

熔点的严格定义，为固液两态在大气压力下达到平衡状态亦即固相蒸气压与液相蒸气压相等时的温度。纯固体有机化合物通常都有固定的熔点，即在一定的压力下，固液两态之间的变化是非常敏锐的。从开始熔化至完全熔化的温度范围称为熔点范围（熔程）。纯物质的熔距一般不超过 0.5~1℃。

常温下结晶态固体中的质点（分子或原子）仅在晶格点阵中振动，但在晶面处动能很大的质点会脱离晶格的束缚逸散到周围空间中去。在真空密闭系统中，这些逸散出来的质点只能在有限的空间中游移而形成蒸气，由于互相碰撞，有的质点会被重新撞回晶格中去。当达到平衡时，单位时间内逸出晶格的质点数等于重新回到晶格中的质点数，晶体周围的蒸气浓度不再增加，这时蒸气的压强称为该种晶体的饱和蒸气压，简称该晶体的蒸气压。当晶体种类一定时，其蒸气压仅与温度相关，而与晶体的绝对量无关。

对晶体加热，温度升高，晶体的蒸气压随之升高。如以温度为横坐标，以压强为纵坐标作图，可得到图 2-1，此即为该物质的相图。相图由固-气平衡曲线 ST、固-液平衡曲线 TV 和气-液平衡曲线 TL 组成。虚线 CD 是压强为一个标准大气压的等压线。按照严格的定义，化合物的熔点是在一个大气压下固-液平衡时的温度，图中的 M 点压强为 1 个大气压，且处于固-液平衡曲线 TV 上，

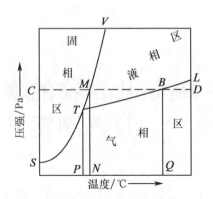

图 2-1 物质三相平衡曲线示意图

因而 *M* 所对应的温度点 *N* 即为该晶体的熔点。同样，化合物的沸点是在一个大气压下气-液平衡时的温度，*B* 点在 *CD* 线上，且在气-液平衡曲线 *TL* 上，所以 *B* 点所对应的温度点 *Q* 即为该物质的沸点。三条平衡曲线交汇于 *T* 点，*T* 被称为三相点。三相点的主要特征为：

（1）三相点处气、液、固三相平衡共存；

（2）三相点是液体存在的最低温度点和最低压强点；

（3）大多数晶体化合物三相点处的蒸气压低于大气压，只有少数晶体三相点处的蒸气压高于大气压；

（4）晶体化合物的三相点温度低于其熔点温度，但相差甚微，一般只低几十分之一度。

如物质含有杂质，则其熔点往往较纯粹者低，而且熔点范围也比较大。因此，熔点的测定是鉴定纯固体有机化合物的重要方法，并且也可用来定性地检验物质的纯度。样品愈纯，则测得的熔点愈接近文献记载的该样品的熔点，熔程愈小。

（二）含有杂质的晶体的熔融行为

结晶态物质在三相点处出现的液体是看得见的液滴，若从微观上讲，固-液平衡在更低的温度下也已存在。若晶体中含有少量杂质，则杂质中的极微量液体与原晶体中的极微量液体就会相混合而形成溶液。描述溶液蒸气压行为的拉乌尔定律的表达式为：

$$P_A = P_A^0 X_A$$

式中，P_A 为 A 组分的蒸气分压；P_A^0 为 A 组分独立存在时的蒸气压；X_A 为 A 在溶液体系中的摩尔分数。由于 X_A 总小于 1，所以 P_A 总小于 P_A^0，即因 A 液体中溶入了杂质 B 而使 A 的蒸气分压下降。

在相图（图 2-2）中则表现为 A 的气-液平衡曲线 TL 的位置下降。例如，下降至 T_1L_1 的位置。当晶体 A 受热升温时，A 的蒸气压将沿固-气平衡曲线 ST 的方向上升，当升至与 T_1L_1 相交的 T_1 点时开始有看得见的液相出现，此时的温度 R 即为晶体 A 的初熔点，它低于 A 的三相点温度 P。随着温度的升高，A 和 B 都逐渐熔融而进入液相，在液相中 A 与 B 的比例大体不变，基本相当于初始溶液中的比例，因而气-液平衡曲线大体上仍停留在 T_1L_1 的位置上。但 B 的绝对量远少于 A，故 B 将首先全部进入液相。当 B 全部进入液相后，A 仍将继续不断地进入液相，从而使液相中 A 的比例增大。从拉乌尔定律可知，溶液中 A 的比例增大将导致 A 的蒸气分压上升，即 A 的气-液平衡曲线的位置上升。当 A 也全部进入溶液时，A 在溶液中所占的比例不再改变，A 的气-液平衡曲线 T_2L_2 的位置也就固定下来。但此时液相中仍然有 B 存在，因而 A 的蒸气分压仍然小于它独立存在时的蒸气压，T_2L_2 的位置也仍然处于纯 A 的气-液平衡曲线 TL 的下方。T_2L_2 与 ST 的交点 T_2 即为 A 的全熔点，T_2 所对应的温度点 Q 低于纯 A 的三相点温度 P。绝大多数晶体的三相点温度稍低于其熔点，所以含有杂质的晶体的全熔点低于其纯品的熔点。

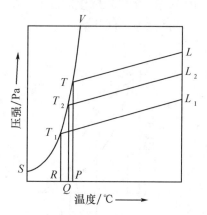

图 2-2　杂质对晶体熔融行为的影响

从图 2-2 可以看出，晶体 A 从初熔到全熔经历了一个温度区间 RQ，这个温度区间被称为 A 的熔程，R 与 Q 的差值称为 A 的熔距，R 与 Q 的平均值称为 A 的熔点。例如，某含杂质的晶体在 119℃ 初熔，在 123℃ 全熔，则其熔程为 119~123℃，熔距为 4℃，熔点为 121℃。纯净化合物的熔距很短，一般不超过一度，有的甚至只有几十分之一度，可以近似地看做一个温度点。当化合物中混有杂质时，不但熔点下降，熔距也会变长。

(三) 混合物的熔点

如果将晶体 A 与晶体 B 按照不同的摩尔百分比相混合，分别测定各种配比的混合晶体的初熔点和全熔点，然后以组成为横坐标，以温度为纵坐标作图，则可以得到图 2-3 所示的二组分体系熔融相图。从图中可以看出，A 点是纯净的 A 物质，它具有固定而敏锐的熔点 t_A。在其中加进杂质 B 后它的组成点为 D，初熔点为 A_1，全熔点为 A_1'，A_1A_1' 即为其熔距。再加入 B 物质，当其组成点为 E 时，它在 A_2 点初熔，在 A_2' 点全熔，熔距为 A_2A_2'，并有 $A_2A_2' > A_1A_1'$。再继续加入 B 物质，当其组成为 F 时，熔距为 A_3A_3'，此时反倒是 $A_3A_3' < A_2A_2'$ 了，所以，当样品所含杂质超过某一限度时，熔距变长的趋势就会发生逆转。图中的初熔点曲线 $AA_1A_2A_3C$ 和全熔点曲线 $AA_1'A_2'A_3'C$ 在 C 点处会合，此后熔点反而会升高，熔距又会逐渐变长，升高到某一配比时，熔距再次变小，最后在 B 点处交会，这时的组成是 100% 的 B 物质。反之，如果在纯净的 B 物质（具有固定而敏锐的熔点 t_B）中加入 A 物质，并不断增大 A 的比例，也会获得同样的结果。图中有一个固定的组成点 G，在此组成时混合物具有最低的但很敏锐的熔点 C，C 被称为最低共熔点。

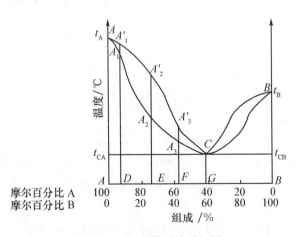

图 2-3　二组分体系熔融相图

（四）熔点的测定

晶体化合物的熔点测定是有机化学实验中的重要基本操作之一，准确测定晶体化合物的熔点具有以下作用：

①粗略地鉴定晶体样品。当一种晶体可能为 A，也可能为 B 时，只要准确测定其熔点，再与文献记载的 A、B 的熔点相比较，大体上可以确定该晶体是 A 或是 B。

②定性地确定化合物是否纯净。纯净的晶体化合物都具有固定而敏锐的熔点，当其中混有少量杂质时，会使其熔点下降且熔距变长。因此准确测定晶体样品的熔点，将测得的数据与文献记载的标准数据相比较。如果相符，则说明样品是纯净的；如果低于文献值，则说明样品不纯净。

③确定两个晶体样品是否为同一化合物。同一种纯净的晶体化合物，其熔点是固定不变的，但不同种的晶体化合物也可能具有相同的或非常相近的熔点。如果将两种不同的晶体样品混合研细，即相当于在一种晶体中掺入了杂质，会造成熔点降低和熔距拉长。如将两种晶体按不同的比例（通常为 1∶9，1∶1 和 9∶1 三种比例）混合研细测定熔点，若测定结果相同，则说明该两种晶体为同一化合物；若测定结果比单一晶体的熔点下降了，则说明是不同的化合物。

测定熔点的装置和方法多种多样，大体上可分为两类：一类是毛细管法，另一类是显微熔点测定法。

1. 毛细管法

毛细管法是经典的方法，具有简单方便的优点，其缺点是在测定过程中看不清可能发生的晶形变化。

毛细管法测定熔点，是将晶体样品研细后装入特制的毛细管中，将毛细管粘在温度计上，使装有样品的一端与温度计的水银球相平齐。将温度计插入某种载热液，加热载热液，观察样品及温度的变化，记下晶体熔化时的温度，即为该样品的熔点。毛细管法测定熔点所用的装置也有多种，图 2-4 列出了其中的几种。

其中图 2-4（a）为最简单的无搅拌装置；（b）为带有搅拌的简单装置，使用时用手指勾住吊环一拉一松，吊环上的细线即带动搅拌棒上下运动，起到搅拌作用；（c）为双浴式装置，温度计插入内管中，加热外面的浴液即可使内管均匀受热。内管中可装入少量浴液，也可以不装浴液而以受热的空气浴加热；（d）为可以同时插入两根毛细管的装置。（a），（c），（d）中的塞子都应

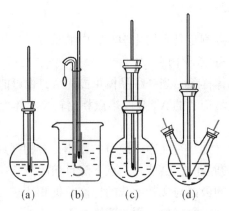

图 2-4　毛细管法测定熔点的几种装置

带有切口或锉有侧槽，以免造成密闭系统，在加热时发生危险。

测定熔点所用的载热液，应具有沸点较高、挥发性甚小、在受热时较为稳定等特点。常用的载热液有：

（1）浓硫酸。价廉易得，适用范围220℃以下，更高温度下会分解释放出三氧化硫。缺点是易于吸收空气中水分而变稀，所以每次使用后需用实心塞子塞紧容器口放置。

（2）磷酸。适用范围300℃以下。

（3）浓硫酸与硫酸钾的混合物。当硫酸与硫酸钾的比例为7∶3或5.5∶4.5时，适用范围为220～320℃；当此比例为6∶4时，可测至365℃。但这些混合物在室温下过于黏稠或呈半固态，因而不适于测定熔点较低的样品。

此外也可用石蜡油或植物油作载热液，其缺点是长期使用易于变黑。硅油无此缺点，但较昂贵。

在毛细管法中，目前应用最广泛的是提勒管法。提勒管（Tiller tube）的主管像一支试管，其尾部卷曲与主管相连，如图2-5（a）所示。图（b）为改进型的提勒管，因其形状像英文字母 b，所以也称 b 形管或 b 管。目前 b 形管的应用更广泛一些。用提勒管法测定熔点的操作步骤为：

（1）安装装置。将提勒管竖直固定于铁架台上，加入选定的载热液，载热液的用量应使插入温度计后其液面高于上支管口的上沿约1cm为宜。插入带有塞子的温度计，温度计的量程应高于待测物熔点30℃以上。温度计的安装高度应使其水银球的上沿处于提勒管上支管口下沿以下约2cm 处。如用 b 形管，则应使温度计的水银球处于上、下支管口的中间位置。温度计需竖直、

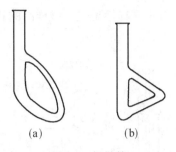

(a)　　　　　　(b)

图 2-5　提勒管

端正，不能偏斜或贴壁。塞子以软木塞为好，无软木塞时也可用橡皮塞，但橡皮塞易被有机载热液溶胀，也易被硫酸载热液碳化而污染载热液，所以应尽量避免橡皮塞触及载热液。塞子的侧面应用小刀切一切口，以利透气和观察温度，在该段温度不需观察的情况下，也可用三角锉刀锉出一个侧槽而不切口。

（2）装样。取充分干燥的固体样品少许，置于干燥洁净的表面皿上，用玻璃钉将其研成细粉，然后拢成一小堆，把熔点管开口端向下插入样品堆中，即有一部分样品进入熔点管。把熔点管倒过来使开口端向上，从一根竖直立于实验台上的、内壁洁净干燥的空气冷凝管上口丢下，使熔点管在玻管中自由落下，样品粉末即震落于熔点管底部。再将熔点管倒过来使开口端向下，重新插入样品堆中并重复以上操作。经数次之后，熔点管底部的样品积至约 3mm 高时，可使熔点管在玻璃管中多落几次，以使样品敦实紧密。最后用卫生纸将熔点管外壁沾着的固体粉末擦净，以免污染载热液。

（3）测定和记录。把温度计从硫酸中取出，在提勒管内壁上刮去过多的硫酸。借助于温度计上残余硫酸的黏合力将装好了样品的熔点管黏附在温度计上，使熔点管内的样品处于温度计水银球的侧面中部位置。将温度计连同黏附的熔点管一起小心地插回提勒管中去，使熔点管仍然竖直地紧贴温度计，处于靠近上支管口一侧或其对面一侧。因为前者在加热时会受到来自上支管口回流载热液的直接冲击而被紧紧压在温度计上；后者则会被温度计背面所产生的液体涡旋紧压在温度计上（图 2-6）。温度计的刻度应处于方便观察的角度。最后点燃煤气灯，在上下支管交合处加热，如图 2-6 所示。开始加热速度可稍快，每分钟上升 2~3℃；当温度升至样品熔点以下 5~10℃时，减慢加热速度使每分钟上升一度；在接近熔点时加热速度宜更慢。正确控制加热速度是测定结果准确与否的关键。因为传热需要时间，如果加热太快，来不及建立平衡，会使测定结果偏高，而且看不清在熔融过程中样品的变化情况。

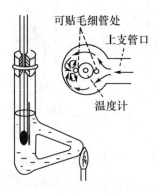

图 2-6　提勒管法测定熔点

样品中出现第一滴可以看得见的液珠时的温度即为初熔点；样品刚刚全部变得均一透明时的温度即为全熔点。在初熔之前还往往会出现萎缩、塌陷等情况，也需详细记录。例如，样品在 154℃开始萎缩，155.5℃初熔，156.5℃全熔，可记为：熔程 155.5~156.5℃（154℃萎缩）。读数时眼睛应与温度计汞线上端相平齐，以免造成视差。每个样品应平行测定 2~3 次，以各次测得的初熔点和全熔点的平均值作为该次测得的熔点，而以各次所得熔点的平均值作为最终测定结果。

每测完一次后移开火焰，待温度下降至熔点以下约 30℃后取出温度计，将熔点管拨入废物缸，重新粘上一支新的已装好样品的熔点管做下一次测定，不可用原来的熔点管做第二次测定。因为样品重新凝固后晶态可能有所改变，不一定能再现前一次的测定结果。当需要测定几个不同样品的熔点时，应按照熔点由低到高的顺序依次测定，因为等待载热液的温度下降需要较长的时间。测定未知物的熔点时，可用较快的升温速度先粗测一次，确定熔点的大致范围后，再按照已知样品那样做精确测定。如果样品易于升华，在装好样品后可将熔点管的开口端也用小火熔封，然后测定。

在测定工作全部结束后，取出温度计，用实心塞子塞紧提勒管口，以免载热液吸水或被污染。取出的温度计需冷却至接近室温，用废纸揩去硫酸后再用水冲洗。不可将热的温度计直接用水冲洗，否则可能造成温度计炸裂。

（4）常见故障的处理。若载热液变黑无法观察，当载热液为硫酸时，可加入少量硝酸钾固体并加热，一般能变得较为清亮，便于观察；当载热液为有机液体时，则需更换载热液。若温度计插入后，熔点管倾斜、漂浮或贴壁，可能有两种原因：一是操作上的失误；二是毛细管太粗，浮力过大。前者需要将熔点管取出重新黏附好，重新小心地插入；后者需用一小橡皮圈在靠近开口端的地方将熔点管固定在温度计上，在这种情况下应小心地避免橡皮圈接触和污染载热液。若在加热之前样品迅速自下而上地变黑，则是熔点管底部封结不好，有硫酸渗入，样品碳化，需更换熔点管；若遇加热过快而未能准确地看清熔程时，也需更换熔点管重新测定。

在毛细管法中，用电热熔点仪（图 2-7）来测定熔点更为方便。测定时，将装有样品的毛细管直接放入样品槽中用电加热，通过放大镜观察样品熔融情况，记录样品的初融和全融温度。

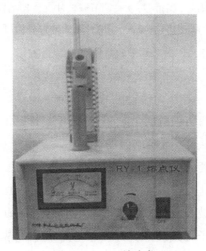

图 2-7　RY-1 熔点仪

2. 显微熔点测定法

显微熔点测定仪是在普通显微镜的载物台上装置一个电加热台，如图 2-8 所示。样品被夹在两片 18mm 见方的载玻片之间，放置在电热台上，由可变电阻器控制加热台内的电热丝加热，通过目镜和物镜观察样品的晶形及变化。装温度计的金属套管水平地装置于电热台侧面。利用显微熔点测定仪测定熔点的操作为：

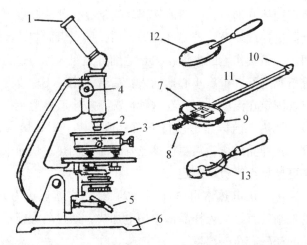

1—目镜；2—物镜；3—电加热台；4—手轮；5—反光镜；6—底座；

7—可移动的载玻片支持器；8—调节载玻片支持器的拨物圈；

9—连接可变电阻器插孔；10—温度计套管；11—温度计；

12—表盖玻璃；13—金属散热板

图 2-8 显微熔点测定仪

（1）在采光良好的实验台面上放好显微熔点测定仪，在电热台侧面装上温度计套管，在套管中插入选定的温度计并转动至便于观察的角度。

（2）将与仪器配套的可变电阻的输出插头插入电热台侧面的插孔。

（3）用不锈钢刮匙挑取微量样品放在一块 18mm×18mm 的干净载玻片上，再用另一块同样的载玻片将样品盖好，轻轻按压并转动，使上、下两块载玻片贴紧。用干净的镊子将载玻片夹好，小心平放于电热台上，然后用拨物圈移动载玻片，使样品位于电热台中心的小孔上。转动反光镜并缓缓旋转手轮，调节显微镜焦距，使晶体对准光线的入射孔道，至视野中获得最清晰的图像为止。

（4）盖上桥玻璃（桥玻璃宽 20mm，长 30mm，高 3~4mm，是用来保温的），再盖上表盖玻璃形成热室。重新调节显微镜焦距，使物像清晰。

（5）调节可变电阻的旋钮到与被测物的熔点相匹配。与仪器配套的可变电阻的刻度盘上往往直接标出相应的位置所能达到的温度上限，因而可以直接确定旋钮停留的最佳位置。然后接通电源，开始加热，观察温度变化并通过显微目镜观察样品的晶形变化。当晶体棱角开始变圆时即为初熔，当晶体刚刚全部消失，变为均一透明的液体时的温度即为全熔，在此过程中可能会相伴产生其他现象，如晶形改变等，都要详细记录。

（6）测定完毕，切断电源，取下表盖玻璃和桥玻璃，用镊子小心地取下载玻片。如需再测一次或测定另一个样品，可将金属散热板放在电热台上，待温度下降到熔点以下约30℃时取下金属散热板，换上另两片夹有样品的载玻片进行测定。

（7）全部测定工作结束，切断电源，拔下可调电阻的输出插头，取出温度计，旋下温度计套管。用脱脂棉球蘸取丙酮擦去载玻片上的样品，用丙酮洗净，收入原来的盒子。将各部件收入原来的位置。

（五）温度计的校正

1. 温度计读数误差产生的原因

实验室中使用的普通温度计，大多数不能测量出绝对正确的温度。产生误差的主要原因有两个方面：一方面是温度计标定时的条件与使用时的条件不完全相同。温度计的标定可分为全浸式和半浸式两种，全浸式温度计的刻度是在汞线完全均匀受热的条件下标定的，而使用时只有一部分汞线受热，所以有误差是必然的；半浸式温度计的刻度是在有一半汞线受热的条件下标定出来的，较为接近使用时的实际情况，但在使用时汞线受热部分的长短及周围环境的温度也不会与标定时完全相同，所以也会有误差。另一方面，温度计的毛细管不会绝对均匀，温度计长期处于高温或低温下会使毛细管产生永久性体积形变，这些原因都可能造成读数误差。

所以，在百度以上，偏差一两度的情况是常见的。在生产实践和科学研究中，对于温度测量的精确度要求有时较为粗略，有时较为精细。在要求精确测定温度的场合下，就需要对所用的温度计进行校正。

2. 温度计校正的两种方法

（1）用标准温度计校正。取一支标准温度计在不同的温度下与待校正温度计比较读数，作出校正曲线。

（2）用标准样品校正。在测定晶体化合物熔点时，我们是假定温度计的读数是正确的，用它来确定晶体的熔点；在校正温度计时，则是反过来选定若干已知熔点温度的纯净晶体样品，它们的熔点温度是经过精确测定并记载于文献的，将它们的熔点温度与温度计的读数相比较，作出温度计校正曲线。校正温度计常用的标准样品见表2-1。

表 2-1 校正温度计常用的标准样品

样品名称	纯度	标准熔点/℃	样品名称	纯度	标准熔点/℃
蒸馏水-冰		0	苯甲酰胺	A. R.	128
二苯胺	A. R.	54~55	尿素	A. R.	135
苯甲酸苯酯	A. R.	69	水杨酸	A. R.	159
萘	A. R.	80. 55	对-苯二酚	A. R.	173. 4
间-二硝基苯	A. R.	90	丁二酸（琥珀酸）	A. R.	189
乙酰苯胺	A. R.	114. 3	3，5-二硝基苯甲酸	A. R.	205
苯甲酸	A. R.	122. 5			

注：零点的测定最好用蒸馏水和纯冰的混合物。在一个 15cm×2.5cm 的试管中放置蒸馏水 20mL，将试管浸在冰盐浴中至蒸馏水部分结冰，用玻璃棒搅动使之成冰-水混合物，将试管自冰-盐浴中取出，然后将温度计插入冰水中，轻微搅动混合物，到温度恒定 2~3min 后读数。

3. 温度计校正曲线的绘制

温度计校正曲线的纵坐标通常是温度计的直接读数，横坐标可以是真实温度，也可是读数与真实温度的差值。由于后者对于一两度的，甚至零点几度的温度误差都会引起曲线形状较大的变化，较为灵敏，故应用更广一些。如果误差完全是由于温度计标定时和使用时的条件差别所造成的，则绘出的曲线应该是线性或接近线性的（图 2-9（a））；如果误差是由于温度计毛细管不均匀、样品不纯、测定时的操作失误等偶然原因所致，则曲线可能具有正、负两方面的偏差而不呈线性（图 2-9（b））。

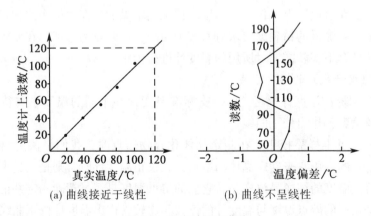

(a) 曲线接近于线性　　　　(b) 曲线不呈线性

图 2-9 温度计校正曲线

二、沸点及其测定

（一）基本原理

由于分子运动，液体的分子有从表面逸出的倾向，这种倾向随着温度的升高而增大。如果把液体置于密闭的真空体系中，液体分子不断逸出而在液面上部形成蒸气，最后使得分子由液体逸出的速度与分子由蒸气中回到液体中的速度相等，使其蒸气保持一定的压力。此时液面上的蒸气达到饱和，称为饱和蒸气。它对液面所施加的压力称为饱和蒸气压。液体的蒸气压大小只与温度有关，即液体在一定温度下具有一定的蒸气压，在同一温度下，不同种的液体一般具有不同的蒸气压；而同一种液体，其蒸气压大小仅与温度有关，而与液体的绝对量无关。当液体种类一定，温度一定时，蒸气压具有固定不变的值。

将纯净液体加热，其蒸气压随着温度的升高而升高（图 2-10）。当蒸气压升至与外界施加于液面的压强相等时，气化现象不仅发生于液体表面，而且也

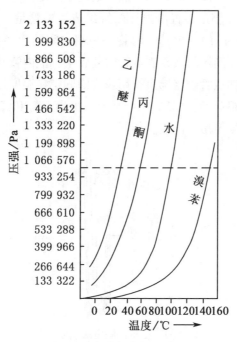

图 2-10 温度与蒸气压关系

剧烈地发生于液体的内部，有大量气泡从液体内部逸出，这种现象称为沸腾。通常把沸腾时的温度称为沸点。显然沸点与外界压强有关，一般情况下所说的沸点是指在 1 个大气压（1atm＝760mm Hg，1mm Hg＝133Pa），即 0.1MPa 压力下液体沸腾温度。所以记录沸点时需同时注明外界压强。例如，水在 85 326Pa 的压强下于 95℃沸腾，可记为 95℃/85 326Pa。如不注明压强，则通常认为外界压强为一个标准大气压（10^5 Pa）。

在一定压力下，纯净化合物必有固定的沸点。因此，可以用测定化合物的沸点来鉴定该化合物是否纯净；也可以通过测定纯净化合物的沸点，再经过查化合物手册，初步判断为那种化合物。必须指正，有固定沸点的液体不一定为纯净化合物。如共沸物有固定的沸点，95.57%乙醇和 4.43%水形成的二元共沸物，沸点为 78.15℃，34.6%正丁醚、29.9%水和 35.5%正丁醇形成的三元共沸物，沸点为 90.6℃。常见的共沸物见附录 3。

（二）沸点的测定

1. 微量法

利用沸点管测定液体化合物的沸点，适用于测定少量液体的沸点。

（1）微量法沸点测定装置由内外两管组成。外管是一支一端封闭的内径为 4~5mm，长 6~8cm 的小玻管；内管是一端封闭的内径约 1mm，长 3~4cm 的毛细管。注入约 2 滴样品液于沸点管的外管中，把内管开口的一端向下插入外管中，这样组成沸点管。将沸点管用橡皮圈固定在温度计上，并使样品液部分处于温度计的水银球旁，如图 2-11 所示。将沸点管和温度计浸入提勒管的浴液中，其位置与测定熔点的装置相同。

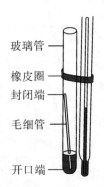

玻璃管 ——
橡皮圈 ——
封闭端 ——
毛细管 ——
开口端 ——

图 2-11　微量法测定沸点装置图

（2）测定方法。将浴液慢慢加热，使温度均匀上升，由于气体膨胀，内管中有断断续续的小气泡冒出。在到达样品的沸点时，将有一连串的小气泡快速地逸出，此时应停止加热，使浴温自行下降，气泡逸出的速度将渐渐减慢。仔细观察，在气泡不再冒出而液体刚要进入内管时（即最后一个气泡刚欲缩回至内管时）的一瞬间，立即记下此时的温度。这一瞬间毛细管内液体的蒸气压与外界压力相等，此时的温度即为该液体的沸点。一次测定后，取出内管，轻轻挥动以除去管端液体，然后再插入外管中，重复上述操作，要求两次测得的沸点误差不超过1℃。

2. 常量法

利用简单蒸馏装置测定液体化合物的沸点。

三、折光率及其测定

（一）基本原理

折光率是物质的特性常数，固体、液体、气体都有折光率。对于液体有机化合物，折光率是重要的物理常数之一。折光率也常作为检验原料、溶剂、中间体、最终产物纯度和鉴定未知物的依据。物质的折光率随入射光线波长、测定温度、被测定物质结构、压力等因素而变化，所以折光率的表示须注明光线波长 D，测定温度 t，常表示为 n_D^t，D 表示钠光的 D 线波长（589nm）。

光在不同介质中的传播速度不同。所以光线从一种介质进入另一种介质，当它的传播方向与两介质的界面不垂直时，则在界面处的传播方向发生改变，这种现象称为光的折射现象，如图2-12所示。在确定外界条件（温度、压力）下，光线在空气中的速度（V_1）与它在液体中速度（V_2）之比为该液体的折

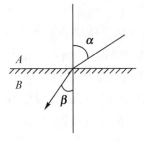

图 2-12　光的折射现象

光率 n。

$$n = \frac{V_1}{V_2}$$

根据折射定律，光线自介质 A 进入介质 B，入射角 α 与折射角 β 的正弦之比和两种介质的折光率成反比：

$$\frac{\sin \alpha}{\sin \beta} = \frac{n_B}{n_A}$$

如果介质 A 为光疏介质，B 为光密介质，即 $n_A < n_B$，则折射角 β 必小于入射角 α。当入射角为 90° 时，$\sin \alpha = 1$，这时折射角达到最大值，称为临界角，用 β_0 表示。通常测定折光率都是采用空气作为近似真空标准，即 $n_A = 1$，上式成为

$$n = \frac{1}{\sin \beta_0}$$

可见测定临界角 β_0，就可以得到折光率。这就是通常所用阿贝折光仪的基本光学原理。如图 2-13 所示。

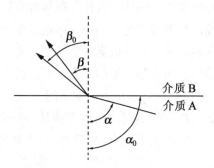

图 2-13　阿贝折光仪的光学原理

阿贝折光仪的结构见图 2-14，其主要部分由两块直角棱镜组成，上面一块是光滑的，下面的表面是磨砂的，两棱镜平面叠合时，被放入两平面之间的待测液形成一均匀的液膜，当光线由反光镜（18）入射透过磨砂棱镜时，先产生漫射，以 0°~90° 不同射角进入液体层再达到光滑棱镜，由于棱镜的折光率很高（约 1.85），大于液体折光率，当光线发生折射时，其折射角 β 小于入射角 α，此时，在临界角以内区域均有光线通过，是明亮的，而临界角以外区域由于折射光线消失，没有光线通过，是暗的，从而形成半明半暗界线清晰的像。如果在介质 B 上方用一目镜观察，就可以看见一个界线十分清晰的半明

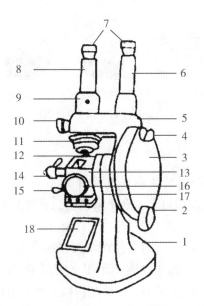

1—底座　2—棱镜转动手轮　3—圆盘组　4—小反射镜　5—支架　6—读数镜筒
7—目镜　8—望远镜筒　9—示值调节螺钉　10—消色散手柄　11—色散值刻度圈
12—棱镜锁紧扳手　13—棱镜组　14—温度计座　15—恒温器接头　16—保护罩
17—主轴　18—反射镜

图 2-14　阿贝折光仪的结构

半暗图像。液体介质不同，临界角不同，从目镜观察到明暗界线位置也不同。在每次测定时，使明暗界线与目镜的"十"字交叉线交点重合，记下标尺上读数，即为所测物质折光率（折光仪中已将折射角换算为折光率）。同时阿贝折光仪有消色散装置，故可直接使用日光，其测得的数值与用钠光线测得的一样。

（二）实验操作方法

将折射仪恒温器接头（15）接超级恒温槽，装好温度计，通入恒温水，使恒温于 $20.0\pm0.2℃$，打开棱镜，在镜面上滴 1~2 滴丙酮，合上棱镜，使镜面全部被丙酮润湿，再打开棱镜，用镜头纸擦干丙酮，然后用蒸馏水或已知折光率的标准光玻璃块校正标尺刻度。用蒸馏水为标准样时，可把水滴在棱镜毛玻璃上，合上两棱镜，旋转棱镜刻度尺读数与水的折光率一致，用图 2-14 中的（9）调节使明暗与"十"字交叉点相合（图2-15），即完成校正。

视野　　　　　未对准　　　　　正确

图 2-15　折光仪中的视野

测定操作：

（1）测定时，将待测液体滴在洗净并擦干了的磨砂棱镜面上，旋转图2-14中的（12），使液体均匀无气泡充满视场，若样品易挥发，可用滴管从棱镜小槽滴入。

（2）调节两反光镜（4、18），使两镜筒视场明亮。

（3）转动棱镜，在目镜中观察到半明半暗现象，因光源为白光，故在界线处呈现彩色，此时可调节（10）使明暗清晰，然后再调节（6）使明暗界线正好与目镜中"十"字线交点重合（图2-15）。从标尺上直接读取 n_D，读数可至小数点后第四位。最小刻度是 0.0001，可估计到 0.0001。数据的可重复性为 ±0.0001。

（4）测量糖溶液内含糖浓度时，操作同上。但测量结果应从读数镜视场左边所示值读出糖溶液含糖量浓度的百分数。

（5）若需测量不同温度的折光率，可将超级恒温槽温度调节到所需测量的温度，待恒温后即可进行测量。

（6）使用完毕，打开棱镜组（13），用丙酮洗净镜面，干燥，并用镜头纸擦净，妥善复原。

使用阿贝折光仪时，最重要的是保护一对棱镜，不能用滴管或其他硬物碰及镜面，严禁测定腐蚀性液体、强酸、强碱、氟化物等。当液体折光率不在 1.3000~1.7000 范围内，则不能用阿贝折光仪测定。

◎ 注释

[1] 若需测量不同温度时的折光率，可将恒温水槽温度调节到所需测量温度，通入恒温水要约 20min 温度才能恒定，若实验时间有限，不附恒温槽，该步骤可以省略。一般温度变化 1℃，液体有机化合物的折光率变化 4×10^{-4}，可用公式 $n_D^{20} = n_D^t + (4 \times 10^{-4})(t-20)$ 计算，得到校正到 20℃ 的折光率。n_D^t 是

在温度 t 时实验测得的折光率。

[2] 阿贝折光仪的校正，可用仪器附带的已知折光率的校正玻片，用溴代萘贴上进行校正。一般情况下，可参照纯水（或乙醇）在不同温度下的标准折光率数据对仪器进行校正（表2-2）。

表 2-2　不同温度下纯水与乙醇的折光率

温度℃	水的折光率 n_D^t	乙醇（99.8%）的折光率 n_D^t
14	1.333 48	
16	1.333 33	1.362 10
18	1.333 17	1.361 29
20	1.332 99	1.360 48
22	1.332 81	1.359 67
24	1.332 62	1.358 85
26	1.332 41	1.358 03
28	1.332 19	1.357 21
30	1.331 92	1.356 39
32	1.331 64	1.355 57
34	1.331 36	1.354 74

四、旋光度及其测定

（一）实验原理

手性化合物能使平面偏振光振动面旋转的性质称为旋光性。使偏振光的振动面沿逆时针方向旋转，称为左旋物质；使偏振光的振动面沿顺时针方向旋转，称为右旋物质。

物质旋光度的大小除取决于物质本身的特性外，还与溶液的浓度、样品管的长度、测定时的温度、所用光源的波长以及溶剂的性质等因素有关。通过测定旋光度可以鉴定光学活性物质的纯度及含量，它们的关系如下：

$$\alpha = [\alpha]_\lambda^t \times C \times L$$

式中：t——测定时的温度，℃；

　　　λ——所用光源的波长（常用钠光，波长589nm，标记为D）；

　　　C——被测溶液的浓度，$g \cdot mL^{-1}$；

　　　L——样品管的长度，dm；

　　　$[\alpha]_{\lambda}^{t}$——旋光性物质在t℃，光源波长为λ时的比旋光度。

　　测定旋光度的仪器称为旋光仪，其基本结构和光路示意图如图2-16和图2-17所示。光线从光源经过起偏镜，起偏镜是一个固定不动的Nicol棱镜，它使钠光源发出的光变成平面偏振光，再经过盛有旋光性物质的旋光管，因物质的旋光性使偏振光振动的方向发生改变，必须将检偏镜旋转一定角度后才能通过，这个角度称为该物质的旋光度。旋光度的大小由装在检偏镜上的标尺盘指示。

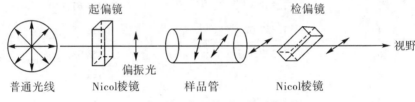

图2-16　旋光仪的构造及其工作原理

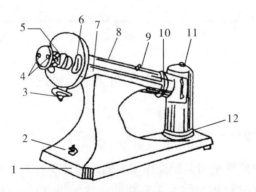

1—底座　2—电源开关　3—度盘转动手轮　4—读数放大镜

5—视度调节螺旋　6—度盘游标　7—镜筒　8—镜筒盖

9—镜盖手柄　10—镜盖连接圈　11—灯罩　12—灯座

图2-17　旋光仪

（二）测定步骤和方法

（1）将仪器电源接入 220V 交流电源（要求使用交流电子稳压器），并将接地脚可靠接地。

（2）打开电源开关，这时钠光灯应启亮，需经 5 min 钠光灯预热，使之发光稳定。

（3）打开电源开关，若光源开关扳上后，钠光灯熄灭，则再将光源开关上下重复扳动一两次，使钠光灯在直流下点亮为正常。

（4）打开测量开关，这时数码管应有数字显示。

（5）将装有蒸馏水或其他空白溶剂的试管放入样品室，盖上箱盖，待示数稳定后，按清零按钮。试管中若有气泡，应先让气泡浮在凸颈处。通光面两端的雾状水滴，应用软布揩干。试管螺帽不宜旋得过紧，以免产生应力，影响读数。试管安放时应注意标记的位置和方向。

（6）取出试管，将待测样品注入试管，按相同的位置和方法放入样品室内，盖好箱盖。仪器数显窗将显示出该样品的旋光度。

（7）逐次按下复测按钮，重复读几次数，取平均值作为样品的测定结果。

（8）若样品超过测量范围，仪器在 ±45° 处来回振荡。此时，取出试管，仪器即自动转回零位。

（9）仪器使用完毕后，应依次关闭测量、光源、电源开关。

（10）钠灯在直流供电系统出现故障不能使用时，仪器也可在钠灯交流供电的情况下测试，但仪器的性能可能略有降低。

（11）当放入小角度样品（小于 0.5°）时，示数可能变化，这时只要按复测按钮，就会出现新的数字。

（三）测定比旋光度

先按规定的浓度配制好溶液，按规定测出旋光度，然后按下列公式计算出比旋光度 $[\alpha]$：

$$[\alpha]_D^t = \alpha / (L \cdot c) \tag{2-1}$$

式中：α——测得的旋光度，（°）；

t——测定时的温度；D——测定用钠光源；

c——溶液的浓度，g/mL；

L——旋光管的长度，dm。

（四）光学纯度的计算

在进行不对称合成和拆分具有光学活性的化合物时，得到的常常不是百分之百的纯对映体，而是存在少量的对映异构体的混合物，这时必须用光学纯度或对映体过量（*e. e.*）来表示旋光异构体的混合物中一种对映体过量所占的百分率。光学纯度（Optical Purity）的定义是：旋光性产物的比旋光度除以光学纯试样在相同条件下的比旋光度。

$$光学纯度 = \frac{观测到的比旋光度}{纯样品的比旋光度} \times 100\%$$

对映体过量 *e. e.* 则用下式表示

$$e.\ e.\% = \frac{S-R}{S+R} \times 100\%$$

式中，S 是主要异构体，R 是其镜像异构体。在一般情况下旋光度与对映体组成成正比，因此光学纯度与对映体过量所占的百分率两者相等。

根据所得的光学纯度，可以计算试样中两个对映体的相对百分含量。对外消旋体来说，不存在过量的对映体，因此光学纯度为零。拆分完全的纯对映体的光学纯度是100%。假如旋光异构体中（−）对映体的光学纯度为 $X\%$，则

$$（-）对映体的百分含量 = \left(X + \frac{100-X}{2} \right)\%$$

$$（+）对映体的百分含量 = \frac{100-X}{2}\%$$

根据上述两式能容易地计算对映体的含量，例如测得香芹酮样品的比旋光为 −55°，而（−）香芹酮纯品 $[\alpha]_D^t = 62°$，那么

$$光学纯度 = \frac{-55}{-62} \times 100\% = 88\%$$

$$（-）对映体\% = \left(88 + \frac{100-88}{2} \right)\% = 94\%$$

$$（+）对映体\% = \frac{100-88}{2}\% = 6\%$$

由此可知香芹酮样品中含有94%（−）对映体，6%的（+）对映体。

（五）自动旋光仪

自动旋光仪系采用光电检测器及晶体管自动显示数值装置，灵敏度高，对目测旋光仪难以分析的低旋光度样品也可测定，但仅适用于比较法。使用应按照仪器说明书进行操作。

第三章　有机化合物的分离和纯化

经过任一反应所合成的有机化合物，一般总是与许多其他物质（其中包括进行反应的原料、副产物、溶剂等）共存于反应体系中，因此在有机制备中，常需从复杂的混合物中分离出所要的物质。随着近代有机合成的发展，分离提纯的技术将愈显示它的重要性。对于化学工作者来说，具有熟练的分离和提纯的操作技术是必需的。

一、重　结　晶

用适当的溶剂把含有杂质的晶体物质溶解，配制成接近沸腾的浓热溶液，趁热滤去不溶性杂质，使滤液冷却析出结晶，滤集晶体并做干燥处理的联合操作过程叫做重结晶，有时也简称结晶。重结晶是纯化晶态物质的普适的、最常用的方法之一。

（一）基本原理

绝大多数固体物质的溶解度都随温度的升高而增大。在较低温度下达到饱和的溶液升高温度时就不再饱和，需再加入一定量的溶质才能达到新的饱和；反之，在较高温度下达到饱和的溶液，当降低温度时，溶质会部分析出。如果析出时的温度高于溶质的熔点，则析出物呈油状，这些油状物在进一步降低温度时会固化而形成无定形固体，且往往包夹着较多的溶剂和杂质；如果析出时的温度低于溶质的熔点，则会直接析出固体。析出固体有两种形式：若固体析出较慢，首先析出的数目较少的固体微粒形成"晶种"，它们在过饱和的溶液中有选择地吸收合适的分子或离子并将其安排到晶格的适当位置上去，从而使自己一层层地"长大"，最后得到的晶体具有较大的粒度和较高的纯度，这样的过程称为结晶；如果固体析出甚快，在很短时间内形成数目巨大的固体微粒，这些微粒来不及选择分子和定位排列，也长不大，这样的过程称为沉淀。

沉淀出来的固体物质纯度较低，且由于粒度小，总表面积大，吸附的溶剂较多。而溶剂中又往往溶解有其他杂质，当溶剂挥发后，其中的杂质也就留在沉淀表面。

显然，溶质以油状或以沉淀状析出都将是不纯的，只有以结晶形式析出才较纯净。

固体样品中所含杂质可能为固体，也可能为树脂状物。将这样的样品溶于合适的热溶剂，制成接近沸腾的浓热溶液。溶剂的用量以能完全溶解其中的纯样品为宜，这时杂质可能全溶而饱和，可能全溶而不饱和，也可能不全溶。将该溶液趁热过滤，则其中的纯样品及溶解了的那一部分杂质会进入滤液，而未溶解的那一部分杂质（如果有的话）将留在滤纸上。将所得到的热滤液缓缓冷至室温，在此过程中样品将不断地析出来，而杂质则从其达到饱和的时候起开始析出，直到冷却至室温为止。如果温度已冷却至室温，而杂质仍未饱和，则不会析出。将已冷却至室温的滤液过滤，可收集到精制的固体样品。而杂质则无论是在趁热过滤时留在滤纸上的或是冷却至室温时仍留在母液中的都不会混入精制的样品中去，只有在冷却过程中析出的（如果有的话）才会混入精制品中去。

因此，溶剂的溶解性能是十分关键的，对杂质溶解度大而对被提纯物在高温下溶解度大，在低温下溶解度小的溶剂是比较理解的。但是，在杂质含量很小的情况下，无论被提纯物与杂质谁的溶解度大，都可以得到较好的结果；反之，若杂质含量过大，要么得不到纯品，要么因损失过大而得不偿失。

若固体中所含杂质为树脂状，在趁热过滤时会堵塞滤纸孔，增加过滤的困难，滤下的也会干扰晶体的生长。所以必须在热滤之前加入适当的吸附剂将其吸附除去。

（二）　理想溶剂和实用溶剂

理想的溶剂应具备下列条件：
（1）不与被提纯物质发生化学反应。
（2）对被提纯物质在高温时溶解度大，低温时溶解度小。
（3）对杂质溶解度很大，使杂质留在母液中，不随晶体一同析出；或对杂质溶解度极小，难溶于热溶剂中，使杂质在热过滤时除去。
（4）溶剂沸点不宜太高；而应容易挥发、易与晶体分离。
（5）结晶的回收率高，能形成较好的晶体。
（6）价廉易得。

在几种溶剂同样都适宜时，还应根据溶剂毒性大小，操作的安全，回收的难易等来选择。但在实际工作中，完全符合这些条件的溶剂是很不容易选到的，只要其中的主要条件符合要求也就可以了。如果被提纯固体是已知化合物，往往已经指定或可从相关文献中查找到可能适宜的溶剂。如果被提纯固体是未知化合物，则可根据"相似相溶"的经验规律推导出可能适宜的溶剂。但无论是从文献中查找到的或推导出来的结果都只能作为选择溶剂的参考，溶剂的最后选择只能靠实验方法来确定。表3-1列出了一些常用的溶剂，可供参考。

表 3-1　重结晶常用的单一溶剂

名称	沸点/℃	密度	在水中溶解度	名称	沸点/℃	密度	在水中溶解度
水	100	1		环己烷	80.8	0.78	不溶
甲醇	65	0.79	溶	二氧六环	101.3	1.03	溶
乙醇	78	0.79	溶	二氯甲烷	40.8	1.34	微溶
异丙醇	82.4	0.79	溶	1，2-二氯乙烷	83.8	1.24	微溶
四氢呋喃	66	0.89	溶	氯仿	61.2	1.49	不溶
丙酮	56.2	0.79	溶	四氯化碳	76.8	1.59	不溶
冰醋酸	117.9	1.05	溶	硝基甲烷	101.2	1.14	溶
乙醚	34.5	0.71	不溶	甲乙酮	79.6	0.81	溶
石油醚	30~60	0.64	不溶	乙腈	81.6	0.78	溶
乙酸乙酯	77.1	0.9	微溶	己烷	69	0.66	不溶
苯	80.1	0.88	不溶	戊烷	36	0.63	不溶
甲苯	110.6	0.87	不溶				

如经反复试验，实在选不到一种合适的单一溶剂可以考虑使用混合溶剂。混合溶剂通常由两种互溶的溶剂组成，其中一种对被提纯物溶解度很大，称为良溶剂；而另一种对被提纯物难溶或几乎不溶，称为不良溶剂。使用时可以将良溶剂与不良溶剂按一定比例混配后像单一溶剂那样使用，也可以随机试溶。常用的混合溶剂列于表3-2。单一溶剂使用后较易回收，所以只要单一溶剂可

以满足基本要求就不要谋求使用混合溶剂。

表 3-2　重结晶常用的混合溶剂

水-乙醇	水-甲醇	水-醋酸	水-丙酮	水-二氧六环
乙醇-乙醚	乙醇-丙酮	乙醇-氯仿	乙醇-石油醚	无水乙醇-苯
石油醚-苯	石油醚-丙酮	石油醚-乙醚		

（三）重结晶的操作

1. 溶剂的选择

（1）单一溶剂的选择。

取 0.1g 样品置于干净的小试管中，用滴管逐滴滴加某一溶剂，并不断振摇，当加入溶剂的量达到 1mL 时，可在水浴上加热，观察溶解情况。若该物质（0.1g）在 1mL 冷的或温热的溶剂中很快全部溶解，说明溶解度太大，此溶剂不适用。如果该物质不溶于 1mL 沸腾的溶剂中，则可逐步添加溶剂，每次约 0.5mL，加热至沸，若加溶剂量达到 4mL，而样品仍然不能全部溶解，说明溶剂对该物质的溶解度太小，必须寻找其他溶剂。若该物质能溶于 1～4mL 沸腾的溶剂中，冷却后观察结晶析出情况，若没有结晶析出，可用玻璃棒擦刮管壁或者辅以冰盐浴冷却，促使结晶析出，若晶体仍然不能析出，则此溶剂也不适用；若有结晶析出，还要注意结晶析出量的多少，并要测定熔点，以确定结晶的纯度。最后综合几种溶剂的实验数据，确定一种比较适宜的溶剂。这只是一般的方法，实际情况往往复杂得多，选择一个合适的溶剂需要进行多次反复的实验。

（2）混合溶剂的选择。

①固定配比法。将良溶剂与不良溶剂按各种不同的比例相混合，分别像单一溶剂那样试验，直至选到一种最佳的配比。

②随机配比法。先将样品溶于沸腾的良溶剂中，趁热过滤除去不溶性杂质，然后逐滴滴入热的不良溶剂并摇振之，直至浑浊不再消失为止。再滴加少许良溶剂并加热使之溶解变清，放置冷却使结晶析出。若冷却后析出油状物，则需调整比例再进行实验或另换别的混合溶剂。

2. 溶样

溶样亦称热溶或配制热溶液。溶样的装置因所用溶剂不同而不同。以水为溶剂进行重结晶时，可以用烧杯进行溶样；用有机溶剂时，必须用圆底烧瓶并使用回流装置（图3-1）溶样。

图3-1　回流装置

　　溶解样品时，先加入适量溶剂，保持溶剂沸腾下，逐渐加入溶剂，使溶剂刚好将样品全部溶解，即制成饱和溶液。然后再补加过量约20%的溶剂，过量的目的在于避免在热过滤过程中因溶液冷却、溶剂挥发、滤纸吸附等因素造成晶体在滤纸上或漏斗颈中析出。如果样品在该溶剂中很易析出，则应过量多一些；如果样品在该溶剂中析出甚慢，则只需稍微过量即可。

　　若溶解后的样品澄清、透明，无不溶性杂质，则溶剂的用量以恰好溶解为准。然后再将热的溶液静置，冷却、结晶。

　　3. 脱色

　　若发现溶解的样品中含有色杂质时，可向溶液中加入适量的活性炭后煮沸，使其吸附掉样品中的杂质。活性炭在水溶液及极性有机溶剂中脱色效果较好，在非极性有机溶剂中脱色效果不显著。活性炭用量一般为粗样品重量的1%~5%。如果一次脱色不彻底，可再进行第二次脱色，但不宜过多使用，以免样品过多损耗。

　　脱色剂应在样品溶液稍冷后加入。不允许将脱色剂加到正在沸腾的溶液中去，否则将会引起暴沸甚至造成起火燃烧。脱色剂加入后继续煮沸至少3~5min，煮沸时不断地搅拌，以使脱色剂迅速分散开。煮沸时间过长往往脱色效果反而不好，因为在脱色剂表面存在着溶质、溶剂和杂质的吸附竞争，溶剂虽然在竞争中处于不利地位，但其数量巨大，过久的煮沸会使较多的溶剂分子被吸附，从而使脱色剂对杂质的吸附能力下降。

　　4. 热过滤

　　热过滤即趁热过滤以除去不溶性杂质、脱色剂及吸附于脱色剂上的其他杂质。热过滤的方法有两种，即常压过滤和减压过滤。

　　（1）常压过滤。

　　常压过滤也称重力过滤，采用短颈（或无颈）三角漏斗以避免或减少晶体在漏斗颈中析出，同时采用折叠滤纸（亦称伞形滤纸）以加快过滤速度。

　　滤纸的折法如图3-2所示。取一张大小合适的圆形滤纸对折成半圆形（图3-2（a）），再对折成90°的扇形（图3-2（b）），继续向内对折（图3-2（c））把半圆分成8等份（图3-2（d）），最后在8个等份的各小格中间向相反方向对折，即得16等份的折扇形排列（图3-2（e））。将其打开，外形如图3-2

(f) 所示，再在 1 和 2 两处各向内对折一次，展开后如图 3-2（g）所示，即为折叠滤纸。靠近滤纸中心处折纹密集，在折叠过程中不宜重力推压，以免磨损降低牢度，在过滤时破裂。在使用之前应将折好的滤纸小心翻转，使折叠过程中被手指触摸弄脏的一面向内，以免其污染滤液。

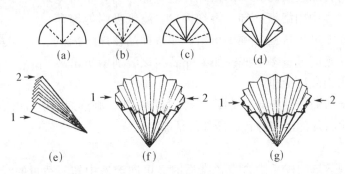

图 3-2　折叠滤纸的方法

　　热过滤的关键是要保证溶液在较高温度下通过滤纸。为此，在过滤前应把漏斗放在烘箱中预热，待过滤时才取出放在铁圈或盛装滤液的锥形瓶口上，迅速放入伞形滤纸，伞形滤纸的上沿应低于滤斗口，并使其棱边紧贴漏斗壁，以少许热溶剂润湿滤纸，倒入热溶液后应迅速盖上表面皿，以减少溶剂挥发。如果热溶液较多，一次不能完全倒入漏斗，则剩余的部分应继续加热保温。

　　过滤时若操作合适，在滤纸上仅有少量结晶析出。若漏斗未预热或虽已预热，但操作过慢，则往往有较多结晶在滤纸上析出，这时必须仔细地将滤纸和结晶一起放回原来的瓶中，加入适量的溶剂重新溶样，再进行热过滤。对于极易析出晶体的溶液，或当需要过滤的液量较多时，最好使用保温漏斗过滤。

　　保温漏斗如图 3-3 所示，其中图（a）最为常见，它是一个用铜皮制作的双层漏斗。使用时在夹层中注入约 3/4 容积的水，安放在铁圈上，将玻璃三角漏斗连同伞形滤纸放入其中，在支管端部加热，至水沸腾后过滤。在热滤的过程中漏斗和滤纸始终保持在约 100℃ 左右。图 3-3（b）的外层是一个锥状的金属盘管，漏斗置于其中，管内通入水蒸气加热。如果需要更高温度，也可通入过热水蒸气。

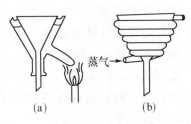

图 3-3　保温漏斗

（2）减压过滤。

减压过滤也称抽滤、吸滤或真空过滤，其装置由布氏漏斗、抽滤瓶、安全瓶及水泵组成，如图3-4所示。减压过滤的最大优点是过滤速度快，结晶一般不易在漏斗中析出，操作亦较简便。其缺点是滤下的热滤液在减压条件下易沸腾，可能从抽气管中抽走，使结晶在滤瓶中析出；如果操作不当，活性炭或悬浮的不溶性杂质微粒也可能从滤纸边缘通过而进入滤液。

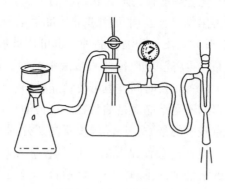

图 3-4　减压过滤装置

减压过滤所用滤纸应略小于布氏漏斗的底面，但能完全遮盖滤孔为宜。布氏漏斗在使用之前应在烘箱中预热（预热时应将橡胶塞取下），如果以水为溶剂，也可将布氏漏斗置于沸水中预热。为了防止活性炭等固体从滤纸边缘吸入抽滤瓶中，在溶液倾入漏斗前必须使滤纸在漏斗底面上贴紧。当溶剂为水或其他极性溶剂时，只要以同种溶剂将滤纸润湿，适当抽气，即可使滤纸贴紧，但在使用非极性溶剂时滤纸往往不易贴紧，在这种情况下可先加入少量乙醇（有时也可用水）将滤纸润湿，抽气贴紧后再用溶样的溶剂洗去滤纸上的乙醇，然后倒入溶液抽滤。在抽滤过程中应保持漏斗中有较多的溶液，只有当全部溶液倒完后才可抽干，否则吸附有树脂状杂质的活性炭会在滤纸上结成紧密的饼块阻碍液体透过滤纸。同时压力亦不可抽得过低，以防溶剂沸腾被抽走，或将滤纸抽破使活性炭透滤。如果由于操作不当使活性炭透滤进入滤液，则最后得到的晶体会呈灰色，这时需要重新溶样，重新进行热过滤。

5. 冷却结晶

将热滤液冷却，溶解度减小，溶质即可部分析出。此步的关键是控制冷却速度，使溶质真正成为晶体析出并长到适当大小，而不是以油状物或沉淀的形式析出。

一般说来，若将滤液迅速冷却并剧烈搅拌，则所析出的晶体很细，总表面积大，因而表面上吸附或黏附的母液总量也较多。若将滤液静置并缓缓降温，得到的晶体较大，但也不是越大越好，因为过大的晶体中包夹母液的可能性也大。通常控制冷却速度使晶体在数十分钟至十数小时内析出，而不是在数分钟或数周内析出，析出的晶粒大小在 1.5mm 左右为宜。为此，可将热滤液室温下静置缓缓冷却；或置于热水浴中随同热水一起缓缓冷却。

杂质的存在会影响化合物晶核的形成和结晶的生长。所以有时溶液虽已达到过饱和状态，仍不析出结晶，这时可用玻璃棒摩擦器壁或投入晶种（即同种溶质的晶体），帮助形成晶核。若没有晶种，也可用玻璃棒蘸一点溶液，让溶剂挥发得到少量结晶，再将该玻璃棒伸入溶液中搅拌，该晶体即作为晶种，使结晶析出。在冰箱中放置较长时间，也可使结晶析出。

有时从溶液中析出的不是结晶而是油状物。这种油状物长期静置或足够冷却也可以固化，但含有较多的杂质，产品纯度不高。处理的方法是：①增加溶剂，使溶液适当稀释，但这样会使结晶收率降低；②慢慢冷却，及时加入晶种；③将析出油状物的溶液加热重新溶解，然后让其慢慢冷却，当刚刚有油状物析出时便剧烈搅拌，使油状物在均匀分散状况下固化；④最好改换其他溶剂。

6. 滤集晶体

要把结晶从母液中分离出来，一般采用布氏漏斗或砂芯漏斗进行抽滤。抽滤前，用少量溶剂润湿滤纸、吸紧，将容器内的晶体连同母液倒入布氏漏斗中，用少量的滤液洗出黏附在容器壁上的结晶。用不锈钢铲或玻璃塞把结晶压紧，使母液尽量抽尽，然后打开安全瓶上的活塞（或拔掉抽滤瓶上的橡皮管），关闭水泵。

为了除去晶体表面的母液，可用少量的新鲜溶剂洗涤。洗涤时应首先打开安全瓶上活塞，解除真空，再加入洗涤溶剂，用不锈钢铲或玻璃棒将晶体小心地挑松（注意不要将滤纸弄破或松动），使全部晶体浸润，然后再抽干。一般洗涤 1~2 次即可。如果所用溶剂沸点较高，挥发性太小，不易干燥，则可选用合适的低沸点溶剂将原来的溶剂洗去，以利干燥。

将抽滤后的溶液适当浓缩后冷却，还可再得到一部分晶体，但纯度较低，一般不可与先前所得的晶体合并，必须作进一步的纯化处理后才可作为纯品使用。

7. 晶体的干燥

抽滤收集的产品必须充分干燥，以除去吸附在晶体表面的少量溶剂。应根据所用溶剂及晶体的性质来选择干燥的方法。不吸潮的产品，可放在表面皿上，盖上一层滤纸在室温放置数天，让溶剂自然挥发（即空气晾干），也可用红外灯烘干。对那些数量较大或易吸潮、易分解的产品，可放在真空恒温干燥箱中干燥。如要干燥少量的标准样品，或送分析测试样品，最好用真空干燥箱在适当温度下减压干燥 2~4h。干燥后的样品应立即储存在干燥器中。

8. 测定熔点

将干燥好的晶体准确测定熔点，以决定是否需要再作进一步的重结晶。

以上是重结晶完整的一般性操作步骤，一次具体的重结晶实验究竟需要多少步，可根据实际情况决定。如果已经指定了溶剂，则选择溶剂一步可省去。如果制成的热溶液没有颜色或不含有色杂质，也没有树脂状杂质，则脱色一步可省去。如果同时又无不溶性杂质，则热过滤一步也可省去。如果确知一次重结晶可以达到要求的纯度，则熔点测定亦可省去。

二、简 单 蒸 馏

将液体加热气化，同时使产生的蒸气冷凝液化并收集的联合操作过程叫做蒸馏。若蒸馏时液体所承受外界压力是一个大气压的蒸馏，叫做常压蒸馏，或简单蒸馏，也简称蒸馏。简单蒸馏是有机化学实验中最重要的基本操作之一，在实验室和工业生产中都有广泛的应用。其主要作用是：①分离沸点相差较大（通常要求相差 30℃ 以上）且不能形成共沸物的液体混合物；②除去液体中的少量低沸点或高沸点杂质；③测定液体的沸点；④根据沸点变化情况粗略鉴定液体的种类和纯度。但简单蒸馏的分离效果有限，不能用以分离沸点相近的液体混合物，也不能把共沸混合物中各组分完全分开。

（一）原理

由于分子运动，液体的分子有从表面逸出的倾向，这种倾向随着温度的升高而增大。如果把液体置于密闭的真空体系中，液体分子不断逸出而在液面上部形成蒸汽，最后使得分子由液体逸出的速度与分子由蒸汽中回到液体中的速度相等，使其蒸汽保持一定的压力。此时液面上的蒸汽达到饱和，称为饱和蒸汽。它对液面所施加的压力称为饱和蒸汽压。液体的蒸汽压大小只与温度有关，即液体在一定温度下具有一定的蒸汽压。这是指液体与它的蒸汽平衡时的压力，与体系中存在的液体和蒸汽的绝对量无关。当液体的蒸气压增大到与外界施于液面的总压力（通常是指大气压力）相等时，就有大量气泡从液体内部逸出，即液体沸腾，这时的温度称为液体的沸点。

如果液体 A 和液体 B 可以无限混溶，但不能缔合，也不能形成共沸物，则由 A 和 B 组成的二元液体体系的蒸气压行为符合拉乌尔（Raoult）定律。拉乌尔定律的表达式为

$$P_A = P_A^0 \cdot X_A$$

式中，P_A 为 A 的蒸气分压；P_A^0 为当 A 独立存在时在同一温度下的蒸气压；X_A 为 A 在该体系中所占的摩尔分数。由于该体系中只有 A，B 两个组分，所以 $X_A = 1 - X_B$，其中 X_B 为 B 在体系中所占的摩尔分数。显然，$X_A < 1$，$P_A < P_A^0$，即在无限混溶的二元体系中各组分的蒸气分压低于它独立存在时在同一温度下的蒸气压。同理，对于液体 B 来说，也有 $P_B = P_B^0 X_B < P_B^0$。设该二元体系的总蒸压为 $P_总$，则有 $P_总 = P_A + P_B = P_A^0 X_A + P_B^0 X_B$。对体系加热，$P_A$ 和 P_B 都随温度升高而升高，当升至 $P_总$ 与外界压强相等时，液体沸腾。

如果 A 的正常沸点低于 B 的正常沸点，且 A，B 在液相中占有相同的摩尔分数，即 $X_A = X_B$，由于 A 的沸点低，挥发性大，因而有较多的 A 分子脱离液相而进入气相，则在气相中 A 将占有较多的摩尔分数，即液相和气相的组成是不同的。如果将沸腾时产生的混合蒸气冷凝收集，则在收集所得的液体中 A 所占的比例必然大于它在原来的二元体系中所占的比例，或者说，低沸点组分在收集液中得到富集，这就是简单蒸馏的基本原理。可以用图 3-5 来定量地说明该原理。

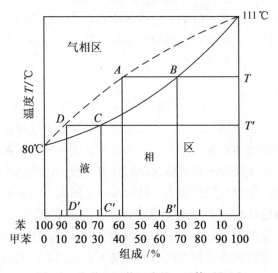

图 3-5　由苯和甲苯组成的二元体系相图

图 3-5 为由苯和甲苯组成的二元体系相图，横坐标表示组成，纵坐标表示温度。图中有两条曲线，下面的实线为组成-沸点曲线，它表示混合液体的沸点随组成的变化而变化的关系。上面的虚线为蒸气的温度-组成曲线，它表示蒸气的组成随温度的变化而变化的情况。这些曲线是用实验方法绘出的，即在恒压下测定不同温度时气-液平衡体系中气相和液相的组成，在坐标系中描出相应的点，再用平滑的曲线将各点连接起来而得到的。

从图中可以看出：纯粹的苯在 80℃ 沸腾，在该温度下蒸气的组成是 100% 的苯；纯粹的甲苯在 111℃ 沸腾，在该温度下蒸气的组成是 100% 的甲苯；由苯和甲苯组成的混合液体，其沸点在苯和甲苯的沸点之间。假设给定的混合液体中含有 32% 的甲苯和 68% 的苯，它相当于图中的 C' 点，过 C' 点作垂线交组成-沸点曲线于 C，C 点相应的温度为 T'，该混合液体即在温度 T' 时沸腾，产生温度为 T' 的蒸气。等温线 $T'C$ 交蒸气温度-组成曲线于 D 点，D 点所对应的组成点 D' 含有 88% 的苯和 12% 的甲苯。这说明原给定的含有 68% 苯和 32% 甲苯的液体混合物经蒸馏后在馏出液中含有 88% 的苯和 12% 的甲苯，即易挥发组分（苯）的含量提高了，而高沸点组分（甲苯）的含量降低了，显然易挥发组分在馏出液中得到了一定程度的富集。

由于易挥发组分蒸出较多，残液中就含有较多的高沸点组分，即高沸点组分在残液中富集，残液的组成点将沿横坐标向右移动，混合残液的沸点也将沿组成-沸点曲线向右上方移动。假设某一时刻残液的组成变化到含苯 32%、甲苯 68%，它相当于 B' 点，依前法可知，这时残液将在温度 T 时沸腾（$T>T'$），这时蒸出的馏出液的组成是 58% 的苯和 42% 的甲苯。

从以上讨论可知，二元混合液体在蒸馏过程中沸点不断升高，馏出液和残液中高沸点组分的含量都在不断增加，但馏出液中低沸点组分的含量总大于同一时刻它在残液中的含量。所以混合液体的沸程较宽。通过简单蒸馏不能将液体混合物完全分开，即不能获得纯粹的单一组分。

在实际蒸馏过程中，沸点的变化如图 3-6 所示，分三种情况：其中图（a）表示当液体为纯净的液体时，蒸馏过程中沸点维持恒定或基本恒定，沸点曲线表现为一条水平的或接近水平的直线；图（b）表示当混合物两组分沸点接近时，在蒸馏过程中沸点的变化表现为一条平滑上升的曲线，就像苯和甲苯的混合物一样，无论在什么时间更换接收瓶，都不能获得纯净的单一组分，只有在高沸点组分的含量甚少，如在 10% 以下时，在接近低沸组分沸点的一个很窄的温度范围内蒸馏，才能获得少量较为纯净的低沸点组分；图（c）表示当混合物两组分沸点相差很大时，蒸馏过程中有一个温度突升的阶段，在此期间更换接收容器，可以获得虽非完全，但已足够满意的分离效果。

综上所述，简单蒸馏虽不能将液体混合物完全分离开来，但却可以富集低沸点组分或高沸点组分。如果对收得的馏分再进行第二次简单蒸馏，其低沸点组分必将在馏出液中进一步富集。接着再进行第三次、第四次以至多次的简单蒸馏，馏出液中的低沸点组分必将进一步富集，直至可以获得纯净的低沸点组分。

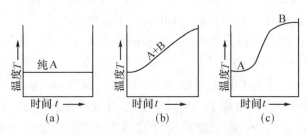

图 3-6　蒸馏过程中温度变化的三种情况

通常在实验室进行的简单蒸馏，主要是除去液体中的少量低沸点或高沸点杂质。

(二) 简单蒸馏装置及仪器选择

实验室中常用的简单蒸馏装置如图 3-7 所示，由热源、热浴、蒸馏瓶、蒸馏头、温度计、冷凝管、尾接管和接收瓶组成。

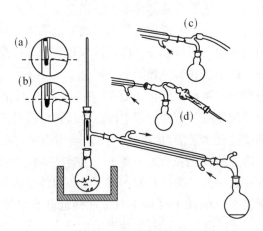

图 3-7　简单蒸馏装置

蒸馏瓶是根据待蒸液体的量来选择的，通常使待蒸液体的体积不超过蒸馏瓶容积的2/3，也不少于1/3。如果装得太多，沸腾激烈时液体可能冲出，同时混合液体的小珠滴也可能被蒸气带出，混入馏出液中，降低分离效率；如果装入的液体太少，在蒸馏结束时，过大的蒸馏瓶中会容纳较多的气雾，相当于有一部分物料不能蒸出而使产品受到损失。

选择温度计时应使其量程高于被蒸馏物的沸点至少30℃。

冷凝管也是根据被蒸馏物的沸点选择的，同时适当考虑被蒸馏物的含量。通常低沸点、高含量的液体选用粗而长的冷凝管；但高沸点、低含量的液体则选用细而短的冷凝管。被蒸馏物的沸点在140℃以上选用空气冷凝管；在140℃以下则选用直形冷凝管。如果被蒸馏物的沸点很低，也可选用双水内冷冷凝管，但一般不使用蛇形的或球形的冷凝管，如果必须使用，则应将蛇形的或球形的冷凝管竖直安装，而不能像直形冷凝管那样倾斜安装。

接收瓶可选用圆底瓶或锥形瓶，其大小取决于馏出液体的体积。如果蒸馏的目的仅在于除去液体中的少量杂质，或者为了从互溶的二元体系中分离出它的低沸点组分，则至少应准备两个接收瓶；如果是为了从三元体系中分离出沸点较低的两个组分，则至少应准备三个接收瓶，依此类推。接受瓶应洁净、干燥，预先称重并贴上标签，以便在接收液体后计算液体的质量。

(三) 简单蒸馏装置的安装

在安装简单蒸馏装置时，是用已经选择好的仪器按照热源、热浴、蒸馏瓶、蒸馏头、温度计、冷凝管、尾接管、接收瓶的次序依次安装，简单地说就是自下而上、自左而右（或自右而左）地安装。各仪器接头处要对接严密，确保不漏气，同时又要使磨口不受侧向应力。温度计的安装高度应使其水银球在蒸馏过程中刚好全部浸没于气雾之中。为此，在传统型蒸馏头上安装温度计的高度应使其水银球的上沿与蒸馏头支管口的下沿在同一水平线上，如图3-7 (a) 所示；在改良型蒸馏头上安装的温度计的高度应使其水银球的上沿与蒸馏头支管拐点的下沿在同一水平线上，如图3-7 (b) 所示。

冷凝管（除空气冷凝管外）的安装应使其进水口处于最低位置，出水口处于最高位置，以使其夹套能够全部被水充满。

热源和接收瓶这两端只许垫高一端，不允许两端同时垫高。

安装好的装置，其竖直部分应垂直于实验台面，全部仪器的中轴线应处在同一平面内，且该平面与实验台的边缘平行，做到既实用，又整齐。

（四）简单蒸馏的操作程序

（1）按照前述原则正确地选择仪器和安装装置。

（2）投料和加沸石（或磁子）。装置安装完毕，拔下温度计，在蒸馏头上口处装一长颈三角漏斗，漏斗的尾端应伸至蒸馏头的支管口以下，以免粗料直接流入冷凝管和接收瓶。加料完毕取下漏斗，投入 2~3 粒沸石（也可用磁力搅拌替代沸石产生气化中心，磁子应预先加入蒸馏瓶中并试转灵活后，再依前法安装装置）。重新装好温度计。若液体的量不大，也可事先将液体和沸石直接加到蒸馏瓶中然后依前法安装装置。

（3）蒸馏和接收。手握出水管管口，小心开启冷却水并调整到合适的进出水速度。打开电源加热。开始时加热速度宜稍快，并注意观察蒸馏瓶上部和蒸馏头内的气雾上升情况，当气雾上升至开始接触温度计的水银球时，调节加热速度，使水银球全部浸在气雾中并有冷凝的液滴顺温度计滴下。此后的加热强度以使尾接管下部每秒钟滴下 1~2 滴液体为宜。如果加热过猛，蒸气过热，温度计读数会偏高，而且也影响分离效果；反之，若加热不足，温度计读数则会偏低。记下流出第一滴液体时的温度。通常在温度未达到预期的馏出液沸点之前即有少量液体馏出，这一般是溶于液体中的少量挥发性杂质，接得的这部分液体叫做"前馏分"。待"前馏分"出完时，温度会趋于稳定，更换接收瓶接收并记下这个稳定的温度，这时接收到的即是较纯净的液体组分，称为"正馏分"。在正馏分基本蒸完，而高沸点的组分尚未大量蒸出时，温度将会有短暂的下降。继续加热，温度将再回升并超过原来恒定的温度，在较高的温度下达到新的气液平衡，这时蒸出的是沸点较高的液体组分。应该注意在温度下降时更换接收瓶接收第二个馏分，并依此法将蒸出的各个组分逐一接收。

（4）装置的拆除。全部蒸馏结束，先熄灭火焰或切断电源，移去热浴，稍冷后关闭冷却水，小心取下接收瓶，然后按照与安装时相反的次序依次拆除各件仪器，并将拆下的仪器清洗干净，以备下次使用。

（五）蒸馏中应注意的几个问题

（1）防止暴沸。有时液体的温度已经达到或超过其沸点而仍不沸腾，这种现象称为过热。过热的原因在于液体内部缺乏气化中心。通常液体在接近沸点的温度下，内部会产生大量极其细小的蒸气泡。这些蒸气泡由于太小，其浮力不足以冲脱液体的束缚，因而分散地滞留于液体中。如果装盛液体的器皿表面粗糙，吸附有较多空气，则受热时空气泡会迅速增大体积并向上浮起，在上升时吸收液体中滞留的微小蒸气泡一起逸出液面。在这种情况下，这些空气泡起着气化中心的作用，可使液体平稳地沸腾而不会过热。但在玻璃瓶中加热液体时，因为瓶底及内壁非常光滑，极少吸附空气，不能提供气化中心，所以会造成过热，特别是当液体较黏稠时更易过热。

过热液体的内部蒸气压大大超过了外界压强，一旦有一个气化中心形成，就会造成许多较大的气泡，这些气泡在上升过程中又会进一步吸收大量滞留的蒸气泡而使其体积急剧膨胀并携带液体冲出瓶外，这种不正常的沸腾现象称为暴沸。在蒸馏、减压蒸馏等操作中，暴沸会将未经分离的混合物冲入已被分离开的纯净物中去，造成实验失败，严重时还会冲脱仪器的连接处，使液体冲出瓶外，造成着火、中毒等实验事故。为防止暴沸，在蒸馏、回流等操作中投入捶碎的素磁片，以其粗糙表面上吸附的空气提供气化中心，这种捶碎的素磁片称为沸石。为了防止暴沸，在加热前必须在液体中加入"沸石"。如果蒸馏中途需要停顿，则在重新加热之前必须加入新的沸石。将素瓷片洗净烘干并捶成 1/4 颗绿豆大小的颗粒即为最常使用的沸石，也可用一端封闭、开口向下的一束毛细管代替沸石，它也可以像瓷片的粗糙表面一样为液体提供气化中心。如果加热前忘了加沸石，液体已经过热而仍未沸腾，则应立即移去热源，待液体冷至其沸点以下，再加入沸石并重新加热，切不可在过热的液体中直接加入沸石。如果已经发生了暴沸，应立即移开热源，稍冷后将冲入接受瓶中的液体倒回蒸馏瓶中，加入沸石后再重新加热蒸馏。实验室进行蒸馏或回流操作，通常采用磁力搅拌代替沸石产生气化中心，磁力搅拌使液体在瓶中产生旋涡而平稳旋转，以防止并能避免暴沸。在装置搭建完成后开启磁力搅拌，转速不宜过快，保证磁子平稳地旋转即可。

（2）若采用浴液加热，则浴温一般超过被蒸馏物沸点 20~25℃为宜，最高不能高出 30℃。若浴温太低，则蒸馏太慢，甚至蒸不出来；若浴温过高，则蒸馏过快，分离效果不好。蒸馏瓶和冷凝管蒸气压过大，使大量蒸气来不及冷凝而逸出，导致产品损失，且易造成物料分解、仪器爆裂等事故。

（3）尾接管的支管应保持与大气畅通，否则会造成密闭系统而发生危险。在蒸馏易燃或有毒液体时，应在尾接管的支管上连接橡皮管，将产生的尾气导入水槽（图3-7（c））。如果蒸馏系统需避免潮气浸入，则应在支管上加置干燥管，如图3-7（d）所示。

（4）注意控制冷却水的进出量。一般说来，若被蒸馏液的沸点为120~140℃，冷却水流速应很慢，只要有冷却水缓缓流过夹套，即足以使管内气雾冷凝下来，若冷却水流速过快，则由于管内外温差太大而可能造成冷凝管破裂。若被蒸馏液体沸点在 100℃ 左右，冷却水可调到中速；沸点在 70℃ 以下时，冷却水的流速宜快，以利充分冷却；若被蒸馏液沸点甚低，接近室温，则通过冷凝管的水需先用冰水浴冷却，并将接收瓶浸于冰浴中冷却，以避免过多的挥发损失。如果被蒸馏物沸点特别高，气雾在没有上升到蒸馏头的支管之前即冷却成液体流下，因而不能蒸出时可在蒸馏头的支管口以下部分缠上石棉绳，或以石棉布包裹，使液体在"保温"下蒸出；反之，当需要蒸馏大量低沸点液体时，可用竖直安装的蛇形或球形冷凝管代替倾斜安装的直形冷凝管。

（5）在蒸馏之前，必须查阅有关书籍、手册。尽可能多地了解被蒸馏物的物理和化学性质，针对不同情况采取相应的处理办法。例如，乙醚、四氢呋喃等，久置可能形成过氧化物，故在蒸馏之前需先检查并除去，以免使过氧化物在蒸馏过程中浓缩而引起爆炸；多硝基化合物或肼类的溶液在浓缩到一定程度时也会造成爆炸，所以这样的溶液需在具有安全装置的通风橱中蒸馏，操作人员需戴上防护面罩，而且不能蒸干。大多数液体化合物虽然不具有爆炸性，但一般也不允许蒸干，因为温度的升高可能造成被蒸馏物的分解，影响产品纯度，也可能造成其他事故。

（6）若需要蒸馏的液体体积太大，或需要浓缩大量稀溶液，或需要将大量稀溶液蒸去溶剂以取得其中溶解的少量溶质，可采用如图 3-8 所示的装置，一边蒸馏一边慢慢地滴加溶液。这样可避免使用过大的蒸馏瓶，以期减少损失。

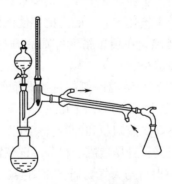

图 3-8　大量稀溶液的浓缩

三、减压蒸馏

减压蒸馏就是从蒸馏系统中连续地抽出气体，使系统内维持一定的真空度

(低于 1 个大气压) 以降低其沸点，达到在较低温度下进行蒸馏的目的，亦称真空蒸馏。是实验室中常用的基本操作之一。由于在减压条件下液体的沸点降低，故减压蒸馏主要应用于以下情况：①纯化高沸点液体；②分离或纯化在常压沸点温度下易于分解、氧化或发生其他化学变化的液体；③分离纯化低熔点固体。

（一）原理

液体沸腾的唯一条件是液体的蒸气压等于外界施加于液面的压强。外界压强越大，液体沸点越高；外界压强越小，液体沸点越低。用实验方法绘制出的液体沸点与外界压强的关系曲线（图 3-9）清楚地表明了这一规律。事实上，在约 2 666Pa 的压强下，大多数液体的沸点都比其正常沸点低 100~120℃。在1 333~3 333Pa 的压强下，大约压强每减小 133Pa，液体的沸点即下降约 1℃，可惜这种关系并不呈严格的线性。虽有经验公式可以计算出某液体在给定压强下的沸点，但也仅为近似值。为了得到这样的近似值，较方便的办法还是用一把直尺从图 3-10 中去寻找。在常压沸点、减压沸点和压强这三个数据中只要知道了两个，即可使直尺的边缘经过代表这两个数据的点，那么直尺的边缘也必然经过代表第三个数据的点。图中仍然沿用了人们已习惯使用的旧的压强单位 mmHg，在使用水银压力计测定压强时，这种旧单位还有许多方便之处，必

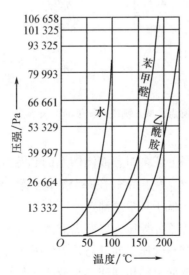

图 3-9　化合物的沸点与外界压强的关系

要时使用国际法定单位 Pa。例如，文献报导某一化合物在 0.3mmHg（40Pa）下的沸点为 100℃，而所用油泵只能抽到 1mmHg，那么该化合物在此压强下的沸点是多少呢？我们先使直尺的边缘经过图 3-10 中 A 线上代表 100℃的点和 C 线上代表 0.3mmHg 的点，直尺边缘与 B 线的交点约为 310℃。然后移动直尺使其边缘经过 B 线的 310℃点和 C 线的 1mmHg 点，则 CB 延长线与 A 线的交点约为 125℃，此即表明该化合物在 1mmHg（133.322Pa）的压强下将在约125℃沸腾。

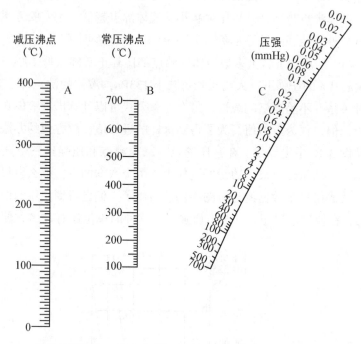

图 3-10　液体常压沸点、减压沸点与压强间的关系（1mmHg＝133.322Pa）

在真空条件下，二组分或多组分液体体系的总蒸气压（$P_总$）仍然等于各组分蒸气分压之和，当 $P_总$ 等于系统压强时液体沸腾。沸点高低因系统内部压强的不同而不同，但总会低于其常压沸点。

为使体系的蒸气压等于外界压强以蒸出液体，可采取的办法有三种，即：

①对液体加热提高其蒸气压，使其与外界压强相等，此即简单蒸馏。

②降低外界施加于液面上的压强使其与液体的蒸气压相等。这种方法极少有人采用，因为在室温下大多数液体蒸气压很低，为达到这样低的系统压强需

要精密贵重的仪器和很麻烦的工作，在低压下蒸气的冷凝和收集也颇困难。

③双管齐下，即在降低外界压强的同时也对液体加热，这就是减压蒸馏，也称真空蒸馏。

绝对的真空在事实上是不可能实现的。通常把任何压强低于常压的气态空间都称为真空，这其实只是相对真空而已。若从某一系统中抽出一些气体并把系统密闭起来，系统内部的压强就低于大气压，因而也就成了"真空系统"。不同的真空系统，其内部压强各不相同，通常以系统内剩余气体的压强来比较各个真空系统的"真空程度"，称为"真空度"。真空度越高，系统内剩余气体的压强就越小。为了应用方便，又将真空划分为粗真空、中度真空和高真空等三个等级，为获得或测定不同等级的真空，所使用的仪器也各不相同。

粗真空是指真空度为 101 325～1 333Pa 的真空，通常用水泵取得。水泵的效能与其结构及水温、水压有关，良好的水泵在冬季可抽得约 1 330Pa 的真空，而在夏季只能抽得约 4 000Pa 的真空。

中度真空是指 1 333～0.13Pa 的真空。使用普通油泵可获得 130～13Pa 的真空，使用高效油泵可获得 0.13Pa 的真空。

高真空是指真空度为 $0.13～1.3×10^{-6}$Pa 的真空。实验室中是使用扩散泵来实现高真空的，其工作原理是借一种液体的蒸发和冷凝，使空气附着在凝缩的液滴表面上而被抽走，而油泵则作为扩散泵的前级泵与之联用。

压强低于 $1.3×10^{-6}$Pa 的超高度真空极难获得，因为在此情况下空气分子透过容器器壁而进入真空系统的量已不容忽视。在实验室中经常使用的是粗真空和中度真空。

（二）装置及仪器选择和操作

1. 真空度的选择和测量

为获得和测量不同的真空度，所使用的仪器仪表亦不相同。减压蒸馏并不要求使用尽可能高的真空度，这不仅因为高真空对仪器仪表和操作技术的要求都很精密严格，还因为在高真空条件下液体的沸点降得太低，冷凝和收集其蒸气就变得很麻烦。所以凡是较低的真空度可以满足要求时，就不谋求更高的真空度。减压蒸馏所选择的工作条件通常是使液体在 50～100℃ 间沸腾，再据以确定所需用的真空度。这样对热源无苛刻的要求，蒸气的冷凝也不困难。如果所用真空泵达不到所需真空度，当然也可以让液体在 100℃ 以上沸腾；如果液体对热很敏感，则应使用更高的真空度，以便使其沸点降得更低一些。从这些原则出发，绝大多数有机液体都可以在粗真空或中度真空的条件下，在不太高的温度下被蒸馏出来。事实上，在有机化学实验中需要使用高真空的情况很少。所以以下只介绍粗真空和中度真空的测量和应用。粗真空和中度真空在传统上都是用水银压力计来测量的，图 3-11 绘出了最常用的几种水银压力计，其中图（a），（b），（c）都是从装在玻璃管中的汞柱的高度来读数的，因而读得的数值为毫米汞柱（mmHg），必要时可再换算成目前国际上通用的压强单位帕斯卡（1mmHg＝133.322Pa）。

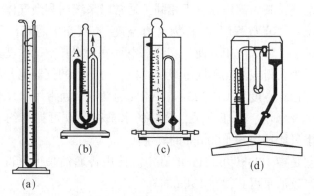

图 3-11　几种水银压力计

图 3-11 中：（a）为开口式水银压力计，它是一支两端开口的 U 形玻璃管，内装水银。工作时与真空系统相接的一端液面上升，另一端液面下降。两液面的高度差即为大气压与系统压强之差。用大气压减去这个差值即得系统内的压强。由于在测定时大气的压强可能并非一个标准大气压，所以必要时还需用大气压力计校正。开口式压力计两臂长度均需超过 760mm，装载水银较多，因而比较笨重；由于开口，水银蒸气易逸散到空气中去，较不安全；读得的数字需再进行一次计算，才能得到系统内的压强，还需与大气压力计配合使用，因而比较麻烦。其最大优点是量压准确，此外，装水银也较容易。图（b）为封闭式水银压力计。它是玻璃管弯制的双 U 形管，接入真空系统后，汞柱从点 A 处断开，左边两管中汞面下降，汞面上压强为零；右边两管汞面上升，汞面上压强等于系统内压强。因此，读出中间两管内的液面高度之差，即为系统内压强。其优点是短小方便，较为安全，可直接读出系统内压强；缺点是装汞较麻烦，如果汞内混有少许空气，则平时必以小气泡形式集于点 A 处，当汞柱从点 A 点处断开后，左边两管液面上的压强即不为零，所以读得的数据就会不准确。此外，由于每管的长度一般都在 20cm 以下，所以较粗的真空度不能读出。图（c）为改进的封闭式压力计，它相当于（b）的中间两管所组

成的 U 形管，其工作原理与优缺点大致与（b）相同。（d）为转动式麦氏真空规，是用来测量较高真空度的压力表，适用范围为 $10^{-2} \sim 10^{-6}$ mmHg，应用十分方便，测量真空快而简单。但使用时应该注意如下几点：①看真空度读数时应先开启连接真空系统的活塞，稍过一会儿再将表徐徐旋转至直立状，注意旋转不能过快；②比较毛细管中的水银应升至零点；③看完读数后应将表立即徐徐恢复横卧式，再看时再旋转；④不看时应关闭通真空系统的活塞。除水银压力表外，尚有热偶式真空表、热导真空表、阻尼真空表和电离真空表等，由于它们不是从汞柱的高度差读数，而是从指针的偏转程度去读数，所以精确度很高，可达 10^{-6} Pa，但较粗的真空度却不能读出。

由于汞蒸气有毒（虽然在常温下蒸气压很低），近年来机械真空表和电子真空表的应用日趋广泛。最常见的机械真空表为医用真空表（见图 3-13 中安装的真空表 N），它简单、轻便、价廉、从指针的偏转角度读数，量程为 $0 \sim$ 0.1MPa，读得的数据为被泵抽去的压强，用大气压减去读数即得系统内的压强，因而需同大气压力计一同使用。它的主要缺点是刻度过于粗略，精确度不高。

典型的电子真空表是数字式低真空测压仪。这类仪表采用精密差压传感器将压力信号转变成电信号，经低漂移、高精度的集成运算和放大后再转换成数字显示出来。

这类仪器具有体积小、重量轻、寿命长、精确度高、可任意选择 mmHg 或 kPa 等压强单位的优点，唯价格较昂贵。图 3-12 为 DPC-2B 型数字式低真

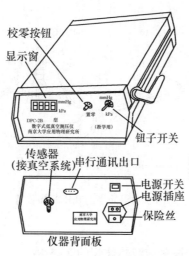

图 3-12　DPC-2B 型数字式低真空测压仪

空测压仪，使用时先接通电源，15min后将系统接入大气，此时若仪器显示值不为零，则按下置零按钮使显示值为−0000，然后将传感器的吸气孔（在仪器背面）接入系统，再根据需要将仪器前面板上的钮子开关拨向mmHg或kPa，则仪器的显示值即为以mmHg或kPa为单位的数值。用大气压减去读数即得到系统内的压强。使用该类真空表时应当注意保持仪器周围无气流或强的电磁场干扰，仪表的吸气孔不可吸入水或其他杂物，一经校零之后，在使用过程中不可再轻易调零。

2. 减压蒸馏装置

减压蒸馏的装置比较复杂，在实际工作中常采用简易的装置。简易的减压蒸馏大体可分为水泵减压蒸馏和油泵减压蒸馏两类。一般在水泵减压下蒸除低沸物后才可改用油泵减压蒸馏。简易的减压蒸馏装置用磁力搅拌代替传统毛细管提供气化中心，防止暴沸。各类减压蒸馏装置又都可分为蒸馏部分、抽气部分以及处于它们之间的保护和测压部分等三个组成部分。对于大量溶剂的蒸发还可采用旋转蒸发仪进行快速浓缩。

（1）水泵减压蒸馏装置。

水泵减压蒸馏适用于沸点不太高的液体的减压蒸馏。水泵减压蒸馏的装置如图3-13所示，其蒸馏部分由热源、磁子（或磁芯）、蒸馏瓶、蒸馏头、磨口温度计、冷凝管、双股（或多股）尾接管及若干个接收瓶组成。抽气部分由水泵提供真空。

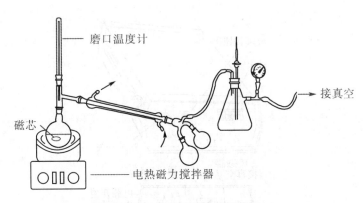

图3-13 简易的减压蒸馏装置

蒸馏瓶的容积应为被蒸馏液体体积的2~3倍。

温度计的量程应高于被蒸馏物的减压沸点30℃以上。冷凝管是根据被蒸馏液的减压沸点选择的。由于减压蒸馏时一般将馏出温度控制在 50~100℃ 之间，所以多用直形冷凝管。如果馏出温度在 50℃ 以下，应选用双水内冷的冷凝管；若在 140℃ 以上应选用空气冷凝管。如果被蒸馏的是低熔点固体，则馏出温度可能甚高，此时可不用冷凝管而直接将多股尾接管套接在蒸馏头的支管上。

尾接管的股数由需要接收的组分数决定，如需要接收一个、两个或三个组分，应分别选择两股、三股或四股尾接管。接收瓶的容积依馏分的体积选择。接收瓶和蒸馏瓶均可选用圆底瓶、尖底瓶或梨形瓶，但不可用锥形瓶或平底烧瓶。

在蒸馏部分与水泵之间应安装安全瓶和压力计。安全瓶一般是配有双孔塞的抽滤瓶，一孔与支管相配组成抽气通路，另一孔安装两通活塞，其活塞以上部分拉成毛细管。安全瓶有三个作用：一是在减压蒸馏的开始阶段通过活塞调节系统内的压强，使之稳定在所需真空度上；二是在实验结束或中途需要暂停时从活塞缓缓放进空气解除真空；三是在遇到水压突降时及时打开活塞以避免水倒吸入接收瓶中，从而保障"安全"地蒸馏。压力计是测压用的，在不需要测压的情况下也可以不装压力计。

（2）油泵减压蒸馏装置。

油泵进行减压蒸馏装置与水泵减压蒸馏装置类似（图 3-13），不同的是其抽气部分由油泵提供真空。保护和测压部分则略复杂一些，实验室中常将后两部分合装在一辆手推车上以便灵活推移，称为油泵车（图 3-14）。

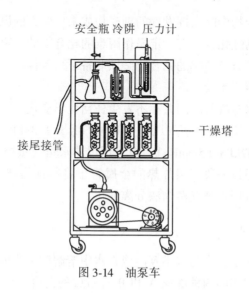

图 3-14　油泵车

油泵减压蒸馏的保护和测压部分除了前述的安全瓶和压力计之外还包括有冷阱及四个干燥塔。冷阱通常置于装有冷却剂的广口保温瓶中，其作用在于将沸点甚低、在冷凝管中未能冷凝下来的蒸气进一步冷却液化，以免其进入油泵。安装冷阱时应注意勿将进、出气口接反。所用冷却剂可以是冰水、冰盐、干冰或氯化钙-碎冰，依实验需要选定。干燥塔是为吸收有害于泵油的气雾而设置的，如水汽可以使泵油乳化，有机气体可以溶解于泵油中，这两者都会增加油的蒸气压，降低油泵所能达到的真空度，而酸雾则会腐蚀泵体机件，破坏气密性，加速磨损等。四个干燥塔中依次装有无水氯化钙（吸收水汽）、粒状氢氧化钠（吸收水汽及酸雾）、变色硅胶（吸收水汽并指示保护系统的干燥程度）和块状石蜡（吸收有机气体）。

四、水蒸气蒸馏

将发生的水蒸气通入混合物中，使混合物的组分同水蒸气一起被蒸馏出来，从而达到分离纯化的目的。

水蒸气蒸馏适用于以下情况：

①沸点较高，在沸点温度下易发生分解或其他化学变化，因而不宜作普通蒸馏的化合物的分离和纯化。

②反应混合物中存在大量非挥发性的树脂状杂质或固体杂质，需从中分离出产物时。

③从反应混合物中除去挥发性的副产物或未反应完的原料。

④用其他分离纯化方法有一定操作困难的化合物的分离和纯化。

用水蒸气蒸馏分离纯化的化合物必须兼备下列条件：

①不溶或难溶于水。

②与沸水及水蒸气长时间共存不发生任何化学变化。

③在100℃左右有较高蒸气压，一般应不低于1.33kPa（10mmHg）。若低于此值而高于0.67kPa（5mmHg），应采用过热水蒸气蒸馏（即使水蒸气在进入蒸馏瓶之前先通过一段正被加热的金属管子将其预热到100℃以上）；若蒸气压太低，则不宜用水蒸气蒸馏法分离纯化。

（一）基本原理

水蒸气蒸馏用于完全与水不互溶或在水中溶解度极小的液体。

在由完全不相溶的两种液体 A 和 B 所组成的混合液体体系中，两种分子

都可以逸出液面进入气相，其蒸气压行为符合道尔顿（Dalton）分压定律。该定律的表达式为

$$P_{总} = P_A + P_B$$

式中，$P_{总}$，P_A 和 P_B 分别代表总蒸气压、A 的蒸气分压和 B 的蒸气分压，即体系的总蒸气压等于各组分蒸气分压之和。若在同一温度下 A 独立存在时的蒸气压为 P_A^0，B 独立存在时的蒸气压为 P_B^0，则有 $P_A = P_A^0$，$P_B = P_B^0$。也就是说，在互不相溶的二组分液体体系中，各组分的蒸气分压等于该组分独立存在时在同一温度下的蒸气压。于是可以将道尔顿分压定律的表达式改写为

$$P_{总} = P_A^0 + P_B^0$$

若对体系加热，随着温度的升高，P_A^0 及 P_B^0 都会升高，$P_{总}$ 则会更快地升高。当 $P_{总}$ 升至等于外界压强（通常为 101325Pa）时，液体沸腾，这时 P_A^0 和 P_B^0 都还低于外界压强，所以沸腾时的温度既低于 A 的正常沸点，也低于 B 的正常沸点。

设 A 为沸点较高的有机液体，B 为水。混合加热至 $P_{总} = 10^5$ Pa（一个大气压）时液体沸腾，此时的温度不但低于 A 的正常沸点，也低于水的正常沸点（100℃），这样就可以把沸点较高的 A 在低于 100℃ 的温度下与水一起蒸出来。有机液体溴苯与水的这种关系如图 3-15 所示。若将蒸出的混合蒸气冷凝收集，即为水蒸气蒸馏。

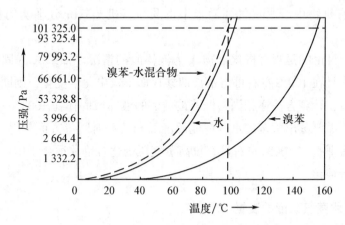

图 3-15　溴苯、水及溴苯-水混合物的蒸气压与温度关系曲线

由气态方程可知

$$PV = nRT$$

式中，n 为气态物质的摩尔数，它等于气态物质的质量 W 除以该物质的摩尔量 M，将 $n=W/M$ 代入气态方程并整理可得 $PVM=WRT$。在水蒸气蒸馏过程中有机物 A 的蒸气和水蒸气具有相同的温度 T（混合体系的沸腾温度），并占有相同的体积 V（皆为水蒸气蒸馏装置的内部空间），所以有

$$P_A V M_A = W_A RT \qquad \qquad ①$$

$$P_水 V M_水 = W_水 RT \qquad \qquad ②$$

②÷①得

$$\frac{P_水 M_水}{P_A M_A} = \frac{W_水}{W_A} \quad 即 \quad W_水 = \frac{P_水 M_水 W_A}{P_A M_A}$$

由此式可以计算出需要多少水才可将一定量的有机物质蒸出来。

例：某混合物中含有溴苯 10g，对其进行水蒸气蒸馏时发现出料温度为 95.5℃，试计算至少需要多少水才能将溴苯完全蒸出。

解：查表可知 95.5℃时，水的蒸气压 $P_水 = 86\ 126$Pa，故溴苯的蒸气压 $P_A = 101\ 325 - 86\ 126 = 15\ 199$Pa。代入前面的公式：

$$W_水 = \frac{P_水 M_水 W_A}{P_A M_A} = \frac{86\ 126 \times 18 \times 10}{15\ 199 \times 157.02} = 6.5 \ （g）$$

由以上计算可知，在理论上只需 6.5g 水即可将 10g 溴苯完全蒸出。当然在实际上需要的水总多于理论值，这主要是因为在实际操作中是将水蒸气通入有机物中，水蒸气在尚未来得及与有机蒸气充分平衡的情况下即被蒸出。

以上所讨论的是当有机化合物 A 为液体时的情况。如果 A 为固体，只要它不溶于水且在 100℃左右可与水长期共存而不发生化学变化，则同样可进行水蒸气蒸馏，计算方法亦相同。但若被蒸馏的液体或固体在 100℃左右的蒸气压太低，就需要蒸出太多的水，在能源消耗和劳动时间等方面是得不偿失的。所以，只有那些在 100℃左右具有较高蒸气压的化合物才适合于用水蒸气蒸馏的方法进行纯化。

（二）水蒸气蒸馏的装置

水蒸气蒸馏有多种装置，但都是由水蒸气发生器和蒸馏装置两部分组成，这两部分通过 T 形管相连接。图 3-16 为目前实验室中最常用的一种水蒸气蒸馏装置。

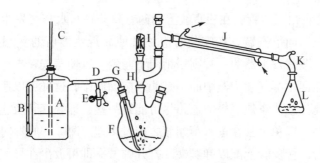

A—水蒸气发生器　B—液面计　C—安全管　D—T形管

E—弹簧夹　F—蒸馏瓶　G—导气管　H—Y形管

I—蒸馏头　J—直形冷凝管　K—尾接管　L—接收瓶

图 3-16　水蒸气蒸馏装置

1. 水蒸气发生器

A 为水蒸气发生器。通常是用铜皮或薄铁板制成的圆筒状釜，釜顶开口，侧面装有一根竖直的玻璃管，玻璃管两端与釜体相连通，通过玻璃管可以观察釜内的水面高低，称为液面计。另一侧面有蒸气的出气管。釜顶开口中插入一支竖直的玻璃管 C，C 的下端插至接近釜底，称为安全管。根据安全管内水面的升降情况，可以判断蒸馏装置是否堵塞。实验室内若无水蒸气发生器，也可以用大圆底瓶代替，其安装如图 3-17 所示。

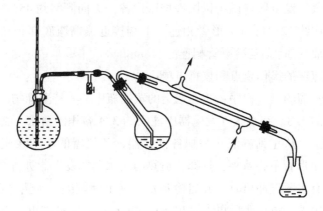

图 3-17　用非磨口仪器安装的水蒸气蒸馏装置

2. T 形管

T 形管是直角三通管，在一直线上的两管口分别与水蒸气发生器和蒸馏装置连接，第三口向下安装。在安装时应注意使靠近蒸馏瓶的一端稍稍向上倾斜，而靠近水蒸气发生器的一端则稍稍向下倾斜，以便蒸气在导气管中受冷而凝成的水能流回水蒸气发生器中而不是流入蒸馏瓶中，这样可以避免蒸馏瓶中积水过多。此外应注意使蒸气的通路尽可能短一些，即导气管及连接的橡皮管尽可能短一些，以免蒸气在进入蒸馏瓶之前过多地冷凝。T 形管向下的一端套有一段橡皮管，橡皮管上配以弹簧夹。打开弹簧夹即可放出在导气管中冷凝下来的积水。在蒸馏结束或需要中途停顿时打开弹簧夹可使系统内外压力平衡，以避免蒸馏瓶内的液体倒吸入水蒸气发生器中。

3. 蒸馏装置

蒸馏装置由蒸馏瓶、Y 形管、蒸馏头、直形冷凝管、尾接管和接收瓶组成。由于许多反应是在三口瓶中进行的，直接用该三口瓶作为水蒸气蒸馏的蒸馏瓶就可避免转移的麻烦和产物的损失。Y 形管的作用在于防止蒸馏瓶中的液体因跳溅而冲入冷凝管。由于水蒸气蒸馏时混合蒸气的温度大多在 $90 \sim 100{}^\circ\text{C}$ 之间，所以冷凝管总是用直形的。接收瓶可以为锥形瓶或圆底瓶、平底烧瓶等。导入蒸气的导气管应插至蒸馏瓶接近瓶底处。在蒸馏瓶底下安装电热套，当蒸馏瓶中积液过多时可适当加热赶走一部分水。

传统的用非磨口玻璃仪器安装的水蒸气蒸馏装置如图 3-17 所示，其蒸馏瓶一般为 500mL 的长颈圆底瓶。为了防止瓶中液体因跳溅而冲入冷凝管，故将瓶颈向水蒸气发生器（图中以圆底烧瓶代替）方向倾斜约 45° 角。蒸气导入管较细，弯成约 125° 角与 T 形管相连，下端接近蒸馏瓶底部。导出蒸气的管子较粗，弯成约 30° 角与冷凝管相连。

水蒸气蒸馏的操作要点和注意事项：

水蒸气蒸馏的操作程序：①在选定的蒸馏瓶中装入待蒸馏物，装入量不得超过其容积的 1/3。在水蒸气发生器中注入约 3/4 容积的清水。②按照前述装置图自下而上、从左到右依次装配各件仪器，各仪器的中轴线应在同一平面内。③打开 T 形管下弹簧夹，选择合适热源对水蒸气发生器进行加热。④当 T 形管开口处有水蒸气冲出时，开启冷却水，夹上弹簧夹，水蒸气蒸馏即开始。⑤当蒸至馏出液澄清透明后再多蒸出 $10 \sim 20$mL 水，即可结束蒸馏。结束蒸馏时应先打开弹簧夹，再移开热源。稍冷后关闭冷却水，取下接收瓶，然后按照与安装时相反的次序依次拆除各种仪器。⑥如果被蒸出的是所需要的产物，则为固体者可用抽滤回收，是液体者可用分液漏斗分离回收。

水蒸气蒸馏中应该注意的问题：①要注意液面计和安全管中的水位变化。若水蒸气发生器中的水蒸发将尽，应暂停蒸馏，取下安全管，加水后重新开始蒸馏；若安全管中水位迅速上升，说明蒸馏装置的某一部位发生了堵塞，亦应暂停蒸馏，待疏通后重新开始。②需暂停蒸馏时应先打开弹簧夹，再移开热源。重新开始时应先加热水蒸气发生器至水沸腾，当 T 形管开口处有水蒸气冲出时再夹上弹簧夹。③要控制好加热强度和冷却水流速使蒸气在冷凝管中完全冷凝下来。当被蒸馏物为熔点较高的化合物时，常会在冷凝管中析出固体。这时应调小（甚至暂时关闭）冷却水，使蒸气将固体熔化流入接收瓶中。当重新开始通冷却水时，要缓慢小心，防止冷凝管因骤冷而破裂。④若蒸馏瓶中积水过多，可加热赶出一些。

4. 直接水蒸气蒸馏

如果被蒸馏物沸点较低（因而在 100℃ 左右有较高蒸气压），黏度不大，且不是细微的粉末，故只需少量水蒸气即可蒸出时，可采用直接水蒸气蒸馏法。直接水蒸气蒸馏的装置与简单蒸馏相同，只是需选用容积较大的蒸馏瓶。加入被蒸馏物后再充入约相当于瓶容积 1/2 的水，加入沸石或磁子，安好装置即可加热蒸馏。如果需要，也可采用图 3-8 的装置进行，以便在必要时补充水。

直接水蒸气蒸馏装置及操作均较简单，但若被蒸馏物是细碎粉末时不宜用此法，因为在蒸馏过程中会产生大量泡沫，或者被蒸馏物的粉末会被直接冲入冷凝管中。

五、分　馏

（一）原理

利用分馏柱将液体混合物各组分分离开来的操作称为分馏。分馏是分离沸点相近的液体混合物的主要手段，特别是当需要分离的混合物量较大时往往是用其他方法所不能代替的，因而在实验室和工业生产中都有广泛的应用。

由苯和甲苯组成的二元体系相图（图 3-5）可以看出，尽管苯和甲苯的沸点相差 30℃ 以上且不能形成共沸物，但两者形成混合物后，有限次的简单蒸馏，一般情况下很难获得满意的分离效果。

假设给定的混合液体的组成点在 C' 处，即含有 68% 的苯和 32% 的甲苯，经过一次简单蒸馏，馏出液中将含有 88%的苯和 12%的甲苯。然而这仅仅是指馏出的第一滴液体而言的。由于第一滴馏出液带出了比原混合物含量要高的苯，在第一滴液体蒸出之后，残液中苯的含量必然会下降。由拉乌尔定律可知，残液的蒸气压中苯的蒸气分压也必然会下降，即苯在蒸气中所占的摩尔分数降低。所以第二滴馏出液中苯的含量将不再是 88%，而是低于 88%，即第二滴馏出液中低沸点组分的含量比第一滴少。同理，第三滴馏出液中低沸点组分的含量又比第二滴少。依此类推，每一滴馏出液中低沸点组分的含量都比它前面一滴馏出液的少。这样到蒸馏结束时，实际接收到的馏出液中苯的含量将不是 88%，而是远低于 88%。同样道理，当对馏出液进行第二次蒸馏时，所得的馏出液中苯的含量将会比按照相图求得的含量差得更远。

如果将馏出液分段接收，例如取 1 000mL 苯与甲苯的混合物进行简单蒸馏并分十段接收，每接收 100mL 更换一个接收瓶，共得十段接收液。苯的含量在第一段中最高，第二段中稍低，以后各段依次降低，第十段中最低。取含苯最丰富的第一段接收液再进行第二次蒸馏，又分十段接收，每段 10mL，其中第一段的含苯量将更丰富，再对它进行第三次蒸馏，仍分十段接收，每段 1mL。其中第一段的含苯量又进一步提高，但仍不是纯苯。这时却只剩 1mL 的体积，无法再进行蒸馏了。如果在第一次简单蒸馏时获得 n 个馏分，在第二轮简单蒸馏中将所有 n 个馏分各自分别蒸馏并分段接收，则第二轮需进行 n 次蒸馏，同理，第三轮需要进行 n^2 次蒸馏，依次进行下去，每次都将苯的含量提高一个梯度，虽然最终可以将其中的苯全部或大部分蒸出，但需要蒸馏的次数将等于 $1+n+n^2+n^3+n^4+\cdots$，这显然是一个无穷大的数字，这种在理论上似乎可行的方法在实际上却是行不通的。

在这种情况下，用分馏技术可以将其有效分离。分馏与简单蒸馏的根本区别在于混合蒸气在其升腾的途中是否受阻。在简单蒸馏中，由混合液体蒸发出来的蒸气仅仅经历很短的途程，即毫无阻碍地进入冷凝管；而在分馏中上升的混合蒸气须经过分馏柱后才被冷凝液化。液化下来的液体也不是全部被流出收集，而是只收集一部分，另一部分则重新自柱顶滴落回柱内。分馏柱是一支具有特定内部结构或在其内部装有某种填料的竖直安装的圆柱。当混合蒸气经过分馏柱时会多次受到固体（柱的内部结构或填料）和液体（向下滴落的液滴以及填料表面的液膜）的阻挡。每受到阻挡时即发生局部的液化。由于高沸点液体的蒸气较易于液化，所以在局部液化而形成的液滴中就含有较多的高沸点组分，而未能液化下来的、继续保持上升的蒸气中则含有相对丰富的低沸点组分。这些蒸气在上升途中又会遇到从上面滴下的液滴，并把部分热量传给液滴，自身又经历一次局部液化。同时，接受了部分热量的液滴则会发生局部气化，形成的蒸气中低沸点组分的含量又比未气化的那一部分液滴中的丰富。这样，在整个分馏过程中，上升的蒸气不断地与下降的液滴发生局部的热量传递和物质交换，每一次交换，都使蒸气中的低沸点组分得到进一步的富集。当它升至柱顶时已经经历了很多次的气化—液化—气化的过程，即相当于经历了许多次的简单蒸馏，从而能获得好得多的分离效果。在同一过程中下落的液滴也在经历着能量传递和物质交换，只是每次交换都使其中的高沸点组分得到富集。最后，这些液滴陆续落回到柱底的蒸发器（相当于蒸馏瓶）中，并再度被蒸发出来，蒸发器中的高沸点组分就越来越浓。

分馏的必要条件是柱内气相和液相要充分接触，以利于物质的交换和能量的传递，因此分馏柱的高度、直径、内部结构、填料的性质和形状以及柱的操作条件都会影响柱的分馏效果。柱的操作条件及衡量柱效的主要因素有：

（1）理论塔板数：是衡量分馏效果的主要指标，分馏柱的理论塔板数越多，分离效果越好。所谓一个理论塔板数，简单地说，就是相当于一次简单蒸馏的分离效果。如果一个分馏柱的分馏能力为 10 个理论塔板数，那么通过这个分馏柱分馏一次所取得的结果，就相当于通过 10 次简单蒸馏的结果。实验室用的分馏柱的理论塔板数一般在 2~100 的范围内。

对于两组分 A 和 B 的混合物，可以根据下面的经验公式粗略地计算分馏时所需的理论塔板数：

$$N = \frac{T_B + T_A}{3\,(T_B - T_A)}$$

式中，N 为理论塔板数；T_A，T_B 分别为低沸点组分 A 及高沸点组分 B 的沸点（绝对温度）。由于这是在全回流情况下做出的，而实际上分馏是在部分回流下操作的，所以所选用的分馏柱的理论塔板数要大于计算的理论塔板数。根据经验，一般情况下计算出的理论塔板数与实际需要的理论塔板数之比为 0.5~0.7，即 $\eta = \dfrac{N_{理}}{N_{实}} = 0.5~0.7$，$\eta$ 称塔板效率。

（2）理论板层高度（简写 HETP）：它表示一个理论塔板在分馏柱中的有效高度。

$$HETP = \frac{分馏柱的有效高度}{全回流的理论塔板数}$$

HETP 的数值越小，说明分馏柱的分离效率越高。例如，两个分馏柱的分离能力都是 20 个理论塔板数，第一个高 60cm，第二个高 20cm，依上式算得的 HETP 值分别为 3cm 和 1cm，则表明第二个分馏柱具有较高的分离效率。

（3）回流比：在分馏中，并不是让升至柱顶的蒸气全部冷凝流出，因为过多地取走富含低沸点组分的蒸气，必然会减少柱内下滴液体的量，从而破坏了柱内的气-液平衡，这时将会有更多的高沸点组分进入柱身，在较高的温度下建立新的平衡，从而降低了柱的分离效率。为了维持柱内的平衡，通常是将升入柱顶的蒸气冷凝后使其一部分流出接收，而使其余部分流回柱内。在单位时间内，流回柱内的液量与馏出液量之比称为回流比。在柱内蒸气量一定的条件下，回流比越大，分馏效率越高，但所得到的馏出液越少，完成分馏所消耗的能量就越多。因此，选定适当的回流比是很重要的，通常选用的回流比为理论塔板数的 $\frac{1}{5} \sim \frac{1}{10}$。

（4）蒸发速率：单位时间内到达分馏柱顶的液量称为蒸发速率，通常以 mL/min 表示。

（5）压力降差：分馏柱两端的蒸气压强之差称为压力降差。它表示柱的阻力大小。压力降差与柱的大小、填料种类及蒸发速率等有关，其数值越小越好。

（6）滞留液：滞留液也称操作含量或柱藏量，是指分馏时停留在柱内不能被蒸出的液体的量。滞留液的量越小越好，一般不超过任一被分离组分体积的 10%。

（7）液泛：当蒸发速度增大至某一程度时，上升的蒸气将回流的液体向上顶起的现象称为液泛。液泛破坏了气-液平衡，使分馏效率大大降低。

以上这些因素是密切联系互相制约的，因此，提高分馏效率就要综合考虑上述诸因素，合理选择条件。如果某些条件（如柱的尺寸和填料的种类）已经给定而无法选择，则最重要的是防止液泛、选定合适而稳定的回流比和蒸发速率。因为只有这些条件稳定，才可使柱内形成稳定的温度梯度、浓度梯度和压力梯度。即在理想状况下柱底温度接近于高沸点组分的沸点，高沸点组分在气雾中占绝对优势，同时混合气雾的压强亦较大；自柱底至柱顶，温度、压强和高沸点组分的比例都逐步降低，而低沸点组分在气雾中所占比例逐步增大；在柱顶部低沸点组分占绝对优势，高沸点组分趋近于零，温度接近于低沸点组分的沸点，压强降至最低。任何有碍于形成稳定梯度的因素或操作条件都是有害的。

（二）分馏装置及仪器选择和操作

分馏可依其分离效果优劣粗略地分为简单分馏和精密分馏两大类。

1. 简单分馏

（1）简单分馏柱。图 3-18 所示的简单分馏柱是实验室中常用的几种简单分馏柱，其中（a）称为韦氏分馏柱。它是一支带有数组向心刺的玻璃管，每组有三根刺，各组间呈螺旋状排列。优点是不需要填料，分馏过程中液体极少在柱内滞留，易装易洗，缺点是分离效率不高，一般为 2~3 个理论塔板数，HETP 为 7~10cm。依柱的尺寸不同而不同。其中的（b）是装有填料的分馏柱，直径 1.5~3.5cm，管长根据需要而定。图中的（c）是（b）的一种改良，它由克氏蒸馏管附加一支指形冷凝管组成。调节指形冷凝管的位置和水流速度可以粗略地控制回流比，提高分离效率，但一定要控制加热速度，防止液泛。（b），（c）两种分馏柱的填料可以是玻璃珠、6mm×6mm 的玻璃管、玻璃环及金属丝绕成的小螺旋圈等。选择哪一种填料，视分馏的要求而定。

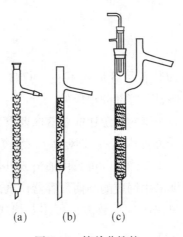

(a)　　　(b)　　　(c)

图 3-18　简单分馏柱

（2）简单分馏操作。简单分馏操作和简单蒸馏大致相同。将待分馏的混合物放入圆底烧瓶中，加入沸石（或磁芯），装上普通分馏柱，插上温度计。分馏柱的支管和冷凝管相连（图 3-19），必要时可用石棉绳包绕分馏柱保温。温度计的安装高度应使其水银球的上沿与分馏柱支管口下沿在同一水平线上。

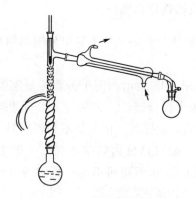

图 3-19　简单分馏装置

选用合适的热浴加热，液体沸腾后要注意调节浴温，使蒸气慢慢升入分馏柱，约 10min 后蒸气到达柱顶。开始有液体馏出时，调节浴温使蒸出液体的速度控制在 2~3s 一滴，这样可以得到比较好的分馏效果。观察柱顶温度的变化，收集不同的馏分。

2. 精密分馏

（1）精密分馏的装置。

实验室用的精密分馏装置尽管形式不一，但都是由热源、蒸馏釜、分馏柱、分馏头、接受器、保温器等部分组成的。

①热源和蒸馏釜。分馏用的热源比简单蒸馏要求高，主要要求是均匀、稳定、可调、不受或很少受外界因素（如风力、气温等）的影响。小型精馏柱常用两口或三口玻璃烧瓶作蒸馏釜，可采用油浴或电热套作为热源。较大的精馏柱或工业用的精馏塔则采用钢质的圆筒形容器作蒸馏釜，一般带有夹套、蛇管或列管，以水蒸气或过热蒸气加热。也可用石棉或玻璃丝包缠的电热丝加热，以变压器控制加热强度。

②分馏柱（柱身）和填料。实验室常用的是填料式分馏柱。它是一根两头带磨口的玻璃管，内装填料，以增加表面积，使气相和液相充分接触，有利于热交换，从而提高分馏效率。填料是决定分馏效率的重要因素。其品种和式样很多，效率各异，可根据被分离物质的性质与精制要求进行选择。常用的几种绘于图 3-20 中，其中（a）为单环或多环螺旋形玻璃填料；（b）为金属丝三角形线圈填料；（c）为金属丝制成的网圈填料；（d）为波形填料，它是用 100 目的金属网在滚网机上模压制成的，在柱中各波形填料之间互成直角，阻

力小而分离效率高。

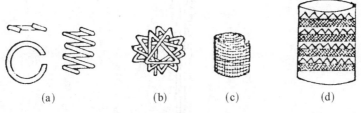

图 3-20 精馏柱常用的填料

③分馏头。

用以冷凝蒸气，观察温度，控制回流比。分馏头的形式很多，图 3-21 是实验室常用的全回流可调分馏头。

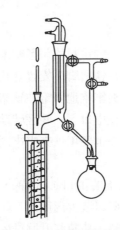

图 3-21 全回流可调分馏头

④分馏柱的保温装置。由于分馏柱内进行着上上下下的大面积的热交换和物质交换，必须很好地保温才能维持这种动态平衡。常用的保温装置有两种：

a. 电热保温夹套。在分馏柱外套上一根直径较大的玻璃管，管上绕以电阻丝，用变压器控制加热保温，在加热管外再套上一个保温玻璃管。

b. 镀银真空保温套（图 3-22）。在加工分馏柱时制作一个夹套，经镀银热处理并抽真空封口而成。镀银层上留有透明的狭缝，以便观察柱内分馏情况。这种保温套操作方便，保温效果良好，但若分馏温度超过 140℃，保温效

图 3-22　镀银真空保温套

果会明显下降。

（2）精密分馏的操作。

①装置的安装。将洗净烘干的填料均匀紧密地装填在柱身内。在选定的地点预先牢固地安装好铁架，并在铁架脚下安置好热源。在热源的上方装上蒸馏釜，调整到适当的高度并用铁夹牢牢地固定在铁架上。在其中口内侧涂上真空油脂。将装好了填料的柱身装在中口上。轻轻转动柱身使接合紧密，然后装上分馏头和温度计。柱身和分馏头也要用铁夹牢牢固定在铁架上，最后装上冷凝管和接受器。

②加料。用漏斗通过蒸馏釜的侧口加入待分离的液体，使达到约 1/2 容积。取下漏斗，加入沸石，在侧口装上温度计。

③预液泛。以较快速度加热，使蒸气升腾进入柱身，在柱内形成液柱。当液柱上升至能够浸及全部填料后停止加热，待液柱下降至柱身 2/3 处重新加热使之上升并浸润全部填料。

④建立柱内平衡。调节加热速度使釜底和柱顶的温度逐步稳定下来，且柱顶温度与最低沸点组分的沸点温度相近。

⑤分馏和接收。各因素达到稳定的平衡后，小心调节回流比并收集各馏分。在分馏过程中应随时注意稳定操作，防止液泛。如果发现有液泛现象发生，立即停止接收，并调节蒸馏釜下部及保温套的加热强度，待平衡再度建立后方可重新开始接收。对馏出的每个组分都需按馏头、馏分和馏尾三部分分别接收，并在各部分的接受瓶上分别作出记号或贴上标签，以免混淆。

六、升　华

通俗地讲，升华是指固态物质不经过液态直接转变为气态，或气态物质不经过液态直接转变为固态的物态变化过程。严格地讲，升华是指固态物质在其压强等于外界压强的条件下不经液态直接转变为气态或气态物质在其压强与外界压强相等的条件下不经液态而直接转变为固态的物态转变过程。当外界压强为 10^5 Pa 时称为常压升华，低于该数值时称为减压升华或真空升华。升华是纯化固态物质的方法之一，但由于它要求被提纯物在其熔点温度下具有较高的蒸气压，故仅适用于一部分固体物质，而不是纯化固体物质的通用方法。

（一）原理

对晶体加热，温度升高，晶体的蒸气压随之升高。如以温度为横坐标，以压强为纵坐标作图，可得到图 3-23，此即为该物质的相图。相图由固-气平衡曲线 ST、固-液平衡曲线 TV 和气-液平衡曲线 TL 组成。虚线 CD 是压强为一个标准大气压的等压线。按照严格的定义，化合物的熔点是在一个大气压下固-液平衡时的温度，图中的 M 点压强为 1 个大气压，且处于固-液平衡曲线 TV 上，因而 M 所对应的温度点 N 即为该晶体的熔点。同样，化合物的沸点是在一个大气压下气-液平衡时的温度，B 点在 CD 线上，且在气-液平衡曲线 TL 上，所以 B 所对应的温度点 Q 即为该物质的沸点。三条平衡曲线交汇于 T 点，T 被称为三相点。三相点的主要特征为：

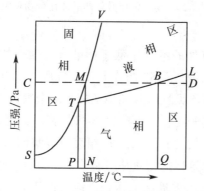

图 3-23　物质三相平衡曲线示意图

（1）三相点处气、液、固三相平衡共存；

（2）三相点是液体存在的最低温度点和最低压强点；

（3）大多数晶体化合物三相点处的蒸气压低于大气压，只有少数晶体三相点处的蒸气压高于大气压；

（4）晶体化合物的三相点温度低于其熔点温度，但相差甚微，一般只低几十分之一度。

如果晶体化合物的三相点处蒸气压高于标准大气压，其相图如图 3-24 所示。当被加热升温时，其蒸气压沿 ST 曲线上升。当升至与一个大气压的等压线 CD 相交的 A 点时，温度 R 低于其三相点温度 P，体系中尚无液体出现，但蒸气压已与外界压强相等，晶体即不经过液体而直接转变成气体。这种在一个大气压下固体不经过液体直接转变为气体的现象叫做升华。显然，三相点的蒸气压高于大气压的物质是很容易在常压下升华的。

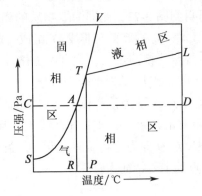

图 3-24　易于常压升华的晶体化合物相图

如果晶体在三相点处的蒸气压低于标准大气压，其相图如图 3-25 所示。当受热升温时，蒸气压仍会沿 ST 曲线上升。当升至三相点 T 时开始有液体出现，此时的蒸气压仍低于大气压（图中 T 处于一个大气压等压线 CD 的下方），因而不能升华。若继续升温，将不再是固-气平衡，而是气-液平衡，液体蒸气压将沿 TL 曲线平缓上升，当升至与 CD 相交的 G 点时，对应的温度点 H 已是该物质的沸点了。所以这样的物质是不能常压升华的。但是，若将晶体置于密闭体系中并抽气以降低晶体周围的压强，使之低于晶体的蒸气压（如降至等压线 EF 的位置），则只需升温至 R 点，晶体的蒸气压即等于周围环境的压强，这时还没有液体出现，只有固-气平衡，晶体即不经液体而直接转变为气体，此即减压升华。

还有一些晶体，由于在三相点处蒸气压太低，即使减压也不能升华。

由以上讨论可知，一种晶体是否可以常压升华或减压升华，可以从它在三相点处的蒸气压高低来判断，但化合物的三相点是很难测准的。由于三相点与熔点仅相差几十分之一度，而化合物的熔点很容易从手册中查到，所以人们往往根据其熔点温度的蒸气压高低来粗略地判断其可否升华。

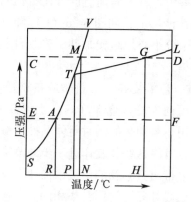

图 3-25　不能常压升华的晶体化合物相图

（二）升华装置

常压升华的装置多种多样。图 3-26 绘出的是几种用沙浴加热的常压升华装置。其中（a）是在铜锅中装入沙子，装有被升华物的蒸发皿坐在沙子中，

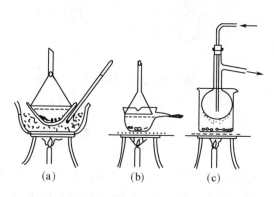

图 3-26　几种常压升华装置

皿底沙层厚约 1cm，将一张穿有许多小孔的圆滤纸平罩在蒸发皿中，距皿底 2~3cm，滤纸上倒扣一个大小合适的玻璃三角漏斗，漏斗颈上用一小团脱脂棉松松塞住。温度计的水银泡应插到距锅底约 1.5cm 处并尽量靠近蒸发皿底部。加热铜锅，慢慢升温，被升华物气化，蒸气穿过滤纸在滤纸上方或漏斗内壁结出晶体。升华完成后熄灭火焰，冷却后小心地用小刀刮下晶体即得升华产品。需要注意的是沙子传热慢，温度计上的读数与被升华物实际感受到的温度也有较大差异，因而仅可作参考。若无铜锅，也可在石棉网上铺上一层 1~2mm 厚的细沙，将升华器皿放在沙层上，如图 3-26（b）和（c）所示。这样的装置不能插温度计，因而需十分小心地缓慢加热，密切注视蒸气上升和结晶情况，勿使被升华物熔融或烧焦。

图 3-27 为常见的减压升华装置。它们都是在放置待升华固体的容器内插入一根冷凝指，冷凝指可通入冷水冷却（a），也可鼓入冷空气冷却（b），或者直接放入碎冰冷却。用热浴加热的同时对体系抽气减压，固体即在一定真空度下升华。如果必要，也可将这些装置作进一步的改进，使在减压的同时用毛细管鼓入惰性气体，使之带出升华物的蒸气以加速升华，但以不影响系统的真空度为限。减压升华的后段处理与常压升华相同。

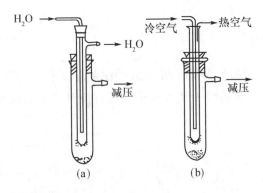

图 3-27 减压升华装置

七、萃 取

使溶质从一种溶剂中转移到与原溶剂不相溶混的另一种溶剂中，或使固体混合物中的某种或某几种成分转移到溶剂中去的过程称为萃取，也称提取。萃取是有机化学实验室中富集或纯化有机物的重要方法之一。以从固体或液体混合物中获得某种物质为目的的萃取常称为抽提，而以除去物质中的少量杂质为目的的萃取常称为洗涤。被萃取的物质可以是固体、液体或气体。依据被提取对象的状态不同而有液-液萃取和固-液萃取之分，依据萃取所采用的方法的不同而有分次萃取和连续萃取之分。

（一）原理

1. 分配和分配系数

设溶剂 A 和溶剂 B 互不相溶，而溶质 M 既可溶于 A，也可溶于 B，在 A 和 B 中的溶解度分别为 S_A 和 S_B。如果先将 M 溶于 A 中（不管是否达到饱和），然后加入 B，则 A 中的 M 将部分地转移到 B 中去，当达到平衡时，M 在 A 中的浓度为 C_A，在 B 中的浓度为 C_B。只要温度不变，C_A 和 C_B 的值都不因时间的推移而改变，因而 C_A 与 C_B 的比值为一固定不变的值 K。K 被称为 M 在 A 和 B 中的分配系数，即 $K = C_A / C_B$。

继续向体系中加入溶质 M，则 C_A 和 C_B 都会增大，但其比值 K 基本不变。当加至 M 在 A 和 B 中都已达到饱和时，$C_A = S_A$，$C_B = S_B$，则有

$$K = \frac{C_A}{C_B} = \frac{S_A}{S_B}$$

大量实验表明，在不同浓度下，特别是在低浓度下，C_A 与 C_B 的比值并不完全等于其溶解度的比值，但偏差甚小。因此，上式仅是近似的。在实际工作中，C_A 和 C_B 具有随机性，既不可能也无必要每次都作准确测定，而 S_A 和 S_B 的值却可以很方便地从手册中查得，所以这个近似的式子在实际工作中应用广泛，被称为分配定律的表达式。

2. 液-液萃取及其计算

在上面的讨论中，溶质从一种溶剂中转移到另一种溶剂中，这个过程称为液-液萃取。从理论上讲，有限次的液-液萃取不可能把溶剂 A 中的溶质全部转移到溶剂 B 中去。而在实际工作中也只需要将绝大部分溶质转移到萃取溶剂中去就可以了。经萃取后仍留在原溶液中的溶质量可通过下面的推导求出：

设 V_A 为原溶液的体积（mL），V_B 为萃取溶剂的体积（mL），W_0 为萃取前的溶质总量（g），W_1，W_2，…，W_n 分别为经过 1 次、2 次…n 次萃取后原溶液中剩余的溶质量，则

$$\frac{C_A}{C_B} = \frac{W_1/V_A}{\dfrac{W_0 - W_1}{V_B}} = K \quad 即 \quad W_1 = W_0 \left(\frac{KV_A}{KV_A + V_B} \right)$$

同理：

$$W_2 = W_1\left(\frac{KV_A}{KV_A+V_B}\right) = W_0\left(\frac{KV_A}{KV_A+V_B}\right)^2$$

$$W_n = W_0\left(\frac{KV_A}{KV_A+V_B}\right)^n$$

例如，在 15℃，正丁酸在水和苯中的分配系数 $K=\dfrac{1}{3}$，如果每次用 100mL 苯来萃取 100mL 含 4g 正丁酸的水溶液，根据以上公式可知：经过一次、二次、三次、四次、五次萃取后，水溶液中剩余的正丁酸的量分别为

$$W_1 = 4\times\left(\frac{\frac{1}{3}\times100}{\frac{1}{3}\times100+100}\right) = 4\times\frac{1}{4} = 1.0 \ （g）$$

$$W_2 = 4\times\left(\frac{1}{4}\right)^2 = 0.250 \ （g），\qquad W_3 = 4\times\left(\frac{1}{4}\right)^3 = 0.0625 \ （g）$$

$$W_4 = 4\times\left(\frac{1}{4}\right)^4 = 0.016 \ （g），\qquad W_5 = 4\times\left(\frac{1}{4}\right)^5 = 0.004 \ （g）$$

如果将 100mL 苯分成三等份，每次用 1 份萃取上述正丁酸的水溶液，萃取三次以后水溶液中剩余正丁酸的量为：

$$W_3 = 4\times\left(\frac{\frac{1}{3}\times100}{\frac{1}{3}\times100+\frac{100}{3}}\right)^3 = 4\times\left(\frac{1}{2}\right)^3 = 0.5 \ （g）$$

计算结果表明：

（1）萃取次数取决于分配系数，一般情况下萃取 3~5 次就够了。如果再增加萃取的次数，被萃取物的量增加不多，而溶剂的量则增加较多，回收溶剂既要耗费能源，又要耗费时间往往得不偿失。

（2）萃取效果的好坏与萃取方法关系很大。用同样体积的溶剂，分作多次萃取要比用全部溶剂萃取一次的效果好。但是当溶剂的总量保持不变时，萃取次数 n 增加，每次所用溶剂的体积 V_B 必然要减小。每次所用溶剂的量太少，不仅操作增加了麻烦，浪费时间，而且被萃取物的量增加甚微，同样也是得不偿失的。

理想的萃取溶剂应该具备以下条件：①不与原溶剂混溶，也不成乳浊液；②不与溶质或原溶剂发生化学变化；③对溶质有尽可能大的溶解度；④沸点较

低，易于回收；⑤不易燃，无腐蚀，无毒或毒性甚低；⑥价廉易得。

在实际工作中能完全满足这些条件的溶剂几乎是不存在的，故只能择优选用。乙醚是最常用的普适性溶剂，可满足大多数条件，但却易燃，久置会形成爆炸性的过氧化物，吸入过多蒸气也有害于健康。二氯甲烷与乙醚类似，却不易燃，其缺点是较易与水形成乳浊液。苯已被证明具有致癌危险，除非采取了有效的预防措施，否则最好不用。戊烷、己烷毒性较低，但易燃，亦较昂贵，故常用较便宜的石油醚代替。此外，氯仿、二氯乙烷、环己烷等也是常用的萃取溶剂，各有优缺点。

如果溶质在原溶剂中溶解度大而在萃取溶剂中溶解度小，则有限次的萃取难于得到满意的效果，这时可采用适当的装置，使萃取溶剂在使用后迅速蒸发再生，循环使用，称为连续萃取。

(二) 萃取分类

1. 液-液分次萃取

实验室中液-液分次萃取的仪器是分液漏斗，如图 3-28 所示。其中（a）为球形分液漏斗，（b）为长梨形分液漏斗。漏斗越长，摇振之后分层所需的时间也越长。当两液体密度相近时，采用球形分液漏斗较为合宜，但球形分液漏斗在分液时液面中心会下陷呈旋涡状，且两液层的界面中心也会下陷，因而不易将两液层完全分开，故当界面下降至接近活塞时，放出液体的速度必须非常缓慢。长梨形分液漏斗由于锥角较小，一般无此缺点。萃取时选用的分液漏斗的容积应为被萃取液体体积的 2~3 倍，仔细检查其下部活塞是否配套，摇

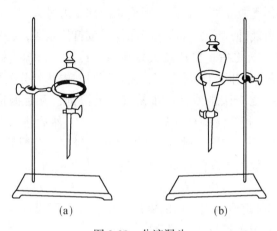

(a)   (b)

图 3-28　分液漏斗

摇时是否漏气或渗液。检查完毕后小心涂上真空脂或凡士林，向一个方向旋转至透明。分液漏斗顶部的塞子不涂凡士林，只要配套不漏气即可。将分液漏斗架在铁圈上，关闭下部活塞，加入被萃取溶液，再加进萃取剂（一般为被萃取溶液体积的1/3左右），总体积不得超过分液漏斗容积的3/4。塞上顶部塞子（较大的分液漏斗塞子上有通气侧槽，漏斗颈部有侧孔，应稍加旋动，使通气槽与侧孔错开），取下分液漏斗，用右手手掌心顶紧漏斗上部的塞子，手指弯曲抓紧漏斗颈部（若漏斗很小，也可抓紧漏斗的肩部）。

以左手托住漏斗下部将漏斗放平，使漏斗尾部靠近活塞处枕在左手虎口上，并以左手拇指、食指和中指控制漏斗的活塞，使可随需要转动，如图3-29所示。

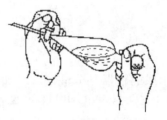

图 3-29　分液漏斗的握持方法

然后将左手抬高使漏斗尾部向上倾斜并指向无人的方向，小心旋开活塞"放气"一次，关闭活塞轻轻振摇后再"放气"一次，并重复操作。当使用低沸点溶剂，或用碳酸氢钠溶液萃取酸性溶液时，漏斗内部会产生很大的气压，及时放出这些气体尤其重要；否则，因漏斗内部压力过大，会使溶液从玻璃塞子边渗出，甚至可能冲掉塞子，造成产品损失或打掉塞子，特别严重时会造成事故。每次"放气"之后，要注意关好活塞，再重复振摇。振摇的目的是为了增加互不相溶的两相间的接触面积，使在短时间内达到分配平衡，以便提高萃取效率。因此振摇应该剧烈（对于易气化的溶剂，开始振摇时可以稍缓和些）。振摇结束时，打开活塞做最后一次"放气"，然后将漏斗重新放回铁圈上去。旋转顶部塞子，使出气槽对准小孔，静置分层。分层后，若有机物在下层，打开活塞将其放入干燥的锥形瓶中（应少放出半滴），而上层水液则应从漏斗的上口倒出；如果有机层在上层，打开活塞缓慢放出水层（可多放出半滴），从上口将有机溶液倒入干燥的锥形瓶中。如果下层放得太快，漏斗壁上附着的一层下层液膜来不及随下层分出，所以应在下层将要放完时，关闭活塞静置几分钟，然后再重新打开活塞分液，特别是最后一次萃取更应如此。萃取结束后，将所有的有机溶液合并，加入适当的干燥剂干燥，滤除干燥剂后蒸去溶剂。萃取所得到的有机化合物可根据其性质利用其他方法进一步纯化。

一般情况下，液层分离时密度大的溶剂在下层，有关溶剂密度的知识可用来鉴定液层。但也有例外，因为溶质的性质及浓度可能使两种溶剂的相对密度颠倒过来，所以要特别留心。为保险起见，最好将两液层都保留，直至对每一液层确认无误为止。否则可能误将所需要的液层弃去，悔之莫及。

如果遇到两液层分辨不清时，可用简便方法检定：在任一层中取小量液体加入水，若不分层说明取液的一层为水层，否则为有机层。

在萃取操作中，有时会遇到水层与有机层难以分层的现象（特别是当萃取液呈碱性时，常常出现乳化现象，难以分层）。此时，应认真分析原因，采取相应的措施：

（1）若萃取溶剂与水层的密度较接近时，可能发生难以分层的现象。在这种情况下，只要加入一些溶于水的无机盐，增大水层的密度，即可迅速分层。此外，用无机盐（通常用氯化钠）使水溶液饱和后，能显著降低有机物在水中的溶解度，明显提高萃取效果。这就是所谓的"盐析作用"。

（2）若因萃取溶剂与水部分互溶而产生乳化，只要静置时间较长一些就可以分层。

（3）若被萃取液中存在少量轻质固体，在萃取时常聚集在两相交界面处使分层不明显时，只要将混合物抽滤后重新分液，问题就解决了。

（4）若因萃取液呈碱性而产生乳化，加入少量稀硫酸，并轻轻振摇常能使乳浊液分层。

（5）若被萃取液中含有表面活性剂而造成乳化时，只要条件允许，即可用改变溶液 pH 值的方法来使之分层。

此外，还可根据不同情况，采用加入醇类化合物改变其表面张力、加热破坏乳化等方法处理。

2. 液-液连续萃取

当有机化合物在被萃取液体中的溶解度大于在萃取剂中的溶解度时，必须用大量溶剂并经过多次萃取才能达到萃取的目的。然而，处理大量溶剂既费时又费事也不经济，而使用较少溶剂分多次萃取也相当麻烦。因此必须采用连续萃取的方法，使较少的溶剂一边萃取一边蒸发、再生并重复循环地使用。在进行液-液连续萃取时需根据萃取剂与被萃取液的密度大小选用不同的萃取器。

图 3-30 为重溶剂萃取器。它适宜于用密度较大的溶剂从密度较小的溶液

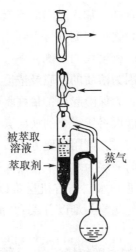

图 3-30 重溶剂萃取器

中萃取有机物，如用氯仿萃取水溶液中的有机物。萃取时加热支管下部的圆底瓶，蒸气沿上支管升腾进入冷凝管，冷凝的液滴在下落途中穿过轻质溶液并对之萃取，然后落入底部萃取剂层中。萃取剂的液面升至一定高度后，即从下支管流回圆底瓶中，继续蒸发萃取。若萃取剂密度小于溶液密度时，萃取剂就不能自上而下穿过溶液层，这时宜采用如图 3-31 所示的轻溶剂萃取器。它是让从冷凝管中滴下的轻质萃取剂进入内管，内管液面高于外管液面，靠这段液柱

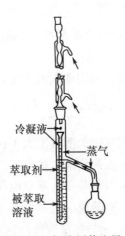

图 3-31 轻溶剂萃取器

的压力将轻质萃取剂压入底部，并从内管下部的多孔小球泡中逸出进入外管，轻质萃取剂即可自下而上地穿过较重的溶液层并对其萃取。当萃取剂液面升至支管口时，即从支管流入圆底瓶，在圆底瓶中受热蒸发重新进入冷凝管。

3. **固-液分次萃取**

用溶剂一次次地将固体物质中的某个或某几个成分萃取出来，可直接将固体物质加入溶剂中浸泡一段时间，然后滤出固体再用新鲜溶剂浸泡，如此重复操作直到基本萃取完全后合并所得溶液，蒸馏回收溶剂，再用其他方法分离纯化。这种方法的萃取阶段很像民间"泡药酒"的方法，由于需用溶剂量大，费时长，萃取效率不高，实验室中较少使用。热溶剂分次萃取效率较高，可采用回流装置（图3-1），将被萃取固体放在圆底烧瓶中，加入萃取剂，加热回流一段时间，用倾泻法或过滤法分出溶液，再加入新鲜溶剂进行下一次的萃取。

4. **固-液连续萃取**

在实验室里，从固体物质中萃取所需要的成分，通常是在如图3-32所示的 Soxhlet 提取器（索氏提取器，也叫脂肪提取器）中进行的。它利用溶剂回流及虹吸原理，使固体物质每次都能为纯的溶剂所浸润、萃取，因而效率较高。萃取前先将固体物质研细，装进一端用线扎好的滤纸筒里，轻轻压紧，再盖上一层直径略小于纸筒的滤纸片，以防止固体粉末漏出堵塞虹吸管。滤纸筒上口向内叠成凹形，滤纸筒的直径应略小于萃取器的内径，以便于取放。筒中所装的固体物质的高度应低于虹吸管的最高点，使萃取剂能充分浸润被萃取物质。

1—烧瓶　2—萃取溶剂　3—虹吸管　4—侧管　5—被萃取物　6—冷凝管

图 3-32　Soxhlet 提取器

将装好了被萃取固体的滤纸筒放进萃取器中，萃取器的下端与盛有溶剂的圆底（或平底）烧瓶相连，上端接回流冷凝管。加热烧瓶使溶剂沸腾，蒸气沿侧管上升进入冷凝管，被冷凝下来的溶剂不断地滴入滤纸筒的凹形位置。当萃取器内溶剂的液面超过虹吸管的最高点时，因虹吸作用萃取液自动流入圆底烧瓶中并再度被蒸发。如此循环往复，被萃取的成分就会不断地被萃取出来，并在圆底烧瓶中浓缩和富集。然后用其他方法分离纯化。

5. 热萃取

热萃取是一种保温的固-液萃取。有些被萃取的物质在萃取剂中的溶解度随温度变化的幅度很大，即在室温下溶解度甚小，而在接近溶剂沸点时溶解度很大，因而提高萃取剂的温度会显著提高萃取效率。热萃取是在如图 3-33 所示的热萃取器中进行的，其结构类似于索氏提取器，只是带有保温夹套。被萃取固体装在内管中，萃取剂在圆底烧瓶中受热气化并沿夹套升腾，对内管加热，冷凝下来的液滴滴入内管，在较高温度下对固体进行连续萃取。当内管中的液面升高超过虹吸管顶端时即从虹吸管流回圆底烧瓶中。

图 3-33　热萃取器

6. 化学萃取

化学萃取是利用萃取剂与被萃取物发生化学反应而达到分离目的的。化学萃取常用的萃取剂为 5%～10% 的氢氧化钠、碳酸钠、碳酸氢钠水溶液或稀盐酸、稀硫酸及浓硫酸等。碱性萃取剂可以从有机相中移出有机酸，或从有机化合物中除去酸性杂质（使酸性杂质形成钠盐而溶于水中）。稀盐酸及稀硫酸可以从混合物中萃取出有机碱或除去碱性杂质。浓硫酸可以从饱和烃中除去不饱和烃或从卤代烷中除去醇、醚等杂质。化学萃取的操作方法与液-液分次萃取相同。

八、干　燥

　　干燥是有机化学实验室中最常用到的重要操作之一，其目的在于除去化合物中存在的少量水分或其他溶剂。液体中的水分会与液体形成共沸物，在蒸馏时就有过多的"前馏分"，造成物料的严重损失；固体中的水分会造成熔点降低，而得不到正确的测定结果。试剂中的水分会严重干扰反应。例如，在制备格氏试剂或酰氯的反应中若不能保证反应体系的充分干燥就得不到预期产物；而反应产物若不能充分干燥，则在分析测试中就得不到正确的结果，甚至可能得出完全错误的结论。所有这些情况中都需要用到干燥。干燥的方法因被干燥物料的物理性质、化学性质及要求干燥的程度不同而不同，如果处置不当就不能得到预期的效果。

（一）　液体的干燥

　　实验室中干燥液体有机化合物的方法可分为物理方法和化学方法两类。

　　1. 物理干燥法

　　（1）分馏法：可溶于水但不形成共沸物的有机液体可用分馏法干燥，如实验4那样。

　　（2）共沸蒸（分）馏法：许多有机液体可与水形成二元最低共沸物（见书末附录3），可用共沸蒸馏法除去其中的水分。当共沸物的沸点与其有机组分的沸点相差不大时，可采用分馏法除去含水的共沸物，以获得干燥的有机液体。但若液体的含水量大于共沸物中的含水量，则直接的蒸（分）馏只能得到共沸物而不能得到干燥的有机液体。在这种情况下常需加入另一种液体来改变共沸物的组成，以使水较多较快地蒸出，而被干燥液体尽可能少被蒸出。例如，工业上制备无水乙醇时，是在95%乙醇中加入适量苯作共沸蒸馏。首先蒸出的是沸点为64.85℃的三元共沸物，含苯、水、乙醇的比例为74∶7.5∶18.5。当水完全蒸出后，接着蒸出的是沸点为68.25℃的二元共沸物，其中苯与乙醇之比为67.6∶32.4。当苯也被蒸完后，温度上升到78.85℃，蒸出的是无水乙醇。

　　（3）用分子筛干燥：分子筛是一类人工制作的多孔性固体，因取材及处理方法不同而有若干类别和型号，应用最广的是沸石分子筛，它是一种铝硅酸盐的结晶，由于其自身的结构，形成大量与外界相通的均一的微孔。化合物的分子若小于其孔径，可进入这些孔道；若大于其孔径则只能留在外面，从而起到对不同种分子进行"筛分"的作用。选用合适型号的分子筛，直接浸入待干燥液体中密封放置一段时间后过滤，即可有选择地除去有机液体中的少量水分或其他溶剂。分子筛干燥的作用原理是物理吸附，其主要优点是选择性高，干燥效果好，可在 pH5~12 的介质中使用。表 3-3 列出了几种最常用的分子筛供选用时参考。分子筛在使用后需用水蒸气或惰性气体将其中的有机分子代换出来，然后在（550±10）℃下活化 2h，待冷却至约 200℃ 时取出，放进干燥器中备用。若被干燥液体中含水较多，则宜用其他方法先作初步干燥后再用分子筛干燥。

表 3-3　几种常用分子筛的吸附作用

类型	孔径 Å	可以吸附的分子	不能吸附的分子
3A	3.2~3.3	N_2，O_2，H_2，H_2O	C_2H_2，C_2H_4，CO_2，NH_3 及更大的分子
4A	4.2~4.7	CH_3OH，C_2H_5OH，CH_3CN，CH_3NH_2，CH_3Cl，CH_3Br，CO_2，C_2H_2，He，Ne，CS_2，Ar，Kr，CO，Xe，NH_3，CH_4，C_2H_6 以及可被 3A 吸附的物质	
5A	4.9~5.5	C_3 ~ C_{14} 正构烷烃，CH_3F，C_2H_5Cl，C_2H_5Br，$(CH_3)_2NH$，$C_2H_5NH_2$，CH_2Cl_2，C_2H_6，CH_3Cl 以及能被 3A，4A 吸附的物质	(n-C_4H_9)$_2$NH 及更大的分子
13X	9~10	小于 10Å 的各种分子	$(C_4H_9)_3N$

2. 化学干燥法

化学干燥法是将适当的干燥剂直接加入到待干燥的液体中去，使与液体中的水分发生作用而达到干燥的目的。依其作用原理的不同可将干燥剂分成两大类：一类是可形成结晶水的无机盐类，如无水氯化钙，无水硫酸镁，无水碳酸钠等；另一类是可与水发生化学反应的物质，如金属钠、五氧化二磷、氧化钙等。前一类的吸水作用是可逆的，升温即放出结晶水，故在蒸馏之前应将干燥剂滤除；后一类的作用是不可逆的，在蒸馏时可不必滤除。对于一次具体的干燥过程来说，需要考虑的因素有干燥剂的种类、用量、干燥的温度和时间以及干燥效果的判断等。这些因素是相互联系、相互制约的，因此需要综合考虑。

（1）干燥剂的种类选择。选择干燥剂主要考虑：

①所用干燥剂不能溶解于被干燥液体，不能与被干燥液体发生化学反应，也不能催化被干燥液体发生自身反应。例如，碱性干燥剂不能用以干燥酸性液体；酸性干燥剂不可用来干燥碱性液体；强碱性干燥剂不可用以干燥醛、酮、酯、酰胺类物质，以免催化这些物质的缩合或水解；氯化钙不宜用于干燥醇类、胺类及某些酯类，以免与之形成络合物等。表3-4列出了干燥各类有机物所适用的干燥剂。

表3-4 适合于各类有机液体的干燥剂

有机物类型	适用的干燥剂
醇	$MgSO_4$，K_2CO_3，Na_2SO_4，$CaSO_4$，CaO
醛	$MgSO_4$，Na_2SO_4，$CaSO_4$
酮	$MgSO_4$，Na_2SO_4，K_2CO_3，$CaSO_4$
卤代烃、卤代芳烃	$CaCl_2$，Na_2SO_4，$CaSO_4$，P_2O_5
有机碱（胺类）	$NaOH$，KOH，K_2CO_3，CaO
有机酸	$MgSO_4$，Na_2SO_4，$CaSO_4$
酯	Na_2SO_4，$MgSO_4$
酚	Na_2SO_4，$MgSO_4$
烷烃、芳香烃、醚	$CaCl_2$，$CaSO_4$，P_2O_5，Na

②干燥剂的干燥效能和需要干燥的程度。无机盐类干燥剂不可能完全除去有机液体中的水。因所用干燥剂的种类及用量不同，所能达到的干燥程度亦不同。至于与水发生不可逆化学反应的干燥剂，其干燥是较为彻底的，但使用金属钠干燥醇类时却不能除尽其中的水分，因为生成的氢氧化钠与醇钠间存在着可逆反应：

$$C_2H_5ONa + H_2O \rightleftharpoons C_2H_5OH + NaOH$$

因此必须加入邻苯二甲酸乙酯或琥珀酸乙酯使平衡向右移动。

（2）干燥剂的用量。干燥剂的用量主要决定于以下几方面。

①被干燥液体的含水量。液体的含水量包括两部分：一是液体中溶解的水，可以根据水在该液体中的溶解度进行计算；表 3-5 列出了水在一些常用溶剂中的溶解度。对于表中未列出的有机溶剂，可从其他文献中去查找，也可根据其分子结构估计。二是在萃取分离等操作过程中带进的水分，无法计算，只能根据分离时的具体情况进行推估。例如，在分离过程中若油层与水层界面清楚，各层都清晰透明，分离操作适当，则带进的水就较少；若分离时乳化现象严重，油层与水层界面模糊，分得的有机液体浑浊，甚至带有水包油或油包水的珠滴，则会夹带有大量水分。

表 3-5　水在有机溶剂中的溶解度

溶剂	温度/℃	含水量	溶剂	温度/℃	含水量
四氯化碳	20	0.008%	二氯乙烷	15	0.14%
环己烷	19	0.010%	乙　醚	20	0.19%
二硫化碳	25	0.014%	醋酸正丁酯	25	2.40%
二甲苯	25	0.038%	醋酸乙酯	20	2.98%
甲　苯	20	0.045%	正戊醇	20	9.40%
苯	20	0.050%	异戊醇	20	9.60%
氯仿	22	0.065%	正丁醇	20	20.07%

②干燥剂的吸水容量及需要干燥的程度。吸水容量指每克干燥剂能够吸收的水的最大量。通过化学反应除水的干燥剂，其吸水容量可由反应方程式计算出来。无机盐类干燥剂的吸水容量可按其最高水合物的示性式计算。用液体的含水量除以干燥剂的吸水容量可得干燥剂的最低需用量，而实际干燥过程中所用干燥剂的量往往是其最低需用量的数倍，以使其形成含结晶水数目较少的水合物，从而提高其干燥程度。当然，干燥剂也不是用得越多越好，因为过多的干燥剂会吸附较多的被干燥液体，造成不必要的损失。

（3）温度、时间及干燥剂的粒度对干燥效果的影响。无机盐类干燥剂生成水合物的反应是可逆的，在不同的温度下有不同的平衡。在较低温度下水合物较稳定，在较高温度下则会有较多的结晶水释放出来，所以在较低温度下干燥较为有利。干燥所需的时间因干燥剂的种类不同而不同，通常需两个小时，以利干燥剂充分与水作用，最少也需半小时。若干燥剂颗粒小，与水接触面大，所需时间就短些，但小颗粒干燥剂总表面积大，会吸附过多被干燥液体而造成损失；大颗粒干燥剂总表面积小，吸附被干燥液体少，但吸水速度慢。所以太大的块状干燥剂宜作适当破碎，但又不宜破得太碎。

（4）干燥的实际操作。使用无机盐类干燥剂干燥有机液体时通常是将待干燥的液体置于锥形瓶中，根据粗略估计的含水量大小，按照每 10mL 液体 0.5~1g 干燥剂的比例加入干燥剂，塞紧瓶口，稍加摇振，室温放置半小时，观察干燥剂的吸水情况。若块状干燥剂的棱角基本完好；或细粒状的干燥剂无明显粘连；或粉末状的干燥剂无结团、附壁现象，同时被干燥液体已由浑浊变得清亮，则说明干燥剂用量已足，继续放置一段时间即可过滤。若块状干燥剂棱角消失而变得浑圆，或细粒状、粉末状干燥剂粘连、结块、附壁，则说明干燥剂用量不够，需再加入新鲜干燥剂。如果干燥剂已变成糊状或部分变成糊状，则说明液体中水分过多，一般需将其过滤，然后重新加入新的干燥剂进行干燥。若过滤后的滤液中出现分层，则需用分液漏斗将水层分出，或用滴管将水层吸出后再进行干燥，直至被干燥液体均一透明，而所加入的干燥剂形态基本上没有变化为止。

此外，一些化学惰性的液体，如烷烃和醚类等，有时也可用浓硫酸干燥。当用浓硫酸干燥时，硫酸吸收液体中的水而发热，所以不可将瓶口塞起来，而应将硫酸缓缓注滴入液体中，在瓶口安装氯化钙干燥管与大气相通。摇振容器使硫酸与液体充分接触，最后用蒸馏法收集纯净的液体。

（二）固体的干燥

固体有机物在结晶（或沉淀）滤集过程中常吸附一些水分或有机溶剂。干燥时应根据被干燥有机物的特性和欲除去的溶剂的性质选择合适的干燥方式。常见的干燥方式有：

1. 在空气中晾干

对于那些热稳定性较差且不吸潮的固体有机物，或当结晶中吸附有易燃的挥发性溶剂如乙醚、石油醚、丙酮等时，可以放在空气中晾干（盖上滤纸以防灰尘落入）。

2. 红外线干燥

红外灯和红外干燥箱是实验室中常用的干燥固体物质的器具。它们都是利用红外线穿透能力强的特点，使水分或溶剂从固体内的各个部分迅速蒸发出来。所以干燥速度较快。红外灯通常与变压器联用，根据被干燥固体的熔点高低来调整电压，控制加热温度以避免因温度过高而造成固体的熔融或升华。用红外灯干燥时应注意经常翻搅固体，这样既可加速干燥，又可避免"烤焦"。

3. 烘箱干燥

烘箱多用于对无机固体的干燥，特别是对干燥剂、吸附剂的焙烘或再生，如硅胶、氧化铝等。熔点高的不易燃有机固体也可用烘箱干燥，但必须保证其中不含易燃溶剂，而且要严格控制温度以免造成熔融或分解。

4. 真空干燥箱

当被干燥的物质数量较大时，可采用真空干燥箱。其优点是使样品维持在一定的温度和负压下进行干燥，干燥量大，效率较高。

5. 干燥器干燥

凡易吸潮或在高温干燥时会分解、变色的固体物质，可置于干燥器中干燥。用干燥器干燥时需使用干燥剂。干燥剂与被干燥固体同处于一个密闭的容器内但不相接触，固体中的水或溶剂分子缓缓挥发出来并被干燥剂吸收。因此对干燥剂的选择原则主要考虑其能否有效地吸收被干燥固体中的溶剂蒸气。表3-6列出了常用干燥剂可以吸收的溶剂，供选择干燥剂时做参考。

表 3-6　干燥固体的常用干燥剂

干燥剂	可以吸收的溶剂蒸气
CaO	水、醋酸（或氯化氢）
$CaCl_2$	水、醇
NaOH	水、醋酸、氯化氢、酚、醇
浓 H_2SO_4	水、醋酸、醇
P_2O_5	水、醇
石蜡片	醇、醚、石油醚、苯、甲苯、氯仿、四氯化碳
硅胶	水

实验室中常用的干燥器有以下三种：

（1）普通干燥器。如图 3-34（a）所示，是由厚壁玻璃制作的上大下小的圆筒形容器，在上、下腔接合处放置多孔瓷盘，上口与盖子以砂磨口密封。必要时可在磨口上加涂真空油脂。干燥剂放在底部，被干燥固体放在表面皿或结晶皿内置于瓷盘上。

（2）真空干燥器（图 3-34（b））。与普通干燥器大体相似，只是顶部装

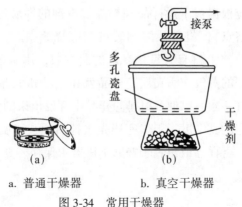

a. 普通干燥器　　　b. 真空干燥器

图 3-34　常用干燥器

有带活塞的导气管，可接真空泵抽真空，使干燥器内的压强降低，从而提高干燥速度。应该注意，真空干燥器在使用前一定要经过试压。试压时要用铁丝网罩罩住或用布包住以防破裂伤人。使用时真空度不宜过高，一般在水泵上抽至盖子推不动即可。解除真空时，进气的速度不宜太快，以免吹散了样品。真空干燥器一般不宜用硫酸作干燥剂，因为在真空条件下硫酸会挥发出部分蒸气。如果必须使用，则需在瓷盘上加放一盘固体氢氧化钾。所用硫酸应为密度为1.84 的浓硫酸，并按照每 1L 浓硫酸 18g 硫酸钡的比例将硫酸钡加入硫酸中，当硫酸浓度降到 93% 时，有 $BaSO_4 \cdot 2H_2SO_4 \cdot H_2O$ 晶体析出，再降至 84% 时，结晶变得很细，即应更换硫酸。

（3）真空恒温干燥器（干燥枪）。对于一些在烘箱和普通干燥器中干燥或经红外线干燥还不能达到分析测试要求的样品，可用真空恒温干燥器（干燥枪，见图 3-35）干燥。其优点是干燥效率高，尤其是除去结晶水和结晶醇效

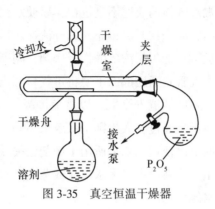

图 3-35　真空恒温干燥器

果好。使用前，应根据被干燥样品和被除去溶剂的性质选好载热溶剂（溶剂沸点应低于样品熔点），将载热溶剂装进圆底烧瓶中。将装有样品的"干燥舟"放入干燥室，接上盛有五氧化二磷的曲颈瓶，用水泵或油泵减压。加热使溶剂回流，溶剂的蒸气充满夹层，样品就在减压和恒温的干燥室内被干燥。每隔一定时间抽气一次，以便及时排除样品中挥发出来的溶剂蒸气，同时可使干燥室内保持一定的真空度。干燥完毕先去掉热源，待温度降至接近室温时，缓慢地解除真空，将样品取出置于普通干燥器中保存。真空恒温干燥器只适用于少量样品的干燥。

（三）气体的干燥

实验室中临时制备的或由储气钢瓶中导出的气体在参加反应之前往往需要干燥；进行无水反应或蒸馏无水溶剂时，为避免空气中的水汽侵入，也需要对可能进入反应系统或蒸馏系统的空气进行干燥。气体的干燥方法有冷冻法和吸附法两种。冷冻法是使气体通过冷阱，气体受冷时，其饱和湿度变小，其中的大部分水汽冷凝下来留在冷阱中，从而达到干燥的目的；吸附法是使气体通过吸附剂（如变色硅胶、活性氧化铝等）或干燥剂，使其中的水汽被吸附剂吸附或与干燥剂作用而除去或基本除去以达到干燥之目的。干燥剂的选择原则与液体的干燥相似。表 3-7 列出了干燥气体常用的一些干燥剂。使用固体干燥剂或吸附剂时，所用的仪器为干燥管、干燥塔、U 形管或长而粗的玻璃管。所用干燥剂应为块状或粒状，切忌使用粉末，以免吸水后堵塞气体通路，并且装填应紧密而又有空隙。如果干燥要求高，可以连接两个或多个干燥装置。如果这些干燥装置中的干燥剂不同，则应使干燥效能高的靠近反应瓶一端，吸水容量大的靠近气体来路一端。气体的流速不宜过快，以便水汽被充分吸收。如果被干燥气体是由钢瓶导出，应当在开启钢瓶并调好流速之后再接入干燥系统，以免因流速过大而发生危险。如果用浓硫酸作干燥剂，则所用仪器为洗气瓶，此时应注意将洗气瓶的进气管直通底部，不要将进气口和出气口接反了。在干燥系统与反应系统之间一般应加置安全瓶，以避免倒吸。浓硫酸的用量宜适当，太多则压力过大，气体不易通过，太少则干燥效果不好。干燥系统在使用完毕之后应立即封闭，以便下次使用。如果所用干燥剂已失效，应及时更换；吸附剂若失效，应取出再生后重新装入。无水反应或蒸馏无水溶剂时避免湿气侵入的干燥装置是装有无水氯化钙的干燥管。

表 3-7　干燥气体时所用的干燥剂

干燥剂	可干燥的气体
石灰、碱石灰、固体氢氧化钠（钾）	NH_3，胺类等
无水氯化钙	H_2，HCl，CO_2，CO，SO_2，N_2，O_2，低级烷烃、醚、烯烃、卤代烷
五氧化二磷	H_2，O_2，CO_2，CO，SO_2，N_2，烷烃，乙烯
浓硫酸	H_2，N_2，CO_2，Cl_2，CO，烷烃，HCl
溴化钙，溴化锌	HBr

（四）实验室中常用的干燥剂及其特性

（1）无水氯化钙（$CaCl_2$）：无定形颗粒状（或块状），价格便宜，吸水能力强，干燥速度较快。吸水后形成含不同结晶水的水合物 $CaCl_2 \cdot nH_2O$（$n=$ 1，2，4，6）。最终吸水产物为 $CaCl_2 \cdot 6H_2O$（30℃以下），是实验室中常用的干燥剂之一。但是氯化钙能水解成 $Ca(OH)_2$ 或 $Ca(OH)Cl$，因此不宜作为酸性物质或酸类的干燥剂。同时氯化钙易与醇类，胺类及某些醛、酮、酯形成分子络合物。例如，与乙醇生成 $CaCl_2 \cdot 4C_2H_5OH$、与甲胺生成 $CaCl_2 \cdot 2CH_3NH_2$，与丙酮生成 $CaCl_2 \cdot 2(CH_3)_2CO$ 等，因此不能作为上述各类有机物的干燥剂。

（2）无水硫酸钠（Na_2SO_4）：白色粉末状，吸水后形成带 10 个结晶水的硫酸钠（$Na_2SO_4 \cdot 10H_2O$）。因其吸水容量大，且为中性盐，对酸性或碱性有机物都可适用，价格便宜，因此应用范围较广。但它与水作用较慢，干燥程度不高。当有机物中夹杂有大量水分时，常先用它来作初步干燥，除去大量水分，然后再用干燥效率高的干燥剂干燥。使用前最好先放在蒸发皿中小心烘炒，除去水分，然后再用。

（3）无水硫酸镁（$MgSO_4$）：白色粉末状，吸水容量大，吸水后形成带不同数目结晶水的硫酸镁 $MgSO_4 \cdot nH_2O$（$n=$ 1，2，4，5，6，7）。最终吸水产物为 $MgSO_4 \cdot 7H_2O$（48℃以下）。由于其吸水较快，且为中性化合物，对各种有机物均不起化学反应，故为常用干燥剂。特别是那些不能用无水氯化钙干燥的有机物常用它来干燥。

（4）无水硫酸钙（$CaSO_4$）：白色粉末，吸水容量小，吸水后形成 $2CaSO_4 \cdot H_2O$（100℃以下）。虽然硫酸钙为中性盐，不与有机化合物起反应，但因其吸水容量小，没有前述几种干燥剂应用广泛。由于硫酸钙吸水速度快，而且形成的结晶水合物在100℃以下较稳定，所以凡沸点在100℃以下的液体有机物，经无水硫酸钙干燥后，不必过滤就可以直接蒸馏。例如，甲醇、乙醇、乙醚、丙酮、乙醛、苯等，用无水硫酸钙脱水处理效果良好。

（5）无水碳酸钾（K_2CO_3）：白色粉末，是一种碱性干燥剂。其吸水能力中等，能形成带两个结晶水的碳酸钾（$K_2CO_3 \cdot 2H_2O$），但是与水作用较慢。适用于干燥醇、酯等中性有机物以及一般的碱性有机物如胺、生物碱等，但不能作为酸类、酚类或其他酸性物质的干燥剂。

（6）固体氢氧化钠（NaOH）和氢氧化钾（KOH）：白色颗粒状，是强碱性化合物。只适用于干燥碱性有机物如胺类等。因其碱性强，对某些有机物起催化反应，而且易潮解，故应用范围受到限制。不能用于干燥酸类、酚类、酯、酰胺类以及醛酮。

（7）五氧化二磷（P_2O_5）：是所有干燥剂中干燥效力最高的干燥剂。与水的作用过程是

$$P_2O_5 \xrightarrow{H_2O} 2HPO_3 \xrightarrow{2H_2O} H_3PO_4$$

P_2O_5与水作用非常快，但吸水后表面呈黏浆状，操作不便。且价格较贵。一般是先用其他干燥剂如无水硫酸镁或无水硫酸钠除去大部分水，残留的微量水分再用P_2O_5干燥。它可用于干燥烷烃、卤代烷、卤代芳烃、醚等，但不能用于干燥醇类、酮类、有机酸和有机碱。

（8）金属钠（Na）：常用作醚类、苯等惰性溶剂的最后干燥。一般先用无水氯化钙或无水硫酸镁干燥除去溶剂中较多量的水分，剩下的微量水分可用金属钠丝或钠片除去。但金属钠不适用于能与碱起反应的或易被还原的有机物的干燥。例如，不能用于干燥醇（制无水甲醇、无水乙醇等除外）、酸、酯、有机卤代物、酮、醛及某些胺。

（9）氧化钙（CaO）：是碱性干燥剂。与水作用后生成不溶性的$Ca(OH)_2$，对热稳定，故在蒸馏前不必滤除。氧化钙价格便宜，来源方便，实验室常用它来处理95%的乙醇，以制备99%的乙醇。但不能用于干燥酸性物质或酯类。

九、柱　层　析

利用混合物中各组分在某物质中的吸附或溶解（即分配）性能的不同或

其他亲和作用的差异，使混合物溶液流经该物质时，进行反复的吸附或分配（吸附→溶解→再吸附→再溶解），从而将各组分分开。

（一）原理

层析法，亦称色谱法或色层法，早期主要用于有色物质的分离和纯化，可以得到不同颜色的谱带或色层，故有色谱、色层等名称。由于显色技术的发展，此法已广泛应用于无色物质，但原来的名称仍然沿用下来。目前，层析法主要应用于结构类似，物理、化学性质相近，用一般方法难于奏效的化合物的分离、纯化和鉴定。层析法可根据其作用原理分为吸附层析、分配层析、离子交换层析和排阻层析等类；也可根据其操作条件不同分为柱层析、薄层层析、纸层析、气相层析和高速液相层析等类。此处仅介绍吸附层析的作用原理。

吸附柱层析是将吸附剂均匀致密地装填在玻璃管、不锈钢管或塑料薄膜管中，使其形成柱状。称为固定相。当待分离的混合物样品被制成溶液从柱顶加入时，混合物中各组分或强或弱都会受到吸附剂的吸附而附着在柱顶吸附剂的表面。然后选取合适的溶剂（称为淋洗剂或流动相）自柱顶向下均匀地淋洗，各组分分子即在淋洗剂中发生溶解竞争，同时也在吸附剂表面发生吸附竞争。在溶解竞争中，溶解度大的分子易进入流动相；在吸附竞争中则是极性较小的，受吸力较弱的分子易于被其他分子从吸附剂表面"顶替"下来而进入流动相。进入流动相的分子随流动相一起下行，并在前进途中经历新的吸附和解吸溶解竞争。反之，溶解度小的，极性较强的分子则易被吸附，较难进入流动相，但在持续的淋洗下总还是会进入流动相的，只不过在下行过程中反复受吸附而行进艰难罢了。混合物样品里的同种分子具有相同的极性和溶解度，受吸附和解吸溶解的难易相同，向下行进的速度也大体相同；而不同种分子在分子结构、极性及溶解度等方面存在着或大或小的差异，受吸附和解吸溶解的难易各不相同，下行的速度亦不相同。在经历了反复多次的吸附和解吸溶解竞争之后，各组分间就会逐渐拉开距离。较易进入流动相的组分行进较快，将较早到达柱底。用不同的接收瓶在柱下分别接收各组分的溶液，蒸除溶剂后即得各组分的纯品。也可在各组分的色带拉开距离之后停止淋洗，将柱吸干，挤出吸附剂，按色带分割，分别用溶剂萃取，再各自蒸去溶剂，以获得纯品。

（二）吸附柱层析的器材

1. 层析柱

实验室中所用的玻璃层析柱有两种形式：一种是下部带有活塞的玻璃管，

如图 3-36（a）所示，活塞的芯最好是聚四氟乙烯制作的，这样可以不涂真空油脂，以免污染产品。如果使用普通的玻璃活塞，则真空油脂要小心地涂薄涂匀。另一种是将玻璃管下端拉细，套上一段弹性良好的管子。这段管子必须是不能被淋洗剂溶解的，普通橡皮管一般不可充作此用，因为橡皮易被氯仿、苯、THF 等溶剂溶胀，而聚乙烯管子对大多数溶剂是惰性的，所以常常使用一只螺旋夹控制流速，如图 3-36（b）所示。此外，薄膜塑料柱如图 3-36（c）所示，因使用方便、节省淋洗剂、减少蒸发量等优点，应用日趋广泛。薄膜塑料柱总是以扁平成卷保存的，两侧常有很深的折痕。使用前需将裁取的一段薄膜管一端扎紧，另一端套在一段玻璃管上并用棉线扎紧。将这段玻璃管穿过一个单孔塞。然后将薄膜管放进一根又粗又长，下端拉细了的玻璃管内，使塞子塞紧大玻璃管的口。用水泵自大玻璃管下端抽气，薄膜柱即因内部压强大于外部而自行展圆。待装入吸附剂后在其下部扎几个小孔即可使用。

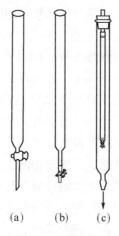

（a）　　　（b）　　　（c）

图 3-36　层析柱

　　层析柱的尺寸根据被分离物的量来确定，其直径与高度之比则根据被分离混合物的分离难易而定，一般在 1：8 到 1：50 之间。柱身细长，分离效果好，但可分离的量小，且分离所需时间长；柱身短粗，分离效果较差，但一次可以分离较多的样品，且所需时间短。如果待分离物各组分较难分离，宜选用细长的柱子；如果要处理大量的较易分离的或对分离纯度要求较低的混合物，则可选用粗而短的柱子。最常使用的层析柱，直径与长度之比在 1：8 到 1：15 之间。

2. 吸附剂

柱层析中最常使用的吸附剂是氧化铝或硅胶。其用量为被分离样品的30~50倍，对于难以分离的混合物，吸附剂的用量可达100倍或更高。对于吸附剂应综合考虑其种类、酸碱性、粒度及活性等因素，最后用实验方法选择和确定。

市售氧化铝有酸性、碱性和中性之分。酸性氧化铝是用1%盐酸浸泡后，用蒸馏水洗到其浸出液的pH值为4，适用于分离酸性物质；碱性氧化铝浸出液的pH值为9~10，用以分离胺类、生物碱及其他有机碱性化合物。中性氧化铝的相应pH值为7.5，适合于醛、酮、醌、酯等类化合物的分离以及对酸、碱敏感的其他类型化合物的分离。硅胶没有酸碱性之分，可适用于各类有机物的分离。

柱层析所用氧化铝的粒度一般为100~150目，硅胶为60~100目，如果颗粒太小，淋洗剂在其中流动太慢，甚至流不出来。

氧化铝和硅胶的活性各分五个等级见表3-8。

表 3-8　氧化铝和硅胶的活性级别

含　水　量		活性级别	吸附活性
氧化铝	硅胶		
	0	I	强
3%	5%	II	
6%	15%	III	
10%	25%	IV	
15%	38%	V	弱

哪个活性级别分离效果最好，要用实验方法确定，而不是盲目选择高的活性级别，最常使用的是II和III级。如果吸附剂活性太低，分离效果不好，可通过"活化"来提高其活性。所谓"活化"就是指用加热的方法除去吸附剂所含的水分，提高其吸附活性的过程。通常是将吸附剂装在瓷盘里放进烘箱中恒温加热。"活化"的温度和时间应根据分离需要而定。氧化铝一般在200℃恒温4h，硅胶在105~110℃恒温0.5~1h。"活化"完毕，切断电源，待温度降至接近室温时，从烘箱中取出放进干燥器中备用。有的样品在活性高的吸附剂中分离效果不好，可将吸附剂放在空气中让其吸收一些水分，分离效果反而好

一些。

此外，一些天然产物带有多种官能团，对微弱的酸碱性都很敏感，则可用纤维素、淀粉或糖类作吸附剂。活性炭是一种吸附能力很高的吸附剂，但因粒度太小而不常用。

3. 淋洗剂

淋洗剂是将被分离物从吸附剂上洗脱下来所用的溶剂，所以也称为洗脱剂或简称溶剂。其极性大小和对被分离物各组分的溶解度大小对于分离效果非常重要。如果淋洗剂的极性远大于被分离物的极性，则淋洗剂将受到吸附剂的强烈吸附，从而将原来被吸附的待分离物"顶替"下来，随多余的淋洗剂冲下而起不到分离作用；如果淋洗剂的极性远小于各组分的极性，则各组分被吸附剂强烈吸附而留在固定相中，不能随流动相向下移动，也不能达到分离的目的。如果淋洗剂对于被分离物各组分溶解度太大，被分离物将会过多、过快地溶解于其中并被迅速洗脱而不能很好地分离；如果溶解度太小，则会造成谱带分散，甚至完全不能分开。

常用溶剂的极性大小次序也因所用吸附剂的种类不同而不尽相同：

常见有机液体的极性次序为：石油醚<环己烷<四氯化碳<三氯乙烯<二硫化碳<苯<1,2-二氯乙烷<二氯甲烷<氯仿<乙醚<乙酸乙酯<丙酮<乙醇<甲醇<水<乙酸。对于氧化铝来说，吸附力由小到大的次序为：戊烷<石油醚<己烷<环己烷<四氯化碳<苯<乙醚<氯仿<二氯甲烷<乙酸乙酯<异丙醇<乙醇<甲醇<乙酸。对于硅胶来说则为环己烷<石油醚<戊烷<四氯化碳<苯<氯仿<乙醚<乙酸乙酯<乙醇<水<丙酮<乙酸<甲醇。这种次序的局部颠倒现象可能是由更复杂的原因造成的，但无论如何，从整体讲还是有规律可循的。如果极性较小的物质先被吸附，然后加入极性较大的物质，则后者可与吸附剂形成更大的吸附力，因而可将前者"顶替"下来；反之，前者却不能"顶替"后者。有机液体极性次序，可作为选择溶剂的参考，首先在薄层层析板上试选（图 3-42），初步确定后再上柱分离。如果所有色带都行进甚慢则应改用极性较大溶解性能也较大的溶剂，反之则改用极性和溶解性都较小的溶剂，直至获得满意的分离效果。

除了分离效果外还应当考虑：①在常温至沸点的温度范围内可与被分离物长期共存不发生任何化学反应，也不被吸附剂或被分离物催化而发生自身的化学反应；②沸点较低以利回收；③毒性较小，操作安全；④适当考虑价格是否合算，来源是否方便；⑤回收溶剂一般不应作为最终纯化产物的淋洗剂。

淋洗剂的用量往往较大，故最好使用单一溶剂以利回收。只有在选不出合适的单一溶剂时才使用混合溶剂。混合溶剂一般由两种可以无限混溶的溶剂组成，先以不同的配比在薄层板上试验，选出最佳配比，再按该比例配制好，像单一溶剂一样使用。如果必须在层析过程中改变淋洗剂的极性，不能把一种溶剂迅速换成另一种溶剂，而应当将极性稍大的溶剂按一定的百分率逐渐加到正在使用的溶剂中去，逐步提高其比例，直至达到所需要的配比。一条经验规律称为"幂指数增加"，例如，原淋洗剂为环己烷，若欲加入二氯甲烷以增加其极性，则不应立即换为二氯甲烷，而应使用这两种溶剂的混合液，其中二氯甲烷的比例依次为5%，15%，45%，最后再换为纯净的二氯甲烷。每次加大比例后，须待流出液量为吸附剂装载体积的3倍时再进一步加大比例。这只是一般方法，其目的在于避免后面的色带行进过快，追上前面的色带，造成交叉带。但如果两色带间有很宽阔的空白带，不会造成交叉，则亦可直接换成后一种溶剂，所以应根据具体情况灵活运用。

4. 被分离的混合物

在实际工作中，被分离的样品是不能选择的，但认真考察各个组分的分子结构，估计其吸附能力，对于正确选择吸附剂和淋洗剂都是有益的。若化合物的极性较大，或含有极性较大的基团，则易被吸附而较难被洗脱，宜选用吸附力较弱的吸附剂和极性较大的淋洗剂；反之，对于极性较小的样品则选用极性较强的吸附剂和弱极性或非极性淋洗剂。若各组分极性差别较大，则易于分离，可选用较为短粗的柱子，使用较少的吸附剂；若各组分极性相差甚微，则难于分离，宜选用细长的柱子并使用较大量的吸附剂。

5. 其他物品

储存淋洗剂的分液漏斗一只，接收洗出液的锥形瓶若干只，其容积大小根据淋洗剂的体积确定。玻璃毛少量，白沙少量，各自洗净烘干。若层析柱很小，也可用少量脱脂棉代替玻璃毛。

(三) 吸附柱层析的操作

1. 装柱

装柱的方法分湿法和干法两种。

湿法装柱时，将柱竖直固定在铁支架上，关闭活塞，加入选定的淋洗剂至柱容积的1/4，用一支干净的玻璃棒将少量玻璃毛（或脱脂棉）轻轻推入柱底狭窄部位，小心挤出其中的气泡，但不要压得太紧密，否则淋洗剂将流出太慢或根本流不出来。将准备好的白沙加入柱中，使在玻璃毛上均匀沉积成约5mm厚的一层。将需要量的吸附剂置烧杯中，加淋洗剂浸润，溶胀并调成糊状。打开柱下活塞调节流出速度为 1 滴/秒，将调好的吸附剂在搅拌下自柱顶缓缓注入柱中，同时用套有橡皮管的玻璃棒轻轻敲击柱身，使吸附剂在淋洗剂中均匀沉降，形成均匀紧密的吸附剂柱。吸附剂最好一次加完。若分数次加，则会沉积为数层，各层交接处的吸附剂颗粒甚细，在分离时易被误认为是一个色层。全部吸附剂加完后，在吸附剂沉积面上盖一层白沙（若柱很小，也可不用白沙而盖上一张直径与柱内径相当的滤纸片），关闭活塞。在全部装柱过程及装完柱后，都需始终保持吸附剂上面有一段液柱，否则将会有空气进入吸附剂，在其中形成气泡而影响分离效果。如果发现柱中已经形成了气泡，应设法排除，若不能排除，则应倒出重装。装好的吸附柱各层材料的分布见图 3-37。

干法装柱时，先将柱竖直固定在铁支架上，关闭活塞。加入溶剂至柱容积的 3/4，打开活塞控制溶剂流速为 1 滴/秒，然后将所需量的吸附剂通过一支短颈玻璃漏斗慢慢加入柱中，同时，轻轻敲柱身使柱填充紧密。干法装柱的缺点是容易使柱中混有气泡。特别是使用硅胶为吸附剂时，最好不用干法装柱，因为硅胶在溶剂中有一溶胀过程，若采用干法装柱，硅胶会在柱中溶胀，往往留下缝隙和气泡，影响分离效果，甚至需要重新装柱。

装填薄膜塑料柱时，可先按图 3-36（c）所示的那样用抽气法将薄膜展开成圆柱形，在底部装入一段玻璃毛，吸附剂通过一个粗颈漏斗自柱顶装入。装至 1/3 处，将柱身在坚硬的表面上磕结实，再装入 1/3，再磕结实，直至装到需要的高度。装成的薄膜柱应紧密结实，可以像玻璃柱那样用夹子夹住，再在其底部扎一些小孔即可使用。

2. 加样

加样亦有干法、湿法两种。湿法加样是将待分离物溶于尽可能少的溶剂中，如有不溶性杂质应当滤去。打开柱下活塞小心放出柱中液体至液面下降到滤纸片处，关闭活塞，将配好的溶液沿着柱内壁缓缓加入，切记勿冲动吸附剂，否则将造成吸附剂表面不平而影响分离效果。溶液加完后，小心开启柱下活塞，放出液体至溶液液面降至滤纸片时，关闭活塞，用少许溶剂冲洗柱内壁（同样不可冲动吸附剂），再放出液体至液面降到滤纸处，再次冲洗柱内壁，直至柱壁和柱顶溶剂没有颜色。加样操作的关键是要避免样品溶液被冲稀。在技术熟练的情况下，也可以不关下部活塞，在 1 滴/秒的恒定流速下连贯地完成上述操作。

干法加样是将待分离样品加少量低沸点溶剂溶解，再加入约 5 倍量吸附剂，拌和均匀后在通风橱中蒸发至干。揭去柱顶滤纸片，将吸附了样品的吸附剂平摊在柱内吸附剂的顶端，在上面加盖滤纸片或加盖一层白沙。干法加样易于掌握，不会造成样品溶液的冲稀，但不适合对热敏感的化合物。

3. 淋洗和接收

样品加入后即可用大量淋洗剂淋洗。随着流动相向下移动，混合物逐渐分成若干个不同的色带，继续淋洗，各色带间距离拉开，最终被一个个淋洗下来。当第一色带开始流出时，更换接收瓶，接收完毕再更换接受瓶，接收两色带间的空白带，并依此法分别接收各个色带。若后面的色带下行太慢，可依次使用几种极性逐渐增大的淋洗剂来淋洗。为了减少添加淋洗剂的次数，可用分液漏斗在柱顶"自动"添加，如图 3-37 所示。打开分液漏斗的活塞，顶塞密封，尾部插进柱上部的淋洗剂液面以下，当液面下降后，漏斗尾部露出，即有空气泡自尾部进入分液漏斗，这就加大了漏斗内液面上的压力，漏斗内的淋洗剂就自动流入柱内，使柱内液面上升，当液面淹没漏斗尾部时，就不再有空气进入漏斗，漏斗内的淋洗剂就不再流出。在使用薄膜塑料柱进行层析时，一旦色带形成并拉开距离，可将柱吸干，用刀沿"空白带"处切开，将各色带分别萃取，各自蒸去溶剂，即得到相应组分的化合物。

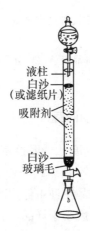

液柱
白沙
（或滤纸片）
吸附剂

白沙
玻璃毛

图 3-37 淋洗

4. 显色

分离无色物质时需要显色。如果使用带荧光的吸附剂，可在黑暗的环境中用紫外光照射以显出各色带的位置，以便按色带分别接收。但柱上显色远不如在薄层板上显色方便。所以常用的办法是等分接收，即事先准备十几个甚至几十个接收瓶，依次编出号码，各接收相同体积的流出液，并各自在薄层板上点样展开，然后在薄层板上显色（相关的显色操作见薄层层析部分）。具有相同

R_f 值的为同一组分，可以合并处理。也可能出现交叉带，若交叉带很少，可以弃之，若交叉带较多，或样品很贵重，可以将交叉部分再次作柱层析分离，直至完全分开。例如，某一样品经等分接收和薄层层析并显色处理后如图 3-38 所示。由图可知，1，7，8 号接收液都是空白，没有任何组分，可以合并。2~6 号为第一组分，可以合并处理，9~13 号为第二组分，14~16 号为第三组分，17~20 号为第四组分。其中第 14 号实际是一个交叉带，以第三组分为主，也含有少量第二组分。如果对第三组分的纯度要求不高，可以并入第三组分；如果对第三组分的纯度要求甚高，可将第 14 号接收液浓缩后再做一次柱层析分离。

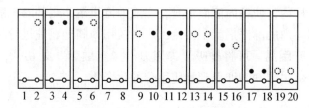

1~20 接收液编号，○接收液点样处，●展开后的样品位置，⊙模糊的样点。

图 3-38　一个四组分样品经柱层析分离后用薄层检测的情况

（四）柱层析操作中应注意的问题

（1）要控制淋洗剂流出的速度。一般控制流速为 1 滴/秒。若流速太快，样品在柱中的吸附和溶解过程来不及达到平衡，影响分离效果。若流速太慢，分离时间会拖得太长。有时，样品在柱中停留时间过长，可能促成某些成分发生变化。或流动相在柱中下行速度小于样品的扩散速度，会造成色带加宽、交合甚至根本不能分离。

（2）以下现象会严重影响分离效果，必须尽力避免。

①色带过宽，界限不清。其原因可能是柱的直径与高度比选择不当，或吸附剂、淋洗剂选择不当，或样品在柱中停留时间过长。但更常见的却是在加样时造成的。若在样品溶液加进柱中后，没有打开下部活塞放出淋洗剂使样品溶液降至滤纸片处，即急于加溶剂冲洗柱壁，造成样品溶液大幅度稀释，或过早加入大量溶剂淋洗，必然会造成色带过宽。所以溶样时一定要使用尽可能少的溶剂，加样时一定要避免样品溶液的稀释。

②色带倾斜。正常情况下柱中的色带应是水平的，如图 3-39（a）所示。而倾斜的色带如图 3-39（b）所示，在前一个色带尚未完全流出时，后面色带的前沿已开始流出，所以不能接收到纯粹的单一组分。造成色带倾斜的原因是吸附剂的顶面装得倾斜，或柱身安装得不垂直。

③气泡。造成气泡的原因可能是玻璃毛或脱脂棉中的空气未挤净，其后升入吸附剂中形成气泡，也可能是吸附剂未充分浸润溶胀，在柱中与淋洗剂作用发热而形成，但更大量的是在装柱或淋洗过程中淋洗剂放出过快，液面下降到吸附剂沉积面之下，使空气进入吸附剂内部滞留而成。当柱内有气泡时，大量淋洗剂顺气泡外壁流下，在气泡下方形成沟流，使后一色带前沿的一部分突出伸入前一色带（图 3-39（c）），从而使两色带难以分离。所以在装柱及淋洗过程中应始终保持吸附剂上面有一段液柱。

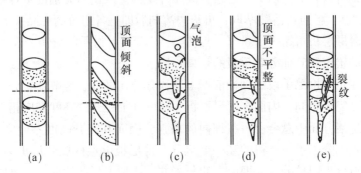

图 3-39　层析柱中的色带（虚线表示更换接收瓶处）

④柱顶面填装不平。这时色带前沿将沿低凹处向下延伸进入前面的色带（图 3-39（d）），这也是一种沟流。

⑤断层和裂缝。当柱内某一区域内积有较多气泡时，这些气泡会合并起来在柱内形成断层或裂缝。图 3-39（e）表示了裂缝造成的沟流，而断层相当于一个不平整的装载面，它造成沟流的情况与图 3-39（d）相似。

十、薄层层析

薄层层析，也叫薄层色谱、薄板色谱或薄板层析，属层析技术中的一类，常用 TLC 表示。如同柱层析一样，按其作用机理可分为吸附薄层层析、分配薄层层析等。其中应用最广泛的是吸附薄层层析。薄层层析具有微量、快速、操作简便等优点，但不适合于较大量的样品的分离，通常可分离的量在 0.5g 以下，最低可达 10^{-9}g。以下介绍吸附薄层层析的相关问题，其他类型薄层层析可参照处理。

（一）原理

吸附薄层层析的作用原理与吸附柱层析相同，其区别在于吸附薄层层析所用吸附剂粒度较细小，且不是装在柱中，而是被均匀地涂布于玻璃板、塑料板或金属箔上形成一定厚度的薄层。被分离的样品制成溶液用毛细管点在薄层上靠近一端处，作为流动相的溶剂（称为展开剂）则靠毛细作用从点有样品的一端向另一端运动并带动样点前进。经过反复多次的吸附和溶解竞争后，受吸附力较弱而溶解度较大的组分将行进较长的路程；反之，吸附较强或溶解度较小的组分则行程较短，从而使各组分间拉开距离。用刮刀分别刮下各组分的色点（或色带），各自以溶剂萃取，再蒸去溶剂后即得各组分的纯品。

吸附薄层层析可用于少量（一般为 0.5g 以下）物质的分离，但更多应用于化合物的鉴定和其他分离手段的效果检测。

作为鉴定和检测手段的理论依据是同种分子在极性、溶解度、分子大小和形状等方面完全相同，因而在薄层层析中随展开剂爬升的高度亦应相同；不同种分子在这诸方面中总会有一些细微的差别，因而其爬升高度不会完全相同。如果将用其他分离手段所得的某一个组分在薄层板上点样展开后仍为一个点，则说明该组分为同种分子，即原来的分离方法达到了预期效果；如果展开后变成了几个斑点，则说明该组分中仍有数种分子，即原分离手段未达到预期效果。

因此，每种化合物都有自己特定的比移值。比移值也叫 R_f 值，是在薄层层析中化合物样点移动的距离与展开剂前沿移动距离的比值，即

$$R_f = 化合物样点移动的距离 / 展开剂前沿移动的距离$$

例如，图 3-40（a）为薄层板，由 A，B 二组分组成的混合物被点在起始线上，展开后如图（b）所示，A，B 二组分被拉开距离。这时展开剂前沿的爬升高度为 10，样点 A 的爬升高度（以样点中心计）为 7.3，则 A 的 R_f 值为 0.73。同理，B 的 R_f 值为 0.49。

影响 R_f 值的因素很多，如薄层的厚度，吸附剂的种类、粒度、活性、展开剂的纯度（或配比的准确度）及外界温度等。因此，同一化合物在薄层板上重现 R_f 值比较困难，不能仅凭 R_f 值作判断。在鉴定未知样品时用已知化合物在同一块薄层板上点样做对照才比较可靠。如图（c）所示，C 为已知物，

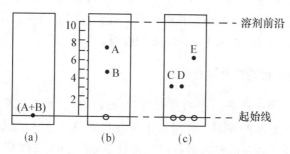

图 3-40　薄层层析的 R_f 值计算和化合物鉴定

D，E 为未知物，且其中有一种与 C 相同。展开后 C 与 D 爬升高度相同，R_f（C）$=R_f$（D）$\neq R_f$（E），所以 C，D 为同一化合物，而 E 则是不同的化合物。

（二）薄层层析的用途

在实验室中，薄层层析主要用于以下几种目的。

（1）作为柱层析的先导。一般说来，使用某种固定相和流动相可以在柱中分离开的混合物，使用同种固定相和流动相也可以在薄层板上分离开。所以常利用薄层层析为柱层析选择吸附剂和淋洗剂。

（2）监控反应进程。在反应过程中定时取样，将原料和反应混合物分别点在同一块薄层板上，展开后观察样点的相对浓度变化。若只有原料点，则说明反应没有进行；若原料点很快变淡，产物点很快变浓，则说明反应在迅速进行；若原料点基本消失，产物点变得很浓，则说明反应基本完成。

（3）检测其他分离纯化过程。在柱层析、结晶、萃取等分离纯化过程中，将分离出来的组分或纯化所得的产物溶样点板，展开后如果只有一个点，则说明已经完全分离开了或已经纯化好了；若展开后仍有两个或多个斑点，则说明分离纯化尚未达到预期的效果。

（4）确定混合物中的组分数目。一般说来，混合物溶液点样展开后出现几个斑点，就说明混合物中有几个组分。

（5）确定两个或多个样品是否为同一物质。将各样品点在同一块薄层板上，展开后若各样点爬升的高度相同，则大体上可以认定为同一物质；若上升高度不同，则肯定不是同一物质。

（6）根据薄层板上各组分斑点的相对浓度可粗略地判断各组分的相对含量。

（7）迅速分离出少量纯净样品。为了尽快从反应混合物中分离出少量纯净样品作分析测试，可扩大薄层板的面积，加大薄层的厚度，并将混合物样液点成一条线，一次可分离出 10~500mg 的样品。

（三）薄层层析的仪器和药品

（1）薄板。薄层层析所用的基板通常为玻璃板，也有用塑料板的，根据用途的不同而有不同的规格。作分析鉴定用的多为 7.5cm×2.5cm 的载玻片。若为分离少量纯样品，可将普通玻璃板裁成 20cm×15cm 的大小，将棱角用砂纸稍加打磨，以免割破手指，然后洗净干燥即可使用。近年来，有些厂商将吸附剂涂在大张金属箔片上出售。购回后只需用剪刀剪成合适大小即可点样展开。用完后可以适当溶剂将箔片上样点浸萃掉，经干燥后即可重复使用，但吸附剂涂层很薄，一般只可作分析鉴定用。

（2）展开槽。展开槽也叫层析缸，规格形式不一。图 3-41 绘出了其中的几种，图中（a）为立式，（b）为卧式，（c）和（d）为斜靠式，（e）为下行式，（f）为制备纯样品所用的大型展开槽，亦为斜靠式。（a），（b），（c），（d），（f）统称上行式。

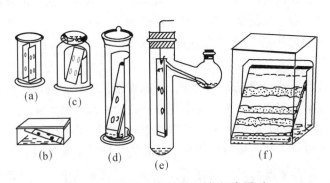

图 3-41　薄层板在不同的层析缸中展开

（3）吸附剂。薄层层析中所用吸附剂最常见的有硅胶和氧化铝两类。其中不加任何添加剂的以 H 表示，如硅胶 H，氧化铝 H；加有煅石膏（$CaSO_4 \cdot 1/2H_2O$）为黏合剂的用 G 表示（gypsum），如硅胶 G，氧化铝 G；加有荧光素的用 F 表示（fluorescein），如硅胶 HF_{254}，意思是其中所加荧光素可在波长 254nm 的紫外光下激发荧光；同时加有煅石膏和荧光素的用 GF 表示，如硅胶 GF_{254}，氧化铝 GF_{254}。如在制板时以羧甲基纤维素钠的溶液调和，则用 CMC 表示（carboxymethyl cellulose），如硅胶 CMC。添加黏合剂是为了加强薄层板的机械强度，其中以添加 CMC 者机械强度最高；添加荧光素是为了显色的方便。习惯上把加有黏合剂的薄层板称为硬板，不加黏合剂的薄层板称为软板。

供薄层层析用的吸附剂粒度较小，通常为 200 目，标签上有专门说明，如 Silica gel H for thin layer chromatography，使用时应予注意，不可用柱层析吸附剂代替，也不可混用。

薄层层析用的氧化铝有酸性、中性、碱性之分，也分五个活性等级。选择原则与柱层析类同。

（4）展开剂。在薄层层析中用作流动相的溶剂称为展开剂，它相当于柱层析中的淋洗剂，其选择原则也与淋洗剂类同，也是由被分离物质的极性决定的，被分离物极性小，选用极性较小的展开剂；被分离物极性大，选用极性较大的展开剂。环己烷和石油醚是最常使用的非极性展开剂，适合于非极性或弱极性试样；乙酸乙酯、丙酮或甲醇适合于分离极性较强的试样，氯仿和苯是中等极性的展开剂，可用作多官能团化合物的分离和鉴定。若单一展开剂不能很好分离，也可采用不同比例的混合溶剂展开。

选择展开剂的一条快捷的途径是在同一块薄层板上点上被分离样品的几个样点，各样点间至少相距 1cm，再用滴管分别汲取不同的溶剂，各自点在一个样点上，溶剂将从样点向外扩展，形成一些同心的圆环。若样点基本上不随溶剂移动（图 3-42（a）），或一直随溶剂移动到前沿（图 3-42（d）），则这样的溶剂不适用。若样点随溶剂移动适当距离，形成较宽的环带（图 3-42（b）），或形成几个不同的环带（图 3-42（c）），则该溶剂一般可作为展开剂使用。

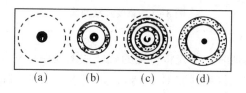

图 3-42 选择展开剂

（四）薄层层析的操作

1. 制板

制板也称铺板或铺层，有"干法"和"湿法"两种，由于干燥的吸附剂在玻璃板上附着力差，容易脱落，不便操作，所以很少采用，此处只介绍湿法铺板。

（1）供分析、鉴定、监控用的载玻片的铺制。首先将吸附剂用溶剂调成糊状，所用溶剂可以是低沸点有机溶剂，也可以是蒸馏水。有机溶剂中应用较广的是氯仿，一般按照每克硅胶 3mL 氯仿的比例在广口瓶中调成糊状，立即以带螺旋的盖子盖紧备用。在铺板时用力摇匀，旋开盖子，将两块载玻片叠在一起，以食指和拇指捏住它们的侧面靠近一端处，缓慢平稳地浸入瓶中的糊状吸附剂里，使糊状物浸没至离载玻片顶端约 1cm 处，然后缓缓提起（图 3-43），在空气中握持片刻，使氯仿大部分挥发掉。将两块载玻片拆开，浸涂面向上，平放在桌上，干燥后即可使用。每次浸涂后应立即将广口瓶盖紧密封，以免溶剂挥发。这样制得的薄层板机械性能稍差。为了提高薄层强度，可用甲醇代替氯仿，或将甲醇与氯仿按不同的比例混合使用。

图 3-43　载玻片浸渍涂层

以蒸馏水作溶剂时，首先将待铺的载玻片平放在水平台面上，将吸附剂置于干净研钵内，按照每克硅胶 G 2~3mL 蒸馏水（或 3~4mL 羧甲基纤维素钠溶液），或每克氧化铝 1~2mL 蒸馏水的比例加入溶剂，立即研磨成糊状。用牛角匙舀取糊状物倒在载玻片上迅速摊布均匀，也可轻敲载玻片边缘，或将载玻片托在手中前后左右稍稍倾斜，靠糊状物的流动性使之分布均匀。然后再平放在台面上，使其固化定型并晾干。固化的过程是吸附剂内的煅石膏吸收水形成新固体的过程，反应式为：

$$CaSO_4 \cdot 1/2H_2O + 3/2H_2O = CaSO_4 \cdot 2H_2O$$

所以研磨糊状物和涂铺薄层板都需尽可能地迅速。若动作稍慢，糊状物即会结成团块状无法涂铺或不能涂铺均匀，即使再加水也不能再调成均匀的糊状。通常研磨糊状物需在 1min 左右完成，铺完全部载玻片也只需数分钟，最多在十几分钟内完成。每次铺板都需临时研磨糊状物。以蒸馏水作溶剂制得的薄层板具有较好的机械性能，如欲获得机械性能更好的薄层板，可用 1% 的羧甲基纤维素钠水溶液来调制糊状物。将 1g 羧甲基纤维素钠加在 100mL 蒸馏水中，煮沸使充分溶解，然后用砂芯漏斗过滤。用所得滤液如前述方法调糊铺板，这样的薄层板具有足够的机械性能，可以用铅笔在上面写字或作其他记号，但需注意在活化时严格控制烘焙温度，以免温度过高引起纤维素碳化而使薄层变黑。

（2）涂布器制板法。图 3-44 为薄层涂布器。将几块玻璃板放在涂布器中间摆好，两边是两块比前者约厚 0.5mm 的玻璃板，向涂布器槽中倒入预先调好的糊状吸附剂，将涂布器自左向右推去即能将糊状物均匀地涂在玻璃板上。待晾干定型之后，将几块玻璃板分开，刮去边上多余的吸附剂即得到一定厚度的薄层层析板。

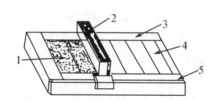

1—铺好的薄层板　2—涂布器　3，5—厚玻板　4—玻璃板

图 3-44　薄层涂布器

（3）较大薄层板的铺制。供分离纯化用的薄层板具有较大的尺寸，通常都是用蒸馏水来调制糊状物的，方法同前。铺板的方法如下：

倾注法　将玻璃板平放在台面上，把研好的糊状物迅速倾倒在玻璃板上，用干净玻璃棒摊平，或手托玻璃板微微倾斜，并轻轻敲击玻璃板背面，使之流动，即可获得平整均匀的薄层。

刮平法　将待铺玻璃板平放台面上，在其长条方向的两边各放一条比玻璃板厚 1mm 的玻璃板条。将调好的糊状物倒在中间的玻板上，用一根有机玻璃尺将糊状物沿一个方向刮平，即形成厚 1mm 的均匀薄层。待固化定型后抽去两边的玻璃板条即可。

大薄层板的活化及存放方法与载玻片相同。

　　不管以何种方法铺板，都要求铺得的薄层厚薄均一，没有纹路，没有团块凸起。纹路或团块的产生原因是糊状物调得不均匀，或铺制太慢，或在局部固化的板子上又加入新的糊状物，所以为获得均匀的薄层，应动作迅速，一次研匀，一次倾倒，一次铺成。

　　2. 活化

　　将晾干后的薄板移入烘箱内"活化"。活化的温度因吸附剂不同而不同。硅胶薄板在 105~110℃烘焙 0.5~1h 即可；氧化铝薄板在 200~220℃烘焙 4h，其活性约为Ⅱ级，若在 150~160℃烘焙 4h，活性相当于Ⅲ~Ⅳ级。活化后的薄层板就在烘箱内自然冷却至接近室温，取出后立即放入干燥器内备用。

　　3. 点样

　　固体样品通常溶解在合适的溶剂中配成 1%~5%的溶液，用内径小于 1mm 的平口毛细管吸取样品溶液点样。点样前可用铅笔在距薄层板一端约 1cm 处轻轻地画一条水平横线作为"起始线"。然后将样品溶液小心地点在"起始线"上。样品斑点的直径一般不应超过 2mm。如果样品溶液太稀需要重复点样时，须待前一次点样的溶剂挥发之后再点样。点样时毛细管的下端应轻轻接触吸附剂层。如果用力过猛，会将吸附剂层戳成一个孔，影响吸附剂层的毛细作用，从而影响样品的 R_f 值。若在同一块板上点两个以上样点时，样点之间的距离不应小于 1cm。点样后待样点上溶剂挥发干净才能放入展开槽中展开。

　　4. 展开

　　展开剂带动样点在薄层板上移动的过程称为展开。展开过程是在充满展开剂蒸气的密闭的展开槽中进行的。展开的方式有直立式、卧式、斜靠式、下行式、双向式等。

　　直立式展开是在立式展开槽中进行的，如图 3-41（a）所示。先在展开槽中装入深约 0.5cm 的展开剂，盖上盖子放置片刻，使蒸气充满展开槽，然后将点好样的薄层板小心地放入其中，使点样端向下（注意展开剂不可浸及样点），盖好盖子。由于吸附剂的毛细作用，展开剂缓缓向上爬升。如果展开剂选得合适，样点也随之展开。当展开剂前沿升至距薄层板上端约 1cm 处时取出薄层板并立即标记出前沿位置。分别测量各样点中心及前沿到起始线的距离，计算各组分的比移值。如果样品中各组分的比移值都较小，则应该换用极性大一些的展开剂；反之，如果各组分的比移值都较大，则应换用极性小一些的展开剂。每次更换溶剂，必须等展开槽中前一次的溶剂挥发干净后，再加入新的溶剂。更换溶剂后，必须更换薄层板并重新点样、展开，重复整个操作过程。直立式展开只适合于硬板。

卧式展开如图 3-41（b）所示，薄层板倾斜 15° 放置，点样端向下，涂层向上，操作方法同直立式，只是展开槽中所放的展开剂应更浅一些。卧式展开既适用于硬板，也适用于软板。斜靠式展开如图 3-41（c），（d），（f）所示，薄层板的倾斜角度在 30°～90° 之间，一般也只适合于硬板。

下行式展开如图 3-41（e）所示。薄层板竖直悬挂在展开槽中，一根滤纸条或纱布条搭在展开剂和层析板上沿，靠毛细作用引导展开剂自板的上端向下展开。此法适合于比移值较小的化合物。

双向式展开是采用方形玻璃板铺制薄层，样品点在角上，先向一个方向展开，然后转动 90° 再换一种展开剂向另一方向展开。此法适合于成分复杂或较难分离的混合物样品。

用于分离的大块薄层板，是在起点线上将样液点成一条线，使用足够大的展开槽展开，如图 3-41（f）所示，展开后成为带状，用不锈钢铲将各色带刮下分别萃取，各自蒸去溶剂，即可得到各组分的纯品。

若无展开槽，可用带有螺旋盖的广口瓶代替，如图 3-41（c）所示。若展开槽较大，则应预先在其中放入滤纸衬里，如图 3-41（c），（d），（f）所示。衬里的作用是使展开剂沿衬里上升并挥发，使展开剂蒸气迅速充满展开槽。

5. 显色

分离和鉴定无色物质，必须先经过显色，才能观察到斑点的位置，判断分离情况。常用的显色方法有如下几种：

（1）碘蒸气显色法。由于碘能与很多有机化合物（烷烃和氯代烃除外）可逆地结合形成有颜色的络合物，所以先将几粒碘的晶体置于广口的密闭容器中，碘蒸气很快地充满容器，再将展开后的薄板（溶剂已挥发干净）放入其中并密闭起来，有机化合物即与碘作用而呈现出棕色的斑点。取出薄层板后应立即标记出斑点的位置和形状（因为碘易挥发，斑点的棕色在空气中很快就会消失），计算 R_f 值。

（2）紫外光显色法。如果被分离（或分析）的样品本身是荧光物质，可在暗处在紫外灯下观察到它的光亮的斑点。如果样品并无荧光性，可以选用加有荧光剂的吸附剂来制备薄板，或在制板时加入适量荧光剂，或在制好的薄板上用喷雾法喷洒荧光剂以制取荧光薄板。荧光薄板经点样、展开后取出，标记好前沿，待溶剂挥发干后放在紫外灯下观察。有机化合物在光亮的背景上呈现暗红色斑点。标记出斑点的位置和形状，计算 R_f 值。

（3）试剂显色法。除了上述显色法之外，还可以根据被分离（分析）化合物的性质，采用不同的试剂进行显色，一些常用显色剂及被检出物质列在表

3-9中。操作时，先将薄层板展开，风干，然后用喷雾器将显色剂直接喷到薄层板上，被分开的有机物组分便呈现出不同颜色的斑点。及时标记出斑点的形状和位置，计算比移值。

6. 计算比移值

表 3-9   一些常用显色剂及被检出物质表

显 色 剂	配 制 方 法	被检出物质
浓硫酸*	直接使用98%的浓硫酸	通用试剂，大多数有机物在加热后显黑色斑点
香兰素-浓硫酸	1%香兰素的浓硫酸溶液	冷时可检出萜类化合物，加热时为通用显色剂
四氯邻苯二甲酸酐	2%四氯邻苯二甲酸酐溶液 溶剂：丙酮：氯仿 = 10∶1	可检出芳香烃
硝酸铈铵	6%硝酸铈铵的2mol/L硝酸溶液	检出醇类
铁氰化钾-三氯化铁	1%铁氰化钾水溶液与2%的三氯化铁水溶液使用前等体积混合	检出酚类
2，4-二硝基苯肼	0.4% 2，4-二硝基苯肼的2mol/L盐酸溶液	检出醛酮
溴酚蓝	0.05%溴酚蓝的乙醇溶液	检出有机酸
茚 三 酮	0.3g茚三酮溶于100mL乙醇中	检出胺、氨基酸
氯 化 锑	三氯化锑的氯仿饱和溶液	甾体、萜类、胡萝卜素等
二甲氨基苯胺	1.5g二甲氨基苯胺溶于25mL甲醇、25mL水及1 mL乙酸组成的混合溶液中	检出过氧化物

注：以 CMC 为黏合剂的硬板不宜用硫酸显色，因为硫酸也会使 CMC 碳化变黑，整板黑色而显不出斑点位置。

十一、纸 层 析

纸层析是分配层析中的一种，可用于分析鉴定，也可用于微量样品的分离，特别是在鉴定高极性、亲水性强或官能团多的化合物时，其效果往往优于薄层层析，所以多用于醇类、糖类、生物碱、氨基酸等天然物质的鉴定与分离。纸层析 R_f 值的重现性总的说来比薄层层析好一些，层析纸也比薄层板易于保存，这是其优点。但纸层析一般只适于微量操作。即使用很多层滤纸重叠起来，一次分离的样品量一般也不会超过 0.5mg；而且展开的时间长，一次操作常需数小时甚至数十小时，这使得它的应用受到一定的限制。

（一）原理

如果将被萃取的溶液浸渍在某种固体上，使萃取溶剂持续不断地流经其表面，溶质也就不断地从原溶剂转移到萃取溶剂中来，这样的过程叫做分配层析。在分配层析中，萃取溶剂叫做流动相或淋洗剂，有时也简称溶剂。被萃取的溶液中原来的溶剂叫做固定相或固定液。而供原溶液浸渍的那种固体只起支持和负载固定液的作用，所以称为支持剂或载体。原溶液中的溶质则是待分离或待鉴定的混合物。

纸层析也称纸色谱或纸色层，是以纸为载体，以吸附于纸纤维中的水或水溶液为固定相，以部分与水互溶的有机溶剂为流动相的分配层析。

纸纤维是由很多个葡萄糖分子组成的大分子，其中含有多个羟基。羟基是亲水基团，所以具有很强的吸水性，可吸留 20% ~ 25% 的水，其中约有 6% 的水以氢键形式与纸纤维结合形成复合物。在靠近纸的一端处点样，将该端的边沿浸在有机溶剂中。由于纸纤维的毛细作用，有机溶剂会沿着纸向另一端移动，并带动样品前进。样品在前进过程中即在水相和有机相之间进行连续多次的分配。亲脂性稍强的组分较多地分配于流动相中，前进的速度会快一些；反之，亲水性稍强的组分则较多地分配于固定相中，前进的速度就会慢一些。经历反复多次分配之后，各组分之间就逐渐拉开距离，终至完全分离。如果样品各组分为有色物质，分离后就会在不同高度的位置上显现出有颜色的斑点。若样品无色，可采用适当的方法显色。测量出原点到组分斑点的距离以及原点到溶剂前沿的距离，即可像 TLC 那样计算出该组分的 R_f 值。

（二）载体、固定相和展开剂

纸层析所用的层析纸应该均匀平整、无折痕，边缘整齐，有合适的机械强度，表面洁白，纯度高，含杂质少。层析纸的纸纤维松紧应适宜，过紧则展开太慢，过松则样点易于扩散。普通纸层析实验对层析纸的要求并不苛刻，实验室中常用的滤纸可满足一般要求。在严格的研究工作中则需慎重选择层析纸，并作净化处理。处理的方法是将纸放在 2mol/L 醋酸中浸泡数日，取出用蒸馏水洗净，以除去纸中的无机离子；再以 1∶1 的丙酮-乙醇混合液浸泡一周以上，以除去纸中的大部分有机杂质，取出风干备用，使用前还要作充分干燥。若作分离用时，可把多层滤纸摞成整齐的一叠，像单层纸一样展开。

纸层析常使用水或水溶液作为固定相，如正丁醇的水溶液等。当分离极性较小的化合物时，常用甲酰胺或二甲基甲酰胺溶液浸渍于层析纸上作固定相。在分离弱极性或非极性化合物时，则可以反过来以有机溶剂浸渍于层析纸上作固定相，而以水溶液或不相溶混的有机溶剂作为流动相，称为反相层析法。

纸层析中所用的展开剂是与水部分互溶的有机溶剂，挥发性不宜太大。多数情况下不使用单一溶剂，而使用两组分或多组分的混合溶剂，在使用之前先用水饱和。例如在分离氨基酸时常采用下列展开剂：正丁醇∶醋酸∶水（12∶3∶5）；正丁醇∶吡啶∶水（1∶1∶1）；乙醇∶水∶浓氢氧化铵（180∶10∶10）；叔丁醇∶水∶甲乙酮∶乙二胺（80∶80∶40∶8）。

（三）纸层析操作

（1）点样。纸层析的点样与薄层层析相似，可用毛细管、微量滴管、微量注射器或微量移液管点样。液体样品可直接点样，固体样品可用与展开剂相同或相似的溶剂配制成溶液来点样。溶液的浓度可用试验法确定，一般先从 1% 试起，逐步调整到合适的浓度。样液点在距层析纸一端约 4cm 处，样点直径不宜超过 2mm。若在同一张层析纸上点几个样点，则应点在同一水平线上，间距 1~2cm。在用多层滤纸分离样品时，将样液点成一条线，展开后按色带剪开，分别以溶剂萃取，各自蒸去溶剂即得到纯净的组分。点样时管尖不可触及滤纸，而只使露出管尖的半滴样液触及滤纸。

（2）展开。展开在密闭的、充满展开剂蒸气的展开槽中进行。展开前常需在加有展开剂的展开槽中放置滤纸衬里，展开剂沿衬里上升并挥发，在较短时间内使其中的展开剂蒸气达到饱和。然后将点好样的层析纸放入，使点有样品的一端浸在展开剂中，但不可浸及样点。观察展开情况，待展开剂前沿到达离层析纸另一端约 1.5cm 处，取出层析纸，像薄层层析一样计算 R_f 值。纸层析的展开方式也有上行法、下行法、双向展开法等。上行法（图 3-45（a））是将层析纸垂直挂在展开槽中，下端浸在展开剂中，展开剂靠毛细作用沿纸上行，带动样点前进并逐步分离样品，装置简单，操作方便，应用最广，但展开速度慢，分离效果不高。下行法（图 3-45（b））是将层析纸搭挂在展开槽上部的盛液小槽中，展开剂自上而下沿纸前进，既有毛细作用，亦有重力作用，所以展开较快，对于 R_f 值较小的或分子较大的组分的分离，效果优于上行法。

对于组分特别复杂，难于分离的样品，可采用双向展开法，将样品点在层析纸一角，先用一种展开剂沿纸的一个方向展开，取出干燥后更换另一种展开剂，沿着与第一次展开方向垂直的方向作第二次展开。

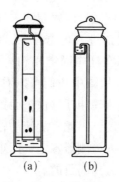

(a)　　　(b)

图 3-45　纸层析的展开

（3）显色。纸层析的显色法与薄层层析大致类同，碘蒸气显色法、紫外光显色法等通用方法也适合于纸层析，但浓硫酸、浓硝酸等显色法不适合于纸层析。纸层析多采用化学显色剂喷雾显色的方法，如茚三酮溶液适于蛋白质、氨基酸及酰的显色；硝酸银氨溶液适合于糖类的显色；pH 指示剂适合于有机酸、碱的显色等。

十二、气相色谱

气相色谱（gas chromatography，GC）发展极为迅速，已成为许多工业部门（如石油、化工、制药环保等部门）必不可少的工具。气相色谱主要用于分离和鉴定气体和挥发性较强的液体混合物，对于沸点高、难挥发的物质可用高压液相色谱进行分离鉴定。

气相色谱常分为气-液色谱（GLC）和气-固色谱（GSC），前者属于分配色谱，后者属于吸附色谱。本章主要介绍气-液色谱法。

（一）原理

气相色谱中的气-液色谱法属于分配色谱，其原理与纸色谱类似，都是利用混合物中各组分在固定相与流动相之间分配情况不同，从而达到分离的目的。所不同的是气-液色谱中的流动相是载气，固定相是吸附在载体或担体上的液体。担体是一种具有热稳定性和惰性的材料，常用的担体有硅藻土、聚四氟乙烯等。担体本身没有吸附能力，对分离不起什么作用，只是用来支撑固定相，使其停留在柱内。分离时，先将含有固定相的担体装入色谱柱中。色谱柱通常是一根弯或螺旋状的不锈钢管，内径约为 3mm，长度由 1m 到 10m 不等。当配成一定浓度的溶液样品，用微量注射器注入气化室后，样品在气化室中受热迅速汽化，随载气（流动相）进入色谱柱中，由于样品中各个组分的极性和挥发性不同，气化后的样品在柱中固定相和流动相之间不断地发生分配平衡，分离过程如图 3-46 所示。从图中我们可以看出，挥发性较高的组分由于在流动相中溶解度大，因此随流动相迁移快，而挥发性较低的组分在固定相中溶解度大于在流动相中的溶解度，因此，随流动相迁移慢。这样，易挥发的组分先随流动相流出色谱柱，进入检测器鉴定，而难挥发的组分随流动相移动得慢，后进入检测器，从而达到分离的目的。

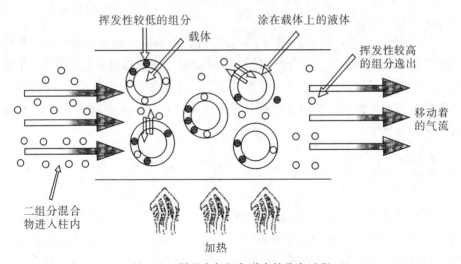

图 3-46　样品在气相色谱中的分离过程

（二）气相色谱仪及色谱分析

气相色谱仪由气化室、进样器、色谱柱、检测器、记录仪、收集器组成，如图 3-47 所示。

通常使用的检测器有热导检测器和氢火焰、离子化检测器。热导检测器是将两根材料相同、长度一样且电阻值相等的热敏电阻丝作为一惠斯通（Wheat-

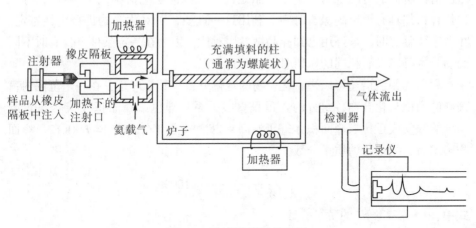

图 3-47　气相色谱仪示意图

stone）电桥的两臂，利用含有样品气的载气与纯载气热导率的不同，引起热敏丝的电阻值发生变化，使电桥电路不平衡，产生信号。将此信号放大并记录下来就得到一条检测器电流对时间的变化曲线，通过记录仪画在纸上便得到了一张色谱图。图 3-48 给出了一张典型的气相色谱样品分析图。

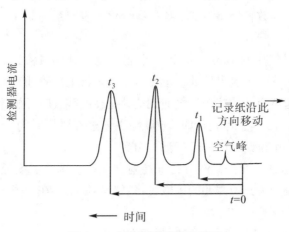

图 3-48　气相色谱样品分析图

　　图中除空气峰以外，其余三个峰均代表样品中的三个组分。t_1，t_2，t_3 分别是三个组分的保留时间。所谓保留时间，就是一个化合物从注入时刻起到流出色谱柱所需的时间。当分离条件给定时，就像薄层色谱中的 R_f 一样，每一种化合物都具有恒定的保留时间。利用这一性质，可对化合物进行定性鉴定。在做定性鉴定时，最好用已知样品做参照对比，因为在一定条件下，有时不同的物质也可能具有相同的保留时间。

利用气相色谱还可以进行化合物的定量分析。其原理是：在一定范围内色谱峰的面积与化合物各组分的含量呈直线关系。即色谱峰面积（或峰高）与组分的浓度成正比。峰面积 A 等于峰高乘以半峰宽 $W/2$，即 $A = H \times W/2$。峰面积确定后，某组分的质量分数为

$$x_i = \frac{A_t}{A_1 + A_2 + A_3 + \cdots + A_n} \times 100\%$$

式中：x_i——组分 i 的质量分数；

　　A_1，A_2，$\cdots$，A_3，$\cdots$，A_n——组分 i 的峰面积。

（三）实验操作

（1）检查所有的电源和加热开关，确保在关的位置。所有其他的开关旋钮完全在逆时针位置。

（2）打开氦气流，调节进气压到适当的流量。

（3）调节进气流到 25psi，关掉出气口和进气钢瓶的开关。如果系统不漏气，钢瓶压力表读数将保持不变，如果有变化，表明系统漏气，应该找实验老师解决。

（4）调节进气压到 10psi，并用一个肥皂流量计测量流速。将装有 3%肥皂液的流量计放置于气流出口处。慢慢挤压流量计上橡胶球直到球内的肥皂液和逸出气流顶起整个计量柱。当气泡到达计量柱的零线时开始计时。当气泡达到计量柱上刻度 10 时，停止计时，600 除以该过程所用时间（秒）所得到的数值就是流速，单位是 mL/min（毫升/分钟）。

（5）打开总电源开关，然后打开注射加热器，调节温度控制到所设置的位置，调节气流开关到所需要的读数，将衰减器旋钮放在无限大位置。

（6）打开记录仪开关。

（7）让基线回零并稳定。这段等待时间可以准备样品，回零记录仪。此时衰减器旋钮要回到所需的位置上。

（8）调节衰减器并使用色谱控制来使其归零，让衰减器位置在最大灵敏度时重复这样归零过程。当温度稳定后，就会得到一条很直的基线。

（9）注射样品。

（10）如果样品峰信号太低，将衰减器旋钮朝增大的方向扭动，直到能清楚观察每个组分的峰。

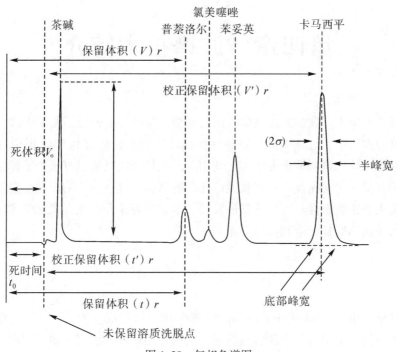

图 1.29　气相色谱图

（11）实验结束后，应关闭所有的电源，所有的控制按钮度应该回到完全逆时针的位置，保持载有流动直到柱内温度低于 90℃。关闭氢气流并清洁注射器。

【注意事项】

［1］确保你记下了如下的仪器参数：气体流动速度、衰减器旋钮读数、桥电流大小、柱内温度、记录仪记录纸速度（如果不是计算机记录）、样品大小。

［2］每个样品峰上应该标注相应的样品名称。

第四章　波谱技术简介

近几十年来发展起来的波谱方法已成为非常重要的研究结构的手段。在众多的物理方法中，红外光谱、核磁共振谱、质谱、紫外光谱广泛用于有机分析。除质谱外，这些波谱方法都是利用不同波长的电磁波对有机分子作用。波谱法具有微量、快速及不破坏被测试样品的结构等优点，它的出现促进了复杂的有机化合物的研究和有机化学的发展。本教材着重介绍在有机化学实验中使用更为普遍的红外光谱和核磁共振谱。

一、红 外 光 谱

红外光谱（infrared spectroscopy）简称 IR。根据红外光谱，可以定性地推断分子结构，鉴别分子中所含有的基团，也可用红外光谱定量地鉴别组分的纯度和进行剖析工作。在有机化学理论研究上，红外光谱可用于推断分子中化学键的强度，测定键长和键角，也可推算出反应机理等，它具有迅速准确、样品用量少等优点，多用于定性分析。用于定量分析时，则灵敏度较差，准确度也不高。

（一）原理

红外光线是一种波长大于可见光的电磁波。根据波长不同一般分为三个波长区：①近红外区：$0.78 \sim 2.5 \mu m$（$12\,820 \sim 4\,000 cm^{-1}$）；②中红外区：$2.5 \sim 50 \mu m$（$4\,000 \sim 200 cm^{-1}$）；③远红外区：$50 \sim 1\,000 \mu m$（$200 \sim 10 cm^{-1}$）；一般所说的红外光谱就是中红外的光谱。

当用中红外区的红外光扫描照射某种物质时，物质会对不同波长的光产生特有的吸收，这样随着红外单色光波长的连续变化而吸收（透射比）不断变化，两者之间的曲线就称为该物质的红外吸收光谱。图4-1是8-羟基喹啉的红外光谱图。

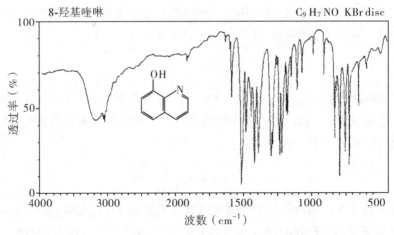

图 4-1　8-羟基喹啉的红外光谱

红外光谱图中横坐标表示波长 λ（单位是微米 μm，$1\mu m=10^{6}m$）或波数 $\tilde{\nu}$（单位是 cm^{-1}），两者为倒数关系$\left(\tilde{\nu}=\dfrac{1}{\lambda}10^{4}\right)$，纵坐标表示透射比 T。它是透射光强 I 与入射光强 I_0 之比（I/I_0）。纵坐标还可以用吸光度作单位。

（二）红外光谱与分子结构

化合物样品对红外线吸收而形成的红外光谱与化合物的分子结构有什么关系呢？

为了简便，以双原子分子为例说明。把分子内某两个原子设想成为两个小球，它们之间的化学键可设想为连接两个小球的弹簧，这两个原子在其平衡位置附近以很小的振幅作周期性振动。它们的振动频率决定于这两个小球的质量（原子质量）和弹簧的力常数即弹力（化学键等原子间力的大小）；反之，这两个条件固定，其振动频率也固定。双原子分子的振动频率可以波数表示：

$$\nu=\frac{1}{2\pi}\sqrt{\frac{K}{\mu}}\quad\text{或}\quad\tilde{\nu}=\frac{1}{2\pi c}\sqrt{\frac{K}{\mu}}$$

式中：ν 是频率，$\tilde{\nu}$ 是波数，c 是光速，K 是化学键力常数，μ 是原子的折合质量$\left(\mu=\dfrac{m_1m_2}{m_1+m_2}\right)$。由此可见，双原子分子的振动频率与化学键的力常数成正比，与原子的折合质量成反比。它的这种固有振动频率称为基频，这时的能量状态称为基态。

当分子吸收外界的能量时其振动频率就要发生改变，从基态跃迁到激发态能级上去。从量子力学的观点来看，它的能级是量子化的：

$$E_{振} = \left(v + \frac{1}{2}\right)h\nu$$

式中：v 是振动量子数（0，1，2，3，…），h 是普朗克常数（6.626×10^{-34} J·s），ν 是振动频率。因此，它发生能级跃迁所吸收的外界能量只能是两能级间能量之差，而且与其频率有关：

$$\Delta E = h\nu = \sqrt{\frac{K}{\mu}}$$

如果分子是由吸收外界的红外光线获得能量而发生能级跃迁的，那么从上边的分析可看出：较强的键（力常数大）在较高的频率（波长较短）下有吸收；较弱的键在较低的频率（波长较长）下有吸收。单、双、叁键的化学键力常数和波数如表 4-1 所示。

表 4-1　单、双、叁键的化学键力常数和波数

键	$K/$（N·cm^{-1}）	$\bar{\nu}/$cm^{-1}
C—C	4.5	≈ 990
C=C	10.0	$\approx 1\,620$
C≡C	15.6	$\approx 2\,100$

因对应于较重的原子有较低的振动频率，所以它将会在较低的频率（波长较大）下有吸收。如 HCl 和 DCl，两者力常数相同，折合质量 DCl>HCl，则吸收频率 HCl（2 885.9 cm^{-1}）>DCl（2 090.8 cm^{-1}）。

化合物分子中各种不同的基团是由不同的化学键和原子组成的，因此它们对红外线的吸收频率必然不相同，这就是利用红外吸收光谱测定化合物结构的理论根据。

实际上化合物分子的运动方式是多种多样的，有整个分子的平动、转动、分子内原子的振动等，但只有分子内原子的振动能级才相应于红外线的能量范围。因此，化合物的红外光谱主要是原子之间的振动产生的，有人也称为振动光谱。因原子之间的振动与整个分子和其他部分的运动关系不大，所以不同分子中相同官能团的红外吸收频率基本上是相同的，这就是红外光谱得以广泛应

用的主要原因。

多原子分子的振动形式很多，可分为以下几种方式

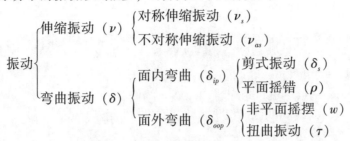

这些振动方式按能量高低和频率顺序为：$\nu_{as} > \nu_s$

多原子分子总的基本振动数（振动自由度）与其原子数目（N）有关：线性分子为（$3N-5$），非线性分子为（$3N-6$）。理论上，每个振动自由度在红外光谱区均将产生一个吸收峰带，但实际上由于种种原因峰数往往少于基本振动数目。

分子内各基团的振动不是孤立的、会受邻近基团及整个分子其他部分的影响，如诱导效应、共轭效应、空间效应、氢键效应等的影响，致使同一个基团的特征吸收不总是固定在同一频率上，会在一定范围内波动。

（三）红外光谱仪

1. 红外光谱仪结构

图 4-2 所示为红外光谱仪。

图 4-2　傅里叶红外光谱仪

2. 工作原理

红外光源傅里叶变换红外光谱仪主要由红外光源、迈克尔逊干涉仪、检测器、计算机和记录系统五部分组成；红外光经迈克尔逊干涉仪照射样品后，再

经检测器将检测到的信号以干涉图的形式送往计算机，进行傅里叶变换的数学处理，最后得到红外光谱。

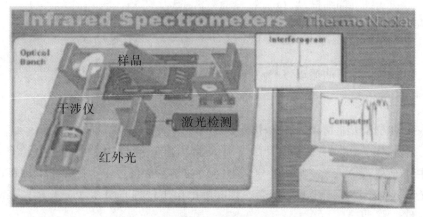

图 4-3 傅里叶红外光谱仪的基本组成

(四) 红外光谱测定

1. 载样材料的选择

目前以中红外区（波长范围为 4 000~400cm^{-1}）应用最广泛，一般的光学材料为氧化钠（4 000~600cm^{-1}）、溴化钾（4 000~400cm^{-1}）。这些晶体很易吸水使表面"发乌"，影响红外光的透过。为此，所用的窗片应放在干燥器内，要在湿度较小的环境操作。另外，晶体片质地脆，而且价格较贵，使用时要特别小心，对水样品的测试应采用 KRS-5 窗片（4 000~250cm^{-1}）、ZnSe（4 000~500cm^{-1}）和 CaF$_2$（4 000~1 000cm^{-1}）等材料。近红外区用石英和玻璃材料，远红外区用聚乙燃材料。

2. 样品的制备

（1）固体样品的制法（溴化钾压片法）。

①所用仪器：玛瑙研钵、压片模具、压片机，如图 4-4 所示。

②步骤：从干燥器中将模具、溴化钾晶体取出，在红外灯下用镊子取酒精药棉，将所用的玛瑙研钵、刮匙、压片模具的表面等擦拭一遍，烘干。用镊子取 200~300mg 无水溴化钾与 2~3mg 试样于玛瑙研钵中，将其研碎成细粉末并充分混匀。用剪子将一直径约 1.5cm 的硬纸盘片剪成内圆直径约 1.3cm 的纸环，并放在一模具面中心。用刮匙把磨细的粉末均匀地放在纸环内，盖上另一

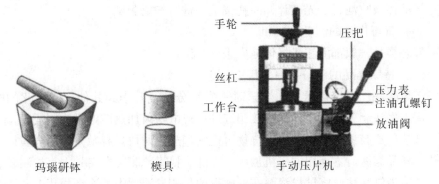

图 4-4　压模组装图

玛瑙研钵　　　　模具　　　　　　手动压片机

块模具，放入压片机中进行压片。压好的溴化钾盘片在样品架上夹好放入红外光谱仪中扫谱测试。

　　③压片机的操作方法：先将注油孔螺钉旋下，顺时针拧紧放油阀，将模具置于工作台的中央，用丝杠拧紧后，前后摇动手动压把，达到所需压力（6～7MPa），保压几分钟后，逆时针松开放油阀，取下模具即可。

　　（2）液体样品的制备（液膜法）。

　　①所用的仪器：液体吸收池如图 4-5 所示。

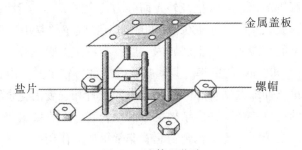

图 4-5　液体吸收池

　　②操作步骤：

　　将液体吸收池的两块盐片从干燥器中取出，在红外灯下用酒精药棉将其表面擦拭一遍，烘干。

　　将盐片放在吸收池的孔中央，在盐片上滴一滴试样，将另一盐片压紧并轻轻转动，以保证形成的液膜无气泡，组装好液池试样测试——即将滴有样品的两盐片夹在金属盖板孔中心用螺帽旋紧组成液池试样。

将液体吸收池置于光度计样品托架上，进行扫谱测试。

（3）气态样品的制备。

气态样品一般都灌注于气体池内进行测试。

（4）特殊样品的制备——薄膜法。

①熔融法：对熔点低，在熔融时不发生分解、升华和其他化学变化的物质，用熔融法制备。可将样品直接用红外灯或电吹风加热熔融后涂制成膜。

②热压成膜法：对于某些聚合物可把它们放在两块具有抛光面的金属块间加热，样品熔融后立即用油压机加压，冷却后揭下薄膜夹在夹具中直接测试。

③溶液制膜法：将试样溶解在低沸点的易挥发溶剂中，涂在盐片上，待溶剂挥发后成膜来测定。如果溶剂和样品不溶于水，使它们在水面上成膜也是可行的。比水重的溶剂在汞表面成膜。

（五）红外光谱解析

人们在研究大量有机化合物红外光谱图的基础上发现，不同化合物中相同的官能团和某些化学键在红外光谱图中有大体相同的吸收频率，一般称之为官能团或化学键的特征吸收频率。特征吸收频率受分子具体环境的影响较小，在比较狭窄的范围出现，彼此之间极少重叠，且吸收强度较大，很容易辨认，这是红外光谱用于分析化合物结构的重要依据。

为了便于解析图谱，通常把红外光谱分为两个区域：官能团区和指纹区。

官能团区：波数 $4\,000 \sim 1\,400 \text{cm}^{-1}$ 的频率，吸收主要是由于分子的伸缩振动引起的，常见的官能团在这个区域内一般都有特定的吸收峰。

指纹区：$<1\,400 \text{cm}^{-1}$ 的频率，其间吸收峰的数目较多，是由化学键的弯曲振动和部分单键的伸缩振动引起的，吸收带的位置和强度因化合物而异。如同人彼此有不同的指纹一样，许多结构类似的化合物，在指纹区仍可找到它们之间的差异。因此指纹区对鉴定化合物起着非常重要的作用。如在未知物的红外光谱图中的指纹区与某一标准样品相同，就可以断定它和标准样品是同一化合物。

分析红外光谱的顺序是先官能团区，后指纹区；先高频区，后低频区；先强峰，后弱峰。即先在官能团区找出最强的峰的归宿，然后再在指纹区找出相关峰。对许多官能团来说，往往不是存在一个而是存在一组彼此相关的峰，即是说，除了主证，还需有佐证才能证实其存在。常见官能团和化学键的特征吸收频率见表4-2。

表 4-2　常见官能团和化学键的特征吸收频率

基团		频率（cm^{-1}）	强度
烷基	C—H（伸缩）	2 853~2 962	（m~s）
	—CH（CH_3）$_2$	1 380~1 385，1 365~1 370	（s）
	—C（CH_3）$_3$	1 385~1 395	（m）
		~1 365	（s）
烯烃基	C—H（伸缩）	3 010~3 095	（m）
	C=C（伸缩）	1 620~1 680	（v）
	R—CH=CH_2	985~1 000，905~920	（s）
	R_2C=CH_2　C—H面外弯曲	880~900	（s）
	（Z）—RCH=CHR	675~730	（s）
	（E）—RCH=CHR	960~975	（s）
炔烃基	≡C—H　（伸缩）	~3 300	（s）
	C≡C　（伸缩）	2 100~2 260	（v）
芳烃基	Ar—H（伸缩）	~3 030	（v）
	芳环取代类型（C—H面外弯曲）		
	一取代	690~710，730~770	（v，s）
	邻二取代	735~770	（s）
	间二取代	680~725，750~810	（s）
	对二取代	790~840	（s）
醇、酚和羧酸	OH（醇、酚）	3 200~3 600	（宽，s）
	OH（羧酸）	2 500~3 600	（宽，s）
醛、酮、酯和羧酸	C=O（伸缩）	1 690~1 750	（s）
胺	N—H（伸缩）	3 300~3 500	（m）
腈	C≡N（伸缩）	2 200~2 600	（m）

二、核磁共振氢谱

核磁共振谱（Nuclear Magnetic Resonance Spectroscopy）简称 NMR。核磁

共振仪的发展在测定分子结构和物理特性上起了很重要的作用，特别是对碳架上的不同氢原子，用核磁共振仪可以准确地测定它们的位置及数目。

（一）基本原理

1. 核磁共振现象

许多原子具有自旋的特性。核自旋量子数 $I \neq 0$ 的原子核在外磁场作用下可能有 $2I-1$ 个取向，每一个取向都可以用一个自旋磁量子数（m）来表示。^{1}H 核的 $I = 1/2$，在外磁场中有两个取向，存在两个不同的能级，两能级的能量差 ΔE 与外磁场强度成正比，让处于外加磁场中的 ^{1}H 核受到一定频率的电磁波辐射，当辐射所提供的能量（$h\nu$）恰好等于 ^{1}H 核两能级的能量差（ΔE）时，^{1}H 核便吸收该频率电磁辐射的能量从低能级向高能级跃迁，即发生所谓"共振"，此时核磁共振仪中产生吸收信号。从理论上讲，无论改变外加磁场的强度（扫场）或者是改变辐射的无线电波的频率（扫频），都能达到质子翻转的目的。能量的吸收可以用电的形式测量得到，并以峰谱的形式记录下来，这种由于氢核吸收能量所引起的共振现象，称为氢核磁共振（^{1}HNHR）。由于频率差更易正确地测定，实际工作中通常采用扫频的方法。

核磁共振仪结构图如图 4-6 所示。

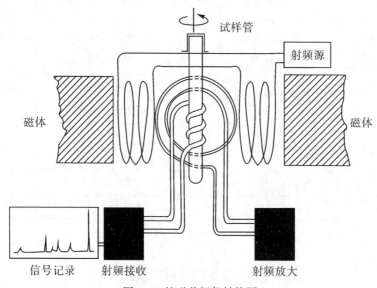

图 4-6 核磁共振仪结构图

2. 化学位移

上述的共振现象是周围没有电子的裸质子。有机化合物中的质子与独立的质子不同，它的周围还有电子，这些电子在外界磁场的作用下发生环流运动，产生一个对抗外加磁场的感应磁场。感应磁场可以使质子感受到的磁场产生增大和减小两种效应，这取决于质子在分子中的位置和它的化学环境。假若质子周围的感应磁场与外加磁场反向，这时质子感受到的磁场将减少，产生屏蔽效应。相反，感应磁场与外加磁场同向，此时质子感受到的磁场就增加了，即受到了所谓去屏蔽效应。相同的质子如果它们在分子中的位置不同，那么将在不同的强度处发生共振吸收，给出信号，这种现象称为化学位移（chemical shift）。一般用 δ 表示。

由于化学位移难以精确测量，有机化合物中质子所经受的屏蔽效应可以用它对标准物质四甲基硅烷（TMS）来进行比较。化学位移一般用信号离 TMS 若干 ppm（百万分之一）表示，其计算方法为

$$\delta = \frac{\nu_{样品} - \nu_{TMS}}{\nu_{仪器}} \times 10^6 \text{ ppm}$$

式中：$\nu_{样品}$ 为某 ^1H 核的共振频率；ν_{TMS} 为标准物质四甲基硅烷的共振频率；$\nu_{仪器}$ 为核磁共振仪的照射频率。

3. 峰面积

在核磁共振谱图中，每组峰的面积与产生这组信号的质子数目成正比。如果把各组信号的面积进行比较，就能确定各种类型质子的相对数目。现在的核磁共振仪可以将每个吸收峰的面积进行电子积分，并在谱图上记录下积分数据。

4. 自旋裂分

有机物分子中的 ^1H 核的自旋磁矩可以通过化学键的传递相互作用，称为自旋耦合（spin-spin coupling）。自旋耦合可引起核磁共振吸收信号的分裂而使谱线增多，叫做自旋-自旋裂分（spin-spin splitting）。相信两个峰之间的距离称为耦合常数，以 J 表示，其单位为赫（Hz）。耦合常数的大小与核磁共振仪所用的频率无关。表现在谱图中质子的裂分的峰数是有规律的，当与某一个质子邻近的质子数为 n 时，该质子核磁共振信号裂分为 $n+1$ 重峰，其强度也随裂分发生有规律的变化。

在如下正溴丁烷的 ^1HNMR 谱图（图 4-7）中，亚甲基和甲基上的质子所产生的吸收峰都不是单峰，而是四重峰和三重峰。这就是受邻近质子的自旋耦合而产生的谱线增多的结果。

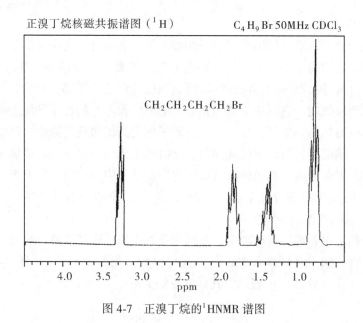

图 4-7　正溴丁烷的¹HNMR 谱图

（二）核磁共振的测定

1. 样品的制备

要想获取分子内部结构信息的分辨程度很高的谱图，一般应采用液态样品。凡固体样品须先在合适的溶剂中配成溶液，溶液浓度尽量浓一些，以减少测量时间，但不宜过于黏稠。凡液态样品，为减少分子间的相互作用而导致谱线加宽，要求其具有较好的流动性，常需用惰性溶剂稀释。合适的溶剂应黏度小，对试样溶解性能好，不与样品发生化学反应或缔合，且其谱峰不与样品峰发生重叠。CCl_4 无¹H 信号峰，而且价格便宜，可作¹H 谱时的溶剂，但测试是应采用外锁方式。在作精细测量时应用内锁方式，过时试样配制时务必用氘代溶剂。常用的是氘代溶剂有 $CDCl_3$，D_2O，其次是（CD_3）$_2CO$，（CD_3）$_2SO$，C_6D_6，C_5D_5N，CD_3OD 等，氘代溶剂价格较贵，分子中含氘代越多，则越贵。在使用氘代溶剂时应注意其氘代纯度，一般含氘 99.5% 以上，即使这样，在¹H 谱中仍会出现残存的¹H 的信号，并可粗略地作为化学位移的相对标准，常用的溶剂及其谱峰的化学位移参见表 4.3。选用氘代溶剂的另一重要原因是为了避免溶剂信号过强而干扰测量。

在 5 mm 或 10 mm 直径核磁管中放入 2~5 mg 样品，并加入 3~4 cm 高约 0.5 mL 的氘代剂剂（$CDCl_3$）及 1~2 滴 TMS（内标），盖上样品管盖子。放入共振仪探头，在共振仪中扫频测定。

2. 仪器操作步骤

（1）启动仪器，使探头处于热平衡状态，装载工作程序待用（教师提前完成）。

（2）锁场并调分辨率。以内锁方式观察标准样品中氘信号进行锁场。利用标样中乙醛的 FID 信号或醛基四重峰，仔细调节匀场线圈电流，根据此图形，调节好仪器分辨率。

（3）设置测量参数及测量。设置的参数包括：

① ^{1}H 谱观测频率及其观测偏置；

② ^{1}H 谱谱宽为 10~15 ppm；

③观测射频脉冲 45°~90°；

④延迟时间约 2 s；

⑤累加次数 8 次；

⑥采样数据点 8 次；

⑦脉冲序列类型，无辐照场单脉冲序列。

（4）切换到外锁状态。更换欲测的试样：

①选择某一已知分子式的试样，测出核磁共振 ^{1}H 谱；

②选择某一已知分子量的试样，测出 ^{1}HNMR 谱。

（5）作出谱图。利用所选用参数，对采集的 FID 信号作如下加工与处理：

①数据的窗口处理；

②作快速傅里叶变换（FFT）获得频谱图；

③作相位调整；

④记录峰位置及强度；

⑤对谱峰作积分处理，记录相对积分值。

（三）谱图解析

表 4-3　一些常见基团质子的化学位移

质子的类型	位学位移（ppm）	质子的类型	位学位移（ppm）
RCH_3	0.9	RCH_2I	3.2
R_2CH_2	1.3	ROH	1~5（温度、溶剂、浓度改变影响很大）

续表

质子的类型	位学位移（ppm）	质子的类型	位学位移（ppm）
R_2CH	1.5	RCH_2OH	3.4~4
$\diagdown C\!\!=\!\!CH_2$	4.5~5.3	$R—OCH_3$	3.5~4
$—C\!\equiv\!CH$	2~3	$R—CO—H$	9~10
$R_2C\!\!=\!\!CH—R$	5.3	HCR_2COOH	2
$Ph—CH_3$	2.3	$R_2CHCOOH$	10~12
$Ph—H$	7.27	$R—CO—O—CH_3$	3.7~4
RCH_2F	4	$\equiv\!C—CO—CH_3$	2~3
RCH_2Cl	3~4	RNH_2	1~5（峰不尖锐，时常出现一个"馒头形"的峰）
RCH_2Br	3.5		

　　首先要根据谱图中核磁共振信号的组数判断分子中含有几种类型的质子数；其次要根据谱图中各类质子的化学位移值推测各质子的类型，表4-4是常见质子的化学位移范围（在化学位移 7 ppm 附近的低场出现的吸收峰通常表明苯环质子的存在。烯键、醛基及羧基上的氢通常都在特定的位置出现吸收）；再通过各组共振信号的积分面积比推算出各组化学等价质子的数目比，以判断各类质子之间的比例；最后依据各组峰的裂分数目、耦合常数（J）、峰形推测各质子之间的耦合，判断基团的连接顺序。

表 4-4　常用溶剂的化学位移值

氘代溶剂	δ^1H	$\delta^{13}C$	水在氘化溶剂中的 δ（ppm）
$CDCl_3$	7.27	77.1	1.5
C_6D_6	7.16	128	0.4
CD_3COCD_3	2.05	30.3，207，3	2.75
DMF-d_7	8.03，2.92，2.75		3.0
DMSO-d_6	2.50	39.5（7）	3.35

续表

氘代溶剂	δ^1H	$\delta^{13}C$	水在氘化溶剂中的 δ（ppm）
甲苯-d_8	7.09，7.00，6.98，2.09		0.2
甲醇-d_4	4.87，3.39	49.0（7）	4.9
吡啶-d_4	8.74，7.58，7.22	149.3（3）α，123.5（3）β，135（3）γ	5.0
乙腈-d_3	1.95	−1.96，117.7	2.1
乙酸-d_4	11.65，2.04		11.5
三氟乙酸-d	11.30	116.5（4），163.3（4）	11.5
D_2O	4.75		4.75（HDO）

第五章 基础实验

实验一 简单玻璃工操作

(一) 实验目的

了解和初步训练玻璃管、玻璃棒的简单加工技术,制备一些简单的仪器以备用。

(二) 简单玻璃工操作技术

虽然标准磨口玻璃仪器的普及使用为仪器的连接装配带来极大的方便,但在许多情况下仍需实验者自己动手做玻璃的简单加工,如测熔点或减压蒸馏所用的毛细管,导入或导出气体所用的玻璃弯管以及滴管、玻璃钉、搅拌棒等。简单玻璃工操作主要指玻璃管和玻璃棒的切割、弯曲、拉伸、按压和熔封等技术。

1. 清洗和切割

新购的玻璃管只需用自来水冲洗干净,烘干后即可用来加工,可满足一般要求。如洁净程度要求较高,或玻璃管内壁有污物,可用细长的毛刷沾取洗衣粉刷洗后再用自来水冲洗干净。如玻璃管太细,可用细铁丝系上一小团棉花代替毛刷在管内来回推擦洗涤。如果洁净程度要求特别高,比如拉制熔点管所用的玻璃管,则需先用洗液浸泡数日,再用自来水冲洗干净,然后用蒸馏水荡洗,经烘干后避尘保存备用。

切断玻璃管(棒)采用何种方法,主要取决于玻璃管(棒)的粗细。实验室中最常用的玻璃管(棒)直径 6~10mm,可用三角锉刀或小砂轮很方便地切断。切割时左手握住玻璃管(棒),拇指指甲端部顶住欲切断处,将玻璃管(棒)平置于实验台边缘处使其与边缘线的交角约30°。右手持三角锉(或小砂轮）在欲切断处沿与玻璃管（棒）垂直的方向锉一锉痕（图 5-1（a））。如果一次锉出的痕不够深，可在原处沿原方向再锉几次，但不可来回乱锉，否则会使断口不齐，也会使切割工具迅速变钝。然后将玻璃管（棒）拿起，双手水平握持，两手拇指指甲端部并齐顶在锉痕背面向前缓缓推压，同时其余手指分握锉痕两侧向斜后方拉折（图 5-1（b）），开始用力宜小，缓缓加大力度直至断开（图 5-1（c））。为了安全，可在锉痕两侧分别以布包衬，然后折断。

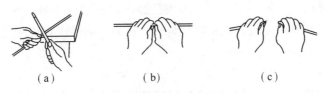

（a）　　　　　　（b）　　　　　　（c）

图 5-1　玻璃管、玻璃棒的切割

如果玻璃管（棒）较粗，或需要切断处靠近端部，不便握持，可将锉痕稍锉深一些，用直径约 6mm 的玻璃棒在煤气灯上将一端充分烧软熔融，迅速将熔融的一端点压在锉痕中部，玻璃管（棒）即沿锉痕方向断裂开。若一次点压不能使之完全断开，可将玻璃棒端部重新烧熔，沿裂痕方向移动点压位置再次点压，直至完全断开。这种方法称为点切法。

切断后的玻璃管（棒）切口边缘锋利，不易插入塞孔或橡皮管中去，且易划破手指，故应将断口在火焰上烧至锋沿处刚刚开始软化时取出，放冷备用，但不可烧得太软，以免管口收缩。

2. 弯曲

将煤气灯套上鱼尾灯头后点燃。两手平托待弯的玻璃管（棒），将要弯曲的部位放在火焰的边上转动烘烤，烘热后逐渐移动到火焰上烧，同时两手将其缓缓地同向同步同轴转动。待玻璃管（棒）烧软（但不宜太软）时取离火焰，仍两手平托，由于重力作用，已软化的部位会自然下沉，同时两手可顺势微微向软化处用力，使之弯曲成所需角度。在玻璃管（棒）已经变硬但尚未冷却时，将其放在弱火焰上微微加热，再缓缓移离火焰，放在石棉网上自然冷却。这样逐渐冷却的方法称为退火，其目的是减少内部应力，避免冷却后断裂。

若无鱼尾灯头，可将两盏煤气灯一前一后靠近摆放，并将其中一盏稍微向另一盏倾斜，使两个灯头靠在一起。由于热气流相冲撞，火焰会被扩宽而呈扁形，一般可代替鱼尾灯头使用。如果只用一盏煤气灯弯管，由于所烧宽度有限，不易一次弯成所需角度，若用力强行弯曲成所需角度，则弯角处易折皱变细，这时可采用多次弯曲的方法，一种方法是先烧软并轻轻弯一定角度，再将弯角重新移到火焰中去并稍稍移动所烧位置，两手托住两端使弯角在火焰中来回摆动，又弯一定角度，再移动所烧位置，如此重复直至所需角度后作退火处理；另一种方法是待玻璃管（棒）开始软化时放开左手，仅以右手握其一端，使另一端靠重力作用自然下沉，弯成一定角度，当其不再下沉时重新加热并移动烧点，也可逐步弯成所需角度。

无论用何种方法弯曲，总的要求是弯角平滑，无折皱，不扭曲，不明显变细，弯角及其两边在同一平面内。如果已经出现折皱或变细，可作适当修理。修理的方法是将其一端塞住，将弯角烧软，从另一端轻轻吹气，使之稍稍鼓胀并变圆滑。

3. 拉伸

玻璃管加热软化后可拉伸成不同径度的毛细管，以适应不同的需要，俗称拉丝。拉制测定熔点用的毛细管要求拉得长而均匀，且粗细合适，故应尽量使受热部分长一些，一般应加鱼尾灯头，或用两盏煤气灯对烧以扩展火焰的宽度（见弯曲部分）。拉制减压蒸馏用的导气毛细管或制作滴管、安瓿瓶等，受热部分不必很宽，可只用一盏煤气灯，也不需鱼尾灯头。

烧软玻璃管的方法是先用弱火烧热，再用强火烧软。烧时以两手平托（如果火焰较窄，也可倾斜托持，以使受热部分长一些），边烧边作同向同步同轴转动，直至充分烧软后移离火焰，仍在缓缓转动下沿水平方向拉伸。

拉制熔点管时，应先缓缓拉伸，眼睛始终盯着最细的部分。当最细处拉至直径约 1mm 时稍稍停顿一下，然后快速向两边拉开。停顿的目的在于使最细处冷却硬化，再拉时不致变得更细。而较粗处冷却较慢，短暂的停顿不能使其硬化，当再迅速拉伸时可将尚未硬化的粗处拉细，而原已拉细的部分则已硬化不会改变，这样即可得到长而均匀、粗细合适的毛细管。毛细管两头由细变粗处称为喇叭口。如果拉伸的时间、速度、力度都掌握很好，则喇叭口很短（图 5-2（a））；如果拉的速度不当，则喇叭口很长（图 5-2（b）），即从两端到中间逐渐变细，任何一段都不均匀，不合用，就会浪费掉大量材料。而要准确掌握火候、时间、速度、力度则需要反复练习多次，仔细体会要领。毛细管拉成后可放开左手，以右手竖直提持，冷却 1min 左右，从开始均匀的地方折断，截成所需要的长度备用。喇叭口处仍然很烫，不可放在实验台上，以免烫坏台面，应放在石棉网上缓缓冷却。

减压蒸馏所用毛细管一般要求细如发丝，弹性良好。高真空蒸馏时所用的

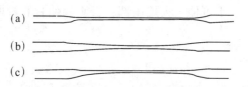

（a）良好，粗部与细部基本同轴，较均匀且喇叭口较短

（b）不好，喇叭口太长，不均匀

（c）不好，粗部与细部不同轴

图 5-2　拉成的毛细管

毛细管甚至要求在水中吹不出气泡，仅在乙醚中可吹出成串的细小气泡。这样细的毛细管一般是分两次拉成的。首先将玻璃管在较窄的火焰上烧软一小段，移离火焰，缓缓拉伸，使细部直径约 1.5mm，然后将细部烧软，迅速拉开，即可得到很细的毛细管。

滴管及安瓿瓶的细部直径一般要求为 1.5~2mm，且严格要求粗部与细部同轴。其拉制方法是将烧软的玻璃管移离火焰，两手分握两端，在缓缓转动下沿水平方向慢慢拉伸至所需粗细。由于喇叭口长短无碍使用，故不需中途停顿。但若拉伸时不加转动，则会拉偏，粗、细部不同轴（图 5-2 （c））。

玻璃棒的拉伸方法与玻璃管相同，可以将一根较粗的玻璃棒拉制成所需径度的细玻璃棒，也可以拉成玻璃丝。只是需要注意，玻璃棒的冷却硬化比玻璃管慢许多，要防止其在尚未硬化之前变弯。

4. 熔封

欲将玻璃管的一端熔封起来，可将该端伸入灯焰 0.5~1cm，转动加热至充分软化，离开火焰，立即用镊子夹紧端部迅速拉开（图 5-3 （a））。在细部接近长端喇叭口处烧软拉断（图 5-3 （b））。将喇叭口放入火焰转动加热，最细的尾端首先熔缩成珠状，离开火焰，用镊子夹住熔珠快速拉断，并重复此步操作，直至完全熔封。此时封底仍有轻微的尖状突起（图 5-3 （c））。将封底烧软，用镊子在突起处轻轻按压修理，使之接近圆滑（图 5-3 （d））。然后将封底转动烧软，离开火焰，从玻璃管的另一端有节制地轻轻吹气，封底即稍稍鼓胀，成为良好的圆滑状（图 5-3 （e）），最后作退火处理。需要注意的是每一步操作都必须在玻璃管烧软后移离火焰再加工，不可在火焰内加工，也不可将镊子伸入火内烧。

如需将毛细管熔封，可将毛细管向上倾斜约 45°角，靠在火焰边缘上轻轻

153

捻转加热（图5-3（f）），当顶端出现红色弯月面时即已封牢，应立即离开火焰。不可烧得太久，也不可伸入火焰内部，否则会使封底过厚或熔成大珠状，或弯曲变形。

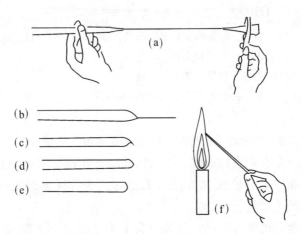

图 5-3 玻璃管的熔封

（5）按压

参看滴管、玻璃钉的制作部分。

（三）操作步骤

1. 切割练习

取直径6~8mm，长1.4m的玻璃管两支，用草纸揩净表面灰尘，按照第150~151页所述方法将其切割成长约35cm的小段，然后在火焰上将切口烧至锋沿刚刚开始软化时取出放冷备用。取直径5~6mm，长约1m的玻璃棒一根，依前法切割成小段。

2. 制作弯管和搅拌棒

根据自己手头的灯具情况，选一种方便可行的方法，用上面切割所得的玻璃管制作90°弯管两支，45°，75°，120°弯管各一支。用切割所得玻璃棒制作图1-7（b）所示搅拌棒一支。

3. 拉丝练习

用切割所得玻璃管，按照第151~152页所述方法，反复练习拉制熔点管的操作，直至能自如地控制毛细管的粗细，且能拉得均匀、喇叭口较短为止。

在练习时应注意充分利用材料，避免浪费。其方法是每取一根管子都不要从正中间烧起，而应从靠近一端处（以烧管和拉管时不烫手为限）开始烧软拉伸，然后从较长一段的靠近喇叭口处烧软拉伸，逐次拉下去，最后剩下两个管头，再将两个管头的粗端烧软，移离火焰对接起来，重新加热使熔接牢固，冷却后仍从靠近喇叭口处烧软拉伸。每拉伸一次，都留下一个两头细中间粗的玻璃"泡泡"。对这样的"泡泡"也要利用起来。方法是将它放在灯焰的边缘上边转动边烧烤其最粗的部位。待最粗处烧软后稍稍拉开一点，使之变得较细但相对均匀时再放进火焰里去充分烧软，然后拉伸。

4. 制作熔点管

在经过反复练习拉丝，较有把握之后，将台面上普通玻璃管的下脚料全部清除到废物桶中去。领取一支直径 8~10mm，长约35cm、经过严格净化处理的玻璃管，正式制作测熔点用的毛细管。拉制时要准确控制火候、速度、力度和停顿时间，拉得均匀，喇叭口尽可能短，直径控制在 0.9~1.2mm 之间。冷却后从开始均匀的地方断开，截成长 15cm 的长支，按照图 5-3（f）所示的方法将两端熔封，装入长 18cm 的干净试管中，塞上塞子备用。不够15cm 的短支，只要在 7cm 以上，也将两端熔封收存。每一长支可做两支熔点管，每一短支可做一支熔点管。若技术较熟练且材料得到充分利用，则所领取的一支玻璃管足可拉出一百多支熔点管，但若仅有二三小时的练习，一般仅可拉制熔点管 50 支左右。

5. 制作滴管和玻璃钉

用切割练习时所截取的玻璃管，在距一端约 10cm 处烧软，移离火焰，在转动下缓缓拉伸，使粗部与细部同轴。当细处拉至直径为 1.5~2mm 时停止，稍冷后放开左手，以右手垂直提持。充分冷却后从细部距离喇叭口 2~3cm 处切断，在火焰边缘上小心将切口烧圆滑。将粗端伸入火焰约 0.5cm 转动加热，软化后取出，沿垂直方向在石棉网上轻轻按压使其形成突出的外缘，冷却后装上乳胶头即为滴管。

取切割练习时切得的短玻璃棒一根，在距离一端约 10cm 处烧软，移离火焰，边转动边缓缓拉伸，使细部直径约 2mm，且细部与粗部尽可能同轴。冷却后从喇叭口处切断（图 5-4（a）），将粗端伸入火焰约 1cm 转动烧软，取出后垂直按压在石棉网上以形成钉盖。控制钉身与钉盖同轴，且钉身垂直于钉盖平面。退火冷却后将细端烧圆滑即制得一支大玻璃钉（图 5-4（b））。在拉伸的细部距切断处7~8cm处烧软拉开，以前法制作一支小玻璃钉（图 5-4（c））。

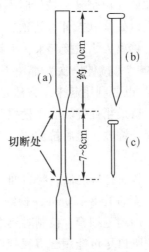

图 5-4　玻璃钉的制作

实验二　晶体化合物的熔点测定及温度计校正

(一) 实验目的

(1) 了解熔点测点的意义和作用，掌握毛细管法测定熔点的方法及操作
(2) 了解校正温度计的方法

(二) 实验原理

见 P31-32。

(三) 实验装置 (见 P38)

(四) 实验步骤

(1) 选择样品。从表 2-1 中选取 5~7 个标准样品，依照熔点由低到高的顺序排列，使每相邻两样品的熔点差距尽可能相等或相近。

(2) 测定操作。选用量程为 250℃ 或大于 250℃ 的温度计，以浓硫酸作载热液，按照第 36~38 页所述的测定方法，从熔点最低的样品开始测定，逐个测完所选的样品。每个样品测 2～3 次，每次以初熔点与全熔点的平均值为熔点，再将各次所测熔点的平均值作为该样品的最终测定结果。

（3）绘制温度计校正曲线。以测定结果为纵坐标，以其与表 3-1 所示的标准熔点数据的偏差值为横坐标，描出相应的点，绘出温度计校正曲线。

（4）测定或鉴定未知样品。领取一个未知的晶体化合物样品，先粗测一次，确定大致的熔点范围，然后像已知样品那样仔细测定 2～3 次，取平均值。最后将所得结果用自己绘制的温度计校正曲线校正，求出其真实熔点。也可取两个熔点相同或非常接近的晶体样品，分别测定熔点后再以不同比例混合研细并分别测定其熔点，以确定这两个晶体样品是否为同一种化合物。

实验三　工业乙醇的简单蒸馏

（一）实验目的

掌握简单蒸馏的基本原理、实验装置和操作。

（二）实验原理

（1）阅读第三章中的"简单蒸馏"部分。

（2）工业乙醇因来源和制造厂家的不同，其组成不尽相同，其主要成分为乙醇和水，除此之外一般含有少量低沸点杂质和高沸点杂质，还可能溶解有少量固体杂质。通过简单蒸馏可以将低沸物、高沸物及固体杂质除去，但水可与乙醇形成共沸物，故不能将水和乙醇完全分开。蒸馏所得的是含乙醇 95.6% 和水 4.4% 的混合物，相当于市售的 95% 乙醇。

（三）实验装置

实验装置见图 3-7。

（四）实验步骤

选用 50mL 圆底瓶作为蒸馏瓶，按照图 3-7 所示的装置装配仪器，注意各仪器接头处应对接严密。安装完毕后拔下温度计，放上长颈三角漏斗。通过三角漏斗注入 30mL 工业乙醇。取下三角漏斗，加入磁子重新装上温度计。开启冷却水（注意水流方向应自下而上），打开磁力搅拌器并加热，观察瓶中产生气雾的情况和温度计的读数变化。当气雾升至接触温度计的水银球时，温度计的读数会迅速上升，调节加热温度使沸腾不致太激烈。记下馏出第一滴液体时的温度。当温度升至77℃时，换上一个已经称过重量的洁净干燥的接收瓶，并调节加热强度使馏出速度为每秒钟1~2滴。当温度超过79℃时停止蒸馏。

如果前馏分太少，当温度升至77℃时仍在冷凝管内流动，尚未滴入接收瓶，则应将最初接得的四五滴液体舍弃（当做前馏分处理）后再更换接收瓶。如果蒸馏瓶中只剩下0.5~1mL液体，而温度仍然未升至79℃，也应停止蒸馏，不宜将液体蒸干。

蒸馏结束，关闭加热和磁力搅拌，稍冷后关闭冷却水，取下接收瓶放置稳妥，再按照与安装时相反的次序拆除装置，清洗仪器。

将接收到的正馏分称重并计算回收率。

实验四 甲醇-水的分馏

（一）实验目的

掌握分馏的基本原理，练习简单分离的操作。

（二）实验原理

参见第三章分馏原理。

（三）实验装置

装置见图3-19。

（四）实验步骤

在100mL圆底烧瓶中加入40mL1∶1的甲醇-水混合液，投入磁子，瓶口安装简单分馏柱及其冷凝接收装置。开启磁力搅拌器，缓慢加热圆底烧瓶，开始微沸后严格控制加热强度，使蒸气慢慢升入柱中。为形成并维持柱内的温度梯度和浓度梯度，蒸气从柱底升至柱顶一般需经过10min左右。当开始有馏出液滴下时，调节浴温使出料速度为每分钟0.5~0.65mL。每馏出1mL记一次柱顶温度。以沸点为纵坐标，馏出物的体积为横坐标作曲线，曲线的转折点即为甲醇与水的分离点。从分馏曲线可以看出，当大部分甲醇蒸出后，温度很快上升，迅速到达水的沸点。注意在沸点开始上升时及时更换接收瓶。如将接收到的甲醇再做一次简单分馏，即可获得近于纯净的甲醇。

实验五　丙酮-正丁醇的分馏分离

（一）实验目的

（1）掌握分馏分离两组分等体积液体混合物的基本原理与方法。

（2）掌握阿贝折光仪测定液态有机化合物折光率的基本原理与方法。

（二）实验原理

简单蒸馏和分馏的基本原理相同，都是利用物质的沸点不同，将液体加热气化，同时使产生的蒸气冷凝液化并收集的联合操作。在蒸馏过程中，低沸点的组分先蒸出，高沸点的组分后蒸出，从而达到分离提纯的目的。简单蒸馏和分馏装置的不同只是分馏装置多一个分馏柱，液体能够在分馏柱中经多次的气化、冷凝，相当于进行多次简单蒸馏。因此，它们的应用范围及分离效果有很大差异。一般来说，液体中各组分的沸点要相差至少 30℃以上，才有可能进行简单蒸馏分离；而分馏则可使沸点相近、不能用简单蒸馏分离的液体混合物得到有效的分离。

丙酮与正丁醇的沸点虽然相差较大（表5-1，$\Delta t = 61.2℃$），但简单蒸馏丙酮与正丁醇等体积混合物，馏出物沸点从第 1 滴开始一直稳步上升直至正丁醇的沸点，也就是说丙酮与正丁醇并没有完全分离开来。改用分馏装置以后，能够收集到沸点稳定的两个组分，并证明它们分别是丙酮与正丁醇。

表 5-1　化合物的物理常数

化合物	M_r	$\rho / \mathrm{kg \cdot L^{-1}}$	n	m. p. /℃	b. p. /℃
丙酮	58.08	0.792 0	1.358 9*	−95	56.5
正丁醇	74.12	0.809 8	1.399 3#	−89.2	117.7

*折光率为 19.4℃时的测定值，#折光率为 20℃时的测定值。

阿贝折光仪由于操作简单、容易掌握，是有机化学实验室的常备仪器。测量折光率所需的样品量少、测量精密度高，可准确到小数点后 4 位。因此，作为鉴定液体有机化合物的重要物理常数，折光率比沸点更为可靠。折光率不仅可以用来鉴定未知化合物，也可以用来确定液体混合物的组成。通过对丙酮-

正丁醇混合液折光率和组成标准曲线的绘制，发现它们有很好的线性关系。因此，通过对分馏馏出液折光率的测定，可以从标准曲线（图5-5）上方便地读出馏分中各组分的含量，确定馏分的纯度。

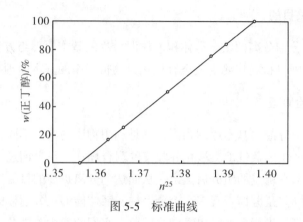

图 5-5　标准曲线

标准曲线的绘制如下：用带刻度的5mL移液管移取相应的试剂，按表5-2配制标准溶液。按表5-1中的相关物理常数计算各标准溶液中正丁醇的质量百分数（w（正丁醇）），记录在表5-2中。用阿贝折光仪测定各标准溶液的折光率，记录在表5-2中，测定温度为25℃，折光率记为n^{25}。

表 5-2　标准溶液的配制及其折光率的测定

标准溶液序号	V（丙酮）/mL	V（正丁醇）/mL	w（正丁醇）/%	n^{25}
1	5	0	0	1.356 0
2	5	1	16.98	1.362 8
3	3	1	25.42	1.366 3
4	3	3	50.56	1.376 7
5	1	3	75.41	1.386 8
6	1	5	83.64	1.390 4
7	0	5	100	1.396 9

以各标准溶液的折光率（n^{25}）为横坐标，正丁醇的质量百分数（w）为纵坐标绘制标准曲线。如测定折光率时的温度高于或低于25℃，可由折光率校正公式进行校正：

$$n^{25} = n^t + 0.00\ 045 \times\ (t-25)$$

式中：t 为测定时仪器显示的温度；n^t 为液体在测定温度下的折光率；n^{25} 为液体 25℃时的折光率。

（三）实验步骤

1. 安装装置

先将 30mL 丙酮-正丁醇混合液（体积比 1：1）加入到 50mL 圆底烧瓶（预先加入磁芯）中，再依次安装韦氏分馏柱、磨口温度计、蒸馏头、冷凝管、尾接管和接收器（10mL 量筒），并接通冷凝水。

2. 分馏

平稳搅拌，调节电压，缓缓加热混合液，使蒸气缓缓上升，记下馏出第 1 滴液体时的温度并记录在表 5-3 中。控制蒸馏速度（以 2~3 滴/秒为宜），当馏出液体积达 4mL 时，记下此时温度计的读数并记录在表 5-3 中。以一干净的试管代替 10mL 量筒作为接收器，将量筒中的馏出液倒入另一干净的试管中，并将此试管中馏出液作为第 1 馏分，用橡皮塞塞紧。用记号笔标记第 1 馏分中液面高度，并将此液面高度作为标准来标记另外 5 支相同的试管。收集等体积的馏出液作为第 2 馏分，并记下馏分接收结束时的温度作为馏出温度。依次接收等体积的 6 个馏分。当烧瓶中只剩下 1~2mL 液体时，停止蒸馏并立即移去热源。待蒸馏瓶稍冷，再关闭冷凝水、拆卸装置。

表 5-3　分馏馏出液体积及温度记录

分　　馏	
馏出液体积/mL	馏出温度/℃
第 1 滴	
4	
8	
12	
16	
20	
24	

3. 折光率测定

用阿贝折光仪分别测定 6 个馏分的折光率并记录测定时的温度，将数据记录在表 5-4 中。如测定温度不是 25℃，用折光率校正公式将测定的折光率换算成相应于 25℃ 时的数值，再从标准曲线（图 5-5）上读出正丁醇的质量百分数（w），将数据记录在表 5-4 中。

表 5-4　分馏各馏分折光率测定及组成

馏分序号	分馏		
	折光率（n^t）	折光率（n^{25}）	$w/\%$
1			
2			
3			
4			
5			
6			

4. 数据处理

（1）根据表 5-3 中的数据，以馏出液体积为横坐标，馏出温度为纵坐标，绘制分馏曲线。

（2）根据表 5-4 中的数据，以馏分序号为横坐标，正丁醇的质量百分数（w）为纵坐标，绘制分馏的馏分组成曲线。

实验六　呋喃甲醛的水泵减压蒸馏

（一）实验目的

掌握减压蒸馏的原理、装置和操作，练习用水泵进行减压蒸馏。

（二）实验原理

呋喃甲醛，亦名糠醛，无色液体，沸点 161.7℃。久置会缓慢氧化为棕褐色甚至黑色，同时往往含有水分，所以在使用前常需蒸馏纯化。由于它易被氧化，最好采用减压蒸馏以便在较低温度下蒸出。

正确选择减压蒸馏的馏出温度是十分重要的。若温度过高，则起不到减压蒸馏的作用；若蒸出温度太低，其蒸气的冷凝液化又显得麻烦。最常选用的馏出温度一般为 60~80℃，这样可以很方便地使用水浴加热进行蒸馏。

（三）实验装置

装置见图 3-13。

（四）实验步骤

（1）安装装置。选用 100mL 蒸馏瓶、150℃温度计、直形冷凝管、双股尾接管，用 10mL 和 50mL 圆底瓶分别作为前馏分和正馏分的接收瓶，所有仪器都应洁净干燥。按照图 3-13 自下而上自左而右地安装装置。各磨口对接处需涂上一层薄薄的凡士林并旋转至透明。用磁力搅拌防止暴沸。

（2）检漏密封。

（3）加料。在解除真空的条件下，通过三角漏斗加入待蒸馏的呋喃甲醛 40mL。

（4）调节和稳定工作压力。开启磁力搅拌，维持平稳旋转，打开安全瓶上活塞，开启水泵后再缓缓关闭安全瓶上活塞。观察压力计的示数并计算系统的真空度。细心地调节安全瓶上活塞，使系统内的压强值为 6.40kPa（48mmHg）并稳定下来。如果不能正好稳定在这个数值上，也可以在其附近的某个数值上稳定下来[2]。

（5）蒸馏和接收。待工作压力完全稳定后，开启冷凝水，启动加热。当开始有液体馏出时，用 10mL 圆底瓶接收前馏分[3]并调节加热强度使馏出速度为每秒钟 1~2 滴。当温度上升至 75℃ 左右并稳定下来时，旋转双股尾接管用 50mL 圆底瓶接收正馏分，仍然维持每秒钟 1~2 滴的馏出速度[4]，直至温度计的读数发生明显变化时停止蒸馏。如果温度计的读数一直恒定不变，则当蒸馏瓶中只剩下 1~2mL 残液时也应停止蒸馏。

（6）结束蒸馏。关闭加热，稍冷后关闭冷却水。缓缓打开安全瓶上活塞解除真空，然后关闭水泵和磁力搅拌。小心取下接收瓶放置稳妥，再按照与安装时相反的次序依次拆除各件仪器，清洗干净。

（7）计量正馏分的体积，计算呋喃甲醛的回收率。

◎ **注释**

[1] 用直尺从图 3-10 中求得的数值仅为近似值。

　　[2]　此时应重新求出该压强下的近似沸点以作为接收馏程的参考。

　　[3]　如果刚开始出液时的温度即在预期沸点附近且很稳定，也应将最初接得的一二滴液体作为前馏分舍去。

　　[4]　如果蒸馏中途发生毛细管折断或其他故障需要临时停顿，应先按照下步结束蒸馏的方法解除真空并停泵，更换毛细管排除故障后再重新开始蒸馏。如果已经发生了暴沸冲料，应将冲入接收瓶中的粗料倒回蒸馏瓶中重新开始蒸馏。如果发现泵水正在倒吸入安全瓶中，应立即打开安全瓶上活塞制止倒吸，然后排除障并重新开始蒸馏。

实验七　水蒸气蒸馏从橙皮中提取柠檬烯

（一）实验目的

（1）掌握水蒸气蒸馏的原理，练习水蒸气蒸馏装置和操作

（2）学会折光率仪和旋光仪的使用

（二）实验原理

　　参见第三章水蒸气蒸馏原理。工业上常用水蒸气蒸馏的方法从植物组织中获取挥发性成分。这些挥发性成分的混合物统称精油，大多具有令人愉快的香味。从柠檬、橙子和柚子等水果的果皮中提取的精油90%以上是柠檬烯。

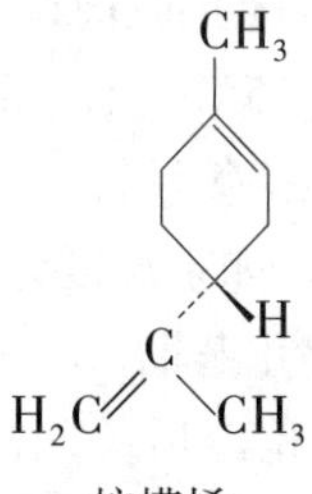

柠檬烯

它是一种单环萜，分子中有一个手性中心。其 *S-*（-）-异构体存在于松针油、薄荷油中；*R-*（+）-异构体存在于柠檬油、橙皮油中；外消旋体存在于香茅油中。本实验是先用水蒸气蒸馏法把柠檬烯从橙皮中提取出来，再用二氯甲烷萃取，蒸去二氯甲烷以获得精油，然后测定其折光率、比旋光度并用气相层析法测定其中柠檬烯的含量。

(三) 实验装置

实验装置见图 3-16。

(四) 实验步骤

(1) 将 2~3 个橙子皮[1]剪成细碎的碎片，投入 100mL 三口烧瓶中，加入约 30mL 水，按照图 3-16 安装水蒸气蒸馏装置[2]。

(2) 松开弹簧夹 E。加热水蒸气发生器 A 至水沸腾，当三通管 D 的支管口有大量水蒸气冲出时开启冷却水，夹紧弹簧夹 E，水蒸气蒸馏即开始进行，可观察到在馏出液的水面上有一层很薄的油层。当馏出液收集 60~70mL 时，松开弹簧夹 E，然后停止加热。

(3) 将馏出液加入分液漏斗中，每次用 10mL 二氯甲烷萃取 3 次。合并萃取液，置于干燥的 50mL 锥形瓶中，加入适量无水硫酸钠干燥半小时以上。

(4) 将干燥好的溶液滤入 50mL 蒸馏瓶中，用水浴加热蒸馏。当二氯甲烷基本蒸完后改用水泵减压蒸馏以除去残留的二氯甲烷。最后瓶中只留下少量橙黄色液体即为橙油。

(5) 测定橙油的折光率、比旋光度[3]并用气相层析法测定橙油中柠檬烯的含量[4]。

纯粹的柠檬烯 b. p. 176℃；n_D^0 1.4727；$[\alpha]_D^{20}$ +125.6°。

本实验约需 4h。

◎ 注释

[1] 橙皮最好是新鲜的。如果没有，干的亦可，但效果较差。

[2] 也可用 500mL 单口烧瓶加入 250mL 水，进行直接水蒸气蒸馏（参看第 81 页）。

[3] 测定比旋光度可将几个人所得柠檬烯合并起来，用 95%乙醇配成 5%溶液进行测定，用纯柠檬烯的同样浓度的溶液进行比较。

[4] 气相层析的条件是：上海分析仪器厂 102G 型气相色谱仪，热导池检测器，φ 3mm×3m 色谱柱。固定液：SE-30，5%；柱温：101℃；气化温度：185℃；载气：氢气；进样量 0.5~1μL。测定结果表明橙皮油中柠檬烯的含量约为 95%左右。橙皮油的气相色谱图如下：

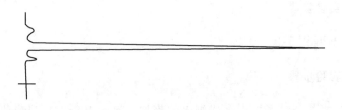

实验八　烟碱的提取和检验

(一) 实验目的

(1) 熟悉从烟丝中提取烟碱的原理、方法。

(2) 熟悉检验烟碱的化学方法。

(二) 实验步骤

1. 烟碱的提取

取 1g 烟丝或 2 支香烟加 25mL 10%盐酸,加热煮沸 20min,经常搅拌,同时注意补充水以保持液面不下降。煮沸后抽滤,滤液用 30%氢氧化钠溶液中和至碱性,再转移到 100mL 的蒸馏烧瓶中进行水蒸气蒸馏。收集 10mL 透明液体 (即烟碱水溶液) 备做下面的实验。

2. 碱性实验

取 2 支试管,分别加 1mL 15%吡啶水溶液和烟碱水溶液,然后各滴加 1 滴酚酞试剂。注意各有什么现象并解释之。

3. 氧化反应

取 1 支试管,滴加 5 滴烟碱水溶液、1 滴 0.5%高锰酸钾水溶液和 3 滴 5%碳酸钠水溶液,摇动试管,注意溶液的颜色变化和有无沉淀产生。

4. 沉淀反应

取 2 支试管,各加 5 滴烟碱水溶液。再分别做下面实验。

(1) 在第一支试管里滴加 6 滴饱和苦味酸溶液,观察有何现象。要一滴一滴的加,边加边摇动观察。

(2) 在第二支试管里滴加 3 滴 10%鞣酸溶液,边滴边摇动试管,注意观察有何现象。烟碱的结构:

实验九　苯甲酸的重结晶

（一）实验目的

（1）掌握重结晶的原理、实验步骤和操作方法。
（2）掌握回流装置的使用。

（二）实验原理

①重结晶部分见第三章。

②回流：将液体加热气化，同时将蒸气冷凝液化并使之流回原来的器皿中重新受热气化，这样循环往复的气化-液化过程称为回流。回流是有机化学实验中最基本的操作之一，大多数有机化学反应都是在回流条件下完成的。回流液本身可以是反应物，也可以为溶剂。当回流液为溶剂时，其作用在于将非均相反应变为均相反应，或为反应提供必要而恒定的温度，即回流液的沸点温度。此外，回流也应用于某些分离纯化实验中，如重结晶的溶样过程、连续萃取、分馏及某些干燥过程等。

（三）实验装置

回流装置如图 5-6 所示。

图 5-6　回流装置

（四） 实验步骤

1. 水为溶剂的重结晶

称取 1g 工业苯甲酸粗品，置于 250mL 烧杯中，加水约 20mL，放在电炉上加热并用玻璃棒搅动，观察溶解情况。如至水沸腾仍有不溶性固体，可分批补加适当水直至沸腾温度下可以全溶或基本溶。然后再补加 15~20mL 水，总用水量约 40mL。与此同时将布氏漏斗放在另一个大烧杯中加水煮沸预热。

暂停对溶液加热，稍冷后加入半匙活性炭，搅拌使之分散开。重新加热至沸腾并煮沸 2~3min。

取出预热的布氏漏斗，立即放入事先选定的略小于漏斗底面的圆形滤纸，迅速安装好抽滤装置，以数滴沸水润湿滤纸，开泵抽气使滤纸紧贴漏斗底。将热溶液倒入漏斗中，每次倒入漏斗的液体不要太满，也不要等溶液全部滤完再加。在热过滤过程中，应保持溶液的温度，为此，将未过滤的部分继续保温，以防冷却。待所有的溶液过滤完毕后，用少量热水洗涤漏斗和滤纸。滤毕，立即将滤液转入 100mL 烧杯中用表面皿盖住杯口，在室温下放置冷却结晶。如果抽滤过程中晶体已在滤瓶中或漏斗尾部析出，可将晶体一起转入烧杯中，将烧杯放在电炉上温热溶解后再在室温下放置结晶，或将烧杯放在热水浴中随热水一起缓缓冷却结晶。

结晶完成后，用布氏漏斗抽滤，用玻璃塞将结晶压紧，使母液尽量除去。打开安全瓶上的活塞，停止抽气，加 1~2mL 冷水洗涤，然后重新抽干，如此重复 1~2 次。最后将结晶转移到表面皿上，摊开，在红外灯下烘干，测定熔点，并与粗品的熔点作比较。称重，计算回收率。

产品熔点 121~122℃ （文献值 122.4℃）。

2. 用乙醇-水混合溶剂重结晶

在 50mL 圆底烧瓶中放置 1g 粗苯甲酸，加入 30%乙醇 5mL，投入一两粒沸石，装上球形冷凝管，开启冷凝水，用水浴加热回流数分钟，观察溶解情况。如不能全溶，移开热源，用滴管自冷凝管口加入 30%乙醇约 1mL，重新加热回流，观察溶解情况。如仍不能全溶，则依前法重复补加 30%乙醇直至恰能完全溶解，再补加 2~3 mL。

移开热源，稍冷后拆下冷凝管，加入少量活性炭，装上冷凝管，重新加热回流 3~5min。

取出预热的布氏漏斗，立即放入事先选定的略小于漏斗底面的圆形滤纸，迅速安装好抽滤装置，以数滴沸水润湿滤纸，开泵抽气使滤纸紧贴漏斗底。将热溶液倒入漏斗中，每次倒入漏斗的液体不要太满，也不要等溶液全部滤完再加。在热过滤过程中，应保持溶液的温度，以防冷却。待所有的溶液过滤完毕后，用少量热水洗涤漏斗和滤纸。滤毕，立即将滤液转入100mL烧杯或锥形瓶中，用表面皿盖住杯口，室温下放置冷却结晶。

结晶完成后，用布氏漏斗抽滤，用玻璃塞将结晶压紧，使母液尽量除去。打开安全瓶上的活塞，停止抽气，加1~2mL冷水洗涤，然后重新抽干，如此重复1~2次。最后将结晶转移到表面皿上，摊开，在红外灯下烘干，测定熔点，并与粗品的熔点作比较。称重，计算回收率。

比较两种溶剂进行重结晶的回收率。

实验十　叔氯丁烷的制备

（一）实验目的

（1）了解S_N1反应。

（2）学习和训练分液漏斗的使用，练习液体的干燥和简单蒸馏等操作。

（二）实验原理

$$\underset{\underset{CH_3}{|}}{\overset{\overset{CH_3}{|}}{CH_3-C-OH}} + HCl \longrightarrow \underset{\underset{CH_3}{|}}{\overset{\overset{CH_3}{|}}{CH_3-C-Cl}} + H_2O$$

叔碳原子上的亲核取代反应是典型的S_N1反应，反应易于进行，在室温下于分液漏斗中经充分振摇即可发生反应。

（三）实验步骤

取10mL浓盐酸（$d=1.18$）[1]加入60mL分液漏斗中，再将3g叔丁醇（3.8mL，0.04mol）[2]加入其中，不塞顶塞，轻轻旋摇1min，然后塞上顶部塞子，按照图3-29所示方法将漏斗倒置，打开活塞放气一次。关闭活塞，轻轻旋摇后再打开活塞放气。重复操作直至漏斗中不再有大量气体产生时可用力摇振。共摇振约五六分钟，最后一次放气后将漏斗放到铁圈上（图3-28）静置使液体分层清晰。

用一支盛有1mL清水的试管接在分液漏斗下部，小心旋转活塞将2~3滴液体滴入试管中，振荡试管后静置，观察试管内液体是否分层，并据以判断漏斗中哪一层液体是水层。分离并弃去水层，依次用 3mL 水、2mL 5% 碳酸氢钠溶液[3]、3mL 水洗涤有机层，直至对湿润的石蕊试纸呈中性。将粗产物转移到小锥形瓶中，加入约 1g 无水氯化钙，塞住瓶口干燥半小时以上，待液体澄清后滤入 10mL 蒸馏瓶中，蒸馏收集 49 ~ 52℃ 馏分[4]。得量约 3g，收率约 81.1%。

纯粹的叔氯丁烷 b. p. 51 ~ 52℃，d_4^{20} 0.842 0，n_D^{20} 1.385 7。

叔丁基氯红外光谱图见图 5-7；叔丁基氯核磁光谱图见图 5-8。

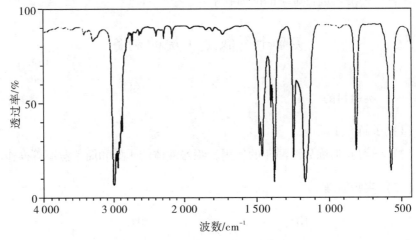

图 5-7　叔丁基氯红外光谱图

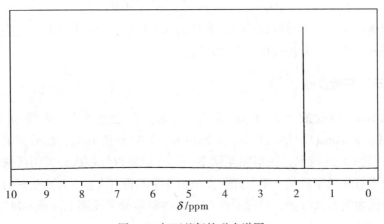

图 5-8　叔丁基氯核磁光谱图

170

◎ 注释

[1] 化学纯浓盐酸能获得良好结果。不可用工业盐酸。

[2] 叔丁醇熔点25℃，沸点82.3℃，常温下为黏稠液体。为避免黏附损失，最好用称量法取料。若温度较低，叔丁醇凝固，可用温水浴熔化后取用。

[3] 用碳酸氢钠溶液洗涤时会产生大量气体，应先不塞塞子旋摇至不再产生大量气体时再塞上塞子按正常洗涤方法洗涤，仍需注意及时放气。

[4] 如果在49℃以下的馏分较多，可将其重新干燥，再蒸馏。

实验十一　从茶叶中提取咖啡因

（一）实验目的

（1）掌握固液萃取及脂肪提取器的作用原理和操作方法。
（2）掌握升华的原理及操作方法。

（二）实验原理

咖啡因是一种嘌呤衍生物，存在于咖啡、茶叶、可可豆等植物中，学名1，3，7-三甲基-2，6-二氧嘌呤。

嘌呤　　　　　　　　咖啡因

咖啡因为无色柱状晶体，熔点238℃，味苦，易溶于氯仿（12.5%），可溶于水（2%）、乙醇（2%）及热苯（5%），室温下在苯中饱和浓度仅为1%。含结晶水的咖啡因为无色针状结晶，100℃时失去结晶水并开始升华；120℃时升华显著，178℃时升华很快。

咖啡因具有兴奋中枢神经和利尿等生理作用，除广泛应用于饮料之外，也应用于医药。例如，它是复方阿司匹林药片 APC（aspirin-phenacetin-caffein）

的成分之一。过度饮用咖啡因会增加抗药性并产生轻度上瘾。

茶叶的主要成分是纤维素,含咖啡因 1% ~ 5%,此外还含有丹宁酸(11% ~ 12%)、色素(0.6%)及蛋白质等。丹宁酸亦称鞣酸,它不是一种单一的化合物,而是由若干种多元酚的衍生物所组成的具有酸性的混合物。丹宁酸不溶于苯,但有几种组分可溶于水或醇。所以用乙醇提取茶叶,所得提取液中含有丹宁酸和叶绿素等。向提取液中加碱,生成丹宁酸盐,即可使咖啡因游离出来,然后用升华法纯化。

通过测定熔点及红外光谱、核磁共振谱等可对咖啡因作出鉴定,也可使之与水杨酸作用生成水杨酸盐(熔点137℃)以作确证。

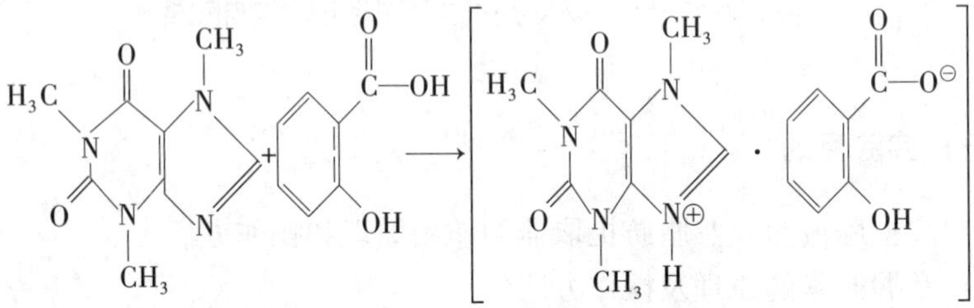

咖啡因   水杨酸   咖啡因水杨酸盐

(三) 实验装置

实验装置见图 3-32。

(四) 实验步骤

(1) 将一张长、宽各 12 ~ 13cm 的方形滤纸卷成直径略小于脂肪提取器提取腔内径的滤纸筒[1],一端用棉线扎紧。在筒内放入 10g 茶叶,压实。在茶叶上盖一张小圆滤纸片,将滤纸筒上口向内折成凹形。将滤纸筒放入提取腔中去,使茶叶装载面低于虹吸管顶端。装上回流冷凝管,在提取器的平底烧瓶中放入数粒沸石,将装置竖直安装在铁架台上。自冷凝管顶端注入 95% 乙醇,至提取腔中的液面上升至与虹吸管顶端相平齐并开始发生虹吸时再多加入约 10mL,共用乙醇约 80 ~ 100mL。装成的装置如图 3-32 所示[2]。

(2) 开启电热套加热。乙醇沸腾后蒸气经侧管升入冷凝管。冷凝下来的液滴滴入滤纸筒中。当液面升至与虹吸管顶端相平齐时即经虹吸管流回平底烧瓶中。连续提取 2h,至提取液颜色很淡时为止。当最后一次虹吸刚刚过后,立即停止加热。

（3）稍冷后改成蒸馏装置，蒸出大部分乙醇[3]。将瓶中残液趁热倒入蒸发皿中，加入 4 g 研细的生石灰粉末，拌匀。将蒸发皿放在一只大小合适并装有适量水的烧杯口上，用气浴蒸干[4]，务使水分全部除去。

（4）稍冷后小心擦去粘在边壁上的粉末，以免污染产物。用一张刺有许多小孔的圆滤纸平罩在蒸发皿内，使滤纸离被升华物约 2 cm[5]，在滤纸上倒扣一只大小合适的玻璃三角漏斗，漏斗尾部松松地塞上一小团脱脂棉。在石棉网上铺放厚约 2 mm 的细沙，将蒸发皿移放在沙上，如图 3-26（b）装置。

（5）将蒸发皿置于电热套，加热升华[6]，当滤纸孔上出现许多白色毛状结晶时暂停加热。自然放冷后取下漏斗，小心揭开滤纸，用小刀仔细地将滤纸上下两面结出的晶体刮在表面皿上。将蒸发皿中的残渣轻轻翻搅后重新盖上滤纸和漏斗，继续加热使升华完全[7]。合并两次所得晶体，称重并测定熔点。

得量为 70~130mg，最高经验产量为 210mg，熔点 236~238℃。

（6）在试管中加入 40mg 自己制备的咖啡因，再加入 30mg 水杨酸和 2.5mL 甲苯，水浴加热溶解，然后加入 1.5mL 石油醚（60~90℃），振摇混合后用冷水浴冷却，应有晶体析出。若无，用玻璃棒或刮刀摩擦管内壁诱导结晶。用赫尔什滤斗抽滤收集晶体，干燥后测定熔点，以作为咖啡因的确证。

咖啡因红外光谱图见图 5-9；咖啡因核磁共振谱图见图 5-10。

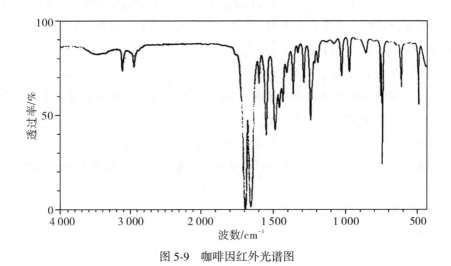

图 5-9　咖啡因红外光谱图

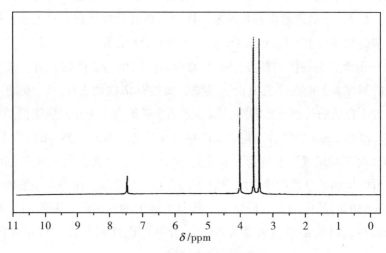

图 5-10　咖啡因核磁共振谱图

◎ 注释

［1］ 滤纸筒过细，则茶叶装载面会高于虹吸管顶端，高出部分不能充分提取。过粗，则取放不便。故应略细于提取腔内径。

［2］ 使用脂肪提取器时应十分注意保护侧面的虹吸管勿使碰破。

［3］ 如果最初所用的乙醇为 80mL，则蒸出乙醇约 55mL 左右，瓶中残液呈浓浆状，但仍以倒得出来为宜。若残液过浓，可尽量倒净，然后用约 1mL 馏出液荡洗烧瓶，洗出液也并入蒸发皿中。

［4］ 此时应为淡绿色松散的细粒或粉末。

［5］ 滤纸安放太高，咖啡因蒸气不易升入滤纸以上结晶；安放太低，则易受色素等杂质污染。

［6］ 本实验的关键操作是在整个升华过程中都需用小火间接加热。如温度太高，会使产品发黄，被升华物很快烤焦；温度太低，咖啡因会在蒸发皿内壁上结出，与残渣混在一起。

［7］ 如升华不完全，可再次升华、直到完全。

实验十二　柱层析分离偶氮苯与邻-硝基苯胺

（一）实验目的

学习和掌握柱层析分离的原理、方法及操作。

（二）实验原理

见第三章柱层。

（三）实验步骤

1. 实验材料

本实验是以小型层析柱分离偶氮苯与邻-硝基苯胺的少量混合溶液。由于二组分均有鲜艳的颜色，故不需显色即可清晰地观察到柱中分离情况，适合于初学者练习柱层析操作技能之用。所用主要仪器及药品为：

层析柱：长 25cm，内径 1cm。

吸附剂：市售中性氧化铝（100 目，Ⅱ~Ⅲ级）10g。

淋洗剂：①1，2-二氯乙烷与环己烷等体积混合液 80~100mL；②95%乙醇（备用）。

待分离混合样：1%偶氮苯的 1，2-二氯乙烷溶液与 1%邻-硝基苯胺的 1，2-二氯乙烷溶液的等体积混合液约 1mL。

2. 操作步骤

（1）湿法装柱。取一支洁净干燥的层析柱，在活塞处涂上一层薄薄的凡士林，向一个方向旋转至透明，竖直安装在铁架台上。关闭活塞，注入约为柱容积 1/4 的淋洗剂，将一小团脱脂棉用淋洗剂润湿，轻轻挤出气泡，用一支干净玻璃棒将其推入柱底狭窄部位（勿挤压太紧），在脱脂棉上加盖一张直径略小于柱内径的滤纸片，将 10g 中性氧化铝置于小烧杯中，加入淋洗剂调成悬浊状。打开柱下活塞，调节流速约 1 滴/秒，将制成的悬浊液在不断搅拌下自柱顶加入，最好一次加完。若吸附剂尚未加完而烧杯中淋洗剂已经加完，可再用适量淋洗剂调和后加入柱中。在吸附剂沉积过程中可用套有橡皮管的玻璃棒轻轻敲击柱身使之沉积均匀。柱下接得的淋洗剂可重复使用。在此过程中应始终保持吸附剂沉积面上有一段液柱。吸附剂加完后关闭活塞，待沉积完全后将一张比柱内径略小的滤纸片用玻璃棒轻轻推入，平盖在吸附剂沉积面上。

（2）加样。打开柱下活塞放出柱中液体，待液面降至滤纸片时关闭活塞，将 1mL 待分离的混合样液沿柱内壁加入。打开活塞，待样液液面降至滤纸片时关闭活塞。用干净滴管吸取淋洗剂约 0.3mL 沿加样处冲洗柱内壁。再打开活塞将液面降至滤纸处。依上法重复操作直至柱壁和顶部的淋洗剂均无颜色。

（3）淋洗和接收。加入大量淋洗剂，打开柱下活塞，控制流出速度为 1 滴/秒。观察柱中色带下行情况。随着色带向下行进逐渐分为两个色带，下方的为橙红或橙黄色，上方为亮黄或微带草绿色，中间为空白带。当前一色带到达柱底时更换接收瓶接收（在此之前接收的无色淋洗剂可重复使用）。当第一色带接收完后更换接收瓶接收空白带，当空白带接收完后再换接收瓶接收第二色带。

如果两色带间的空白带较宽，在第一色带到达柱底时可改用 95% 乙醇淋洗，以加速色带下行。若空白带较窄，甚至中间为交叉带，则不可用乙醇淋洗，否则将会使后一色带追上前一色带，造成混淆。

本实验因样品量甚微，不要求蒸发溶剂制取固体产品。将两色带收集液用于实验十三做薄层层析检测。

实验十三 薄层层析分离和检测偶氮苯与邻硝基苯胺

（一）实验目的

学习和掌握薄层层析分离的原理、方法和操作。

（二）实验原理

见第三章薄层层析。

（三）实验步骤

1. 实验材料

本实验是以 CMC-硅胶薄层板鉴定偶氮苯和邻-硝基苯胺并检测在实验 12 中所用的层析柱的分离效果。本实验所用仪器和药品为：

（1）小型展开槽一只（可用图 3-41（a），(b) 或 (c)），载玻片（2.5cm×7.5cm）6 块，研钵，烘箱，直尺，毛细管。

（2）硅胶 G（200 目）[1]，羧甲基纤维素钠，蒸馏水。

（3）1%偶氮苯的 1，2-二氯乙烷溶液。

（4）1%邻-硝基苯胺的 1，2-二氯乙烷溶液。

（5）混合样液：由（3）和（4）两种溶液等体积混合而成，与实验 12 中的待分离混合样相同。

（6）展开剂：1，2-二氯乙烷与环己烷的等体积混合液，与实验 12 中的淋洗剂相同。

（7）在实验 12 中分离所得的两个色带。

2. 实验步骤

（1）配制 CMC 溶液。按照每克羧甲基纤维素钠100mL 蒸馏水的比例在圆底烧瓶中配料，装上回流冷凝管，加热回流至完全溶解，用布氏漏斗抽滤。也可在配料后用力摇匀，放置数日后直接使用。

（2）调浆。称取适量的硅胶 G 于干净研钵中，按照每克硅胶 G 用 4mL 溶剂的比例加入 CMC 溶液，立即研磨，在半分钟内研成均匀的糊状。

（3）制板。将已经洗净烘干的载玻片水平放置在台面上，用干净牛角匙舀取糊状物倒在载玻片上，迅速摊布均匀。如不均匀，可轻敲载玻片侧沿使之流动均匀。一般不可再加入糊状物，否则会形成局部过厚。每块板 1 满匙，铺制 6 块板约需硅胶 G 3.5 g。铺制过程应在 3~5min 内完成。

（4）活化。待硅胶固化定型并晾干后，移入搪瓷盘内，放进烘箱烘焙。升温至 105~110℃保温半小时，切断电源。待冷却至不烫手时取出使用。如不很快使用，应放进干燥器中备用，或装进塑料袋中扎紧袋口备用。

（5）点样。在距薄层板一端约 1cm 处用铅笔画一水平横线作为起始线。用平口毛细管在起始线上点样，每块板上点两个样点，样点直径应小于2mm，间距至少 1cm。如果溶液太稀，样点模糊，可待溶剂挥发后在原处重复点样。可留下一块薄层板作机动，其余五块板每块上各先点一个混合样点，另一个样点依次为：（a）混合样；（b）偶氮苯；（c）邻-硝基苯胺；（d）色带Ⅰ；（e）色带Ⅱ。

（6）展开。在展开槽中加入适量展开剂，展开剂的深度在立式展开槽中约 0.5cm，在卧式展开槽中约为 0.2cm。盖上盖子放置片刻。将点好样的薄层板放入，使点样一端向下，展开剂不得浸及样点。盖上盖子观察展开情况。当展开剂前沿爬升到距离薄板上端约 1cm 时取出，立即用铅笔标出前沿位置。依次展开其余各板。

（7）测量和计算。用直尺测量展开剂前沿及各样点中心到起始线的距离，

计算各样点的 R_f 值。

（8）比较分析。将 a，b，c 三块板并排平放在一起，比较分析由混合样点所分得的样点中哪一个是偶氮苯，哪一个是邻-硝基苯胺。并从分子结构解释其 R_f 值的相对大小。将 d，e 两块板放在一起比较分析，指出哪一色带为偶氮苯，哪一色带是邻-硝基苯胺，各色带是否纯净，原来的柱层析分离效果如何。

◎ **注释**

[1]　也可用硅胶 H 代替硅胶 G。

实验十四　头发蛋白中氨基酸的分离和鉴定

（一）实验目的

熟悉纸层析的原理，以及用纸层析分离头发蛋白中氨基酸的操作方法。

（二）实验原理

头发蛋白中含有多种氨基酸。本实验是先将头发水解，将所得水解液与九种已知氨基酸在同一张层析纸上点样展开，用茚三酮显色，比较各样点的 R_f 值以鉴别各样点是何种氨基酸。由于某些氨基酸的 R_f 值非常接近，必须用双向展开法才能分离开，在本实验条件下尚不能分离到足以用 R_f 值作出肯定判断的程度。故本实验只要求对分得清楚的样点作出判断，而对于分离程度不足的则作为一组看待，与已知样品中相应的一组作比较，指出该组中包含哪几种氨基酸。

（三）实验步骤

（1）头发的水解。在 100mL 圆底烧瓶中放入 0.5g 洗净晾干的头发，加入 19% 的盐酸（即浓盐酸与等体积水配成的溶液）20mL，投入几粒沸石，装上回流冷凝管，加热回流 1h。停止加热，拆下冷凝管，立即加入约 0.5g 活性炭，摇匀后用伞形滤纸将水解液滤入小锥形瓶中。水解液应为无色或稍带淡黄色。取数滴水解液检验水解是否完全[1]，如不完全，可补加3~5ml 19% 盐酸，重新回流 15min 后再检验，直至水解完全。

（2）点样。用干净的剪刀剪取 24cm×18cm 的滤纸一张，在距长边 3cm 处用铅笔各画一条与长边平行的直线 *aa'* 和 *bb'*。在距 *aa'* 2cm 处再画一条与 *aa'* 平行的直线 *cc'* 作为起始线。在 *cc'* 两端各留出 3cm 空白。在 *cc'* 的中间部分分别用铅笔作出 11 个记号，各记号间大体等距离（约 1.6cm），如图 5-11（a）所示。自左向右依次编号。

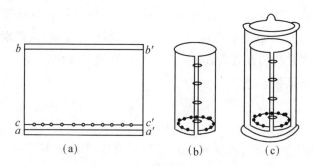

（a）滤纸的点样　（b）滤纸的缝合　（c）筒形滤纸的展开
图 5-11　多样点纸层析的点样和展开

　　将九种已知氨基酸各配制成 0.1mol·L^{-1} 的标准溶液，每毫升标准溶液加 1 滴 19% 盐酸酸化，然后分别用直径小于 1mm 的平口毛细管汲取样液在层析纸的记号处点样（一支毛细管只限用于同一种氨基酸）。自左至右各样点依次为：①天冬氨酸；②丙氨酸；③甘氨酸；④头发水解液；⑤酪氨酸；⑥脯氨酸；⑦亮氨酸；⑧头发水解液；⑨谷氨酸；⑩半胱氨酸；⑪精氨酸。每种氨基酸需重复点样两次，头发水解液则需重复点样三次。每次都需等原样点上的溶剂挥发掉之后再重复点样。样点的直径不要超过 2mm。记下各种氨基酸的样点编号，不可混淆。

　　（3）展开。待样点中溶剂挥发后将滤纸卷成筒形，使滤纸的 *acb* 边与 *a'c'b'* 边对齐缝合（使样点向内），用剪刀沿 *ab* 边和 *a'b'* 边剪去两头，即得到如图 5-11（b）所示的形状。注意在全部操作中都不可以手指触及 *ab* 线及 *a'b'* 线之间的部分[2]，必要时可用干净的镊子夹住滤纸卷曲和缝合。在展开槽中预先加入 80% 的苯酚水溶液作为展开剂[3]，其深度约为 1cm。用镊子夹住滤纸筒小心放入展开槽中，使点有样品的一端向下，如图 5-11（c）所示。注意滤纸筒不可触及展开槽内壁，展开剂不可直接浸没样点。然后盖上盖子密闭展开。

　　（4）显色。当展开剂前沿上升到距离滤纸筒顶端约 1.5cm 时，用镊子取出滤纸筒，用铅笔画出溶剂前沿位置。用冷风吹干溶剂后用喷雾方式均匀喷洒茚三酮的乙醇溶液（表 3-9）。将层析滤纸放在红外灯下烘烤或放入 110℃的烘箱内烘干，5min 左右样点显现出紫红色。取出后用铅笔描出样点的轮廓。

（5）计算和鉴定。测量各样点中心到起始线的距离以及溶剂前沿到起始线的距离，计算各样点的 R_f 值。比较头发水解液中各样点与已知氨基酸样点的 R_f 值，说明头发中含有哪几种氨基酸。对于那些由于 R_f 值差别甚小，不能肯定其是何种氨基酸的样点则看做一组，与已知氨基酸相应的一组相比较。将计算和鉴定的结果报告老师。

◎**注释**

[1] 水解完全与否，判断方法是用双缩脲试验检验其中是否含有多肽。方法见第 314~315 页。

[2] 本实验非常灵敏。手指上的油脂中含有相当量的氨基酸，若触及滤纸会沾染在滤纸上，在以后的显色步骤中会显出颜色，与样点颜色混淆。

[3] 80%苯酚水溶液是由 20mL 水与 80g 苯酚混合加热溶解制得的。制成后宜立即使用，以免氧化。若需短时间存放，可在溶液面上加盖一层石油醚使之与空气隔离。

实验十五 正溴丁烷的制备

（一）实验目的

（1）了解从正丁醇制备正溴丁烷的原理及方法，实践、印证 S_N2 反应。

（2）初步掌握回流、气体吸收装置及分液漏斗的使用。

（二）实验原理

$$NaBr + H_2SO_4 \longrightarrow HBr + NaHSO_4$$

$$n\text{-}C_4H_9OH + HBr \xrightarrow{H_2SO_4} n\text{-}C_4H_9Br + H_2O$$

副反应

$$n\text{-}C_4H_9OH \xrightarrow{H_2SO_4} CH_3CH = CHCH_3 + H_2O$$

$$2n\text{-}C_4H_9OH \xrightarrow{H_2SO_4} (n\text{-}C_4H_9)_2O + H_2O$$

$$2NaBr + 3H_2SO_4 \longrightarrow Br_2 + SO_2\uparrow + 2H_2O + 2NaHSO_4$$

（三）实验装置

实验装置见图 5-12。

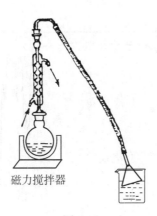

磁力搅拌器

图 5-12

（四）实验步骤

（1）在 50 mL 圆底烧瓶中加入 5 mL 水，缓缓注入 7 mL 浓硫酸，摇匀并用冷水浴冷至接近室温，加入 4.6 mL 正丁醇（3.73 g，0.05 mol）[1]，最后加入 6.5 g 溴化钠（0.063 mol）[2]，投入磁子，充分摇振后装上回流冷凝管。冷凝管上口安装气体吸收装置，如图 5-12 所示（注意漏斗口不可全部没入水中，以防倒吸）。

（2）加热圆底烧瓶。当瓶中固体消失后，打开磁力搅拌。反应混合物开始沸腾时调节加热强度，维持平稳回流。反应物分为三层，上层逐渐增厚，中层逐渐变薄，30~40 min 后中层完全消失。停止加热，稍冷后拆下回流冷凝管，改用蒸馏装置重新加热，将粗产物全部蒸出[3]。

（3）将接收的馏出液移入分液漏斗中，用 5 mL 水荡洗接收瓶，洗出液也倒入分液漏斗中，摇振静置[4]，将下层粗产物分入另一个洁净、干燥的分液漏斗里，用 3 mL 浓硫酸洗涤[5]，尽可能分净酸层。剩余的粗产物再依次用 3 mL 水、3 mL 饱和碳酸氢钠溶液、3 mL 水洗涤，最后将粗产物分入一个洁净、干燥的小锥形瓶中，加入1g无水氯化钙，塞住瓶口干燥半小时以上。

（4）将干燥好的粗产物滤入50 mL圆底烧瓶中，安装简单蒸馏装置，蒸馏收集99~103℃的馏分，称重、计算收率并测定折光率。

所得产品为无色透明液体，得量3.5~4.3 g（2.7~3.4mL），收率51%~62%。纯粹的正溴丁烷为无色透明液体，b.p.101.6℃，n_D^{20} 1.439 9。

正溴丁烷红外光谱图见图5-13；正溴丁烷核磁共振谱图见图5-14。

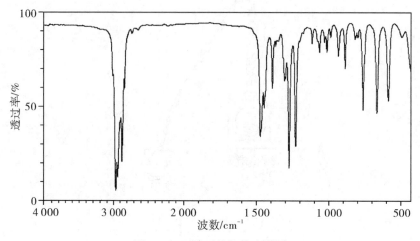

图5-13　正溴丁烷红外光谱图

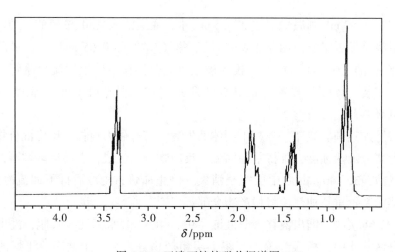

图5-14　正溴丁烷核磁共振谱图

◎注释

[1] 正丁醇比较黏稠，量器器壁黏附较多，最好以称量增重法取用。

[2] 如使用带结晶水的溴化钠（$NaBr \cdot 2H_2O$），可按换算量投放，并计减用水量。

[3] 粗产物蒸完与否，可从以下三方面判断：① 蒸馏瓶中的油层是否已经消失；② 馏液是否已由浑浊变为澄清；③ 用干净试管接几滴馏出液，加水摇动后观察其中有无油珠。

[4] 此步粗产物应接近无色。如为红色则是由于浓硫酸的氧化作用产生了游离态的溴，可分去水层后用数毫升饱和亚硫酸氢钠溶液洗涤除去，然后进行下步操作。其反应为：

$$2NaBr+3H_2SO_4（浓）\longrightarrow Br_2+SO_2+2H_2O+2NaHSO_4$$

$$Br_2+3NaHSO_3 \longrightarrow 2NaBr+NaHSO_4+2SO_2+H_2O$$

[5] 用浓硫酸洗去粗产物中少量未反应的正丁醇及副产物正丁醚，否则正丁醇会与正溴丁烷形成共沸物（沸点 98.6℃，含正丁醇 13%），在后面的蒸馏中难以除去。

实验十六　正丁醚的制备

（一）实验目的

（1）熟悉合成正丁醚的基本原理和方法。
（2）理解油水分离器作用及使用。

（二）实验原理

反应式

$$2n\text{-}C_4H_9OH \xrightarrow[130\sim140℃]{H_2SO_4} (nC_4H_9)_2O+H_2O$$

副反应

$$n\text{-}C_4H_9OH \xrightarrow[\sim160℃]{H_2SO_4} CH_3—CH{=}CH—CH_3 + H_2O$$

正丁醇的沸点和蒸气压：

沸点℃　　　-1.2　30.2　53.4　70.1　100.8　117.5　-79.9

蒸气压 mmHg　1　10　40　100　400　760　m.p

正丁醇、正丁醚和水形成二元、三元恒沸组成及恒沸点：

(1) 醇/水：57.5/42.5，92.7℃；

(2) 醇/醚：82.5/17.5，117.65℃；

(3) 醚/水：67/33，92.9℃；

(4) 醇/水/醚：34.6/29.9/35.5，90.6℃；

本反应的关键是脱水，在实验装置中使用油水分离器，可提高脱水效果，从而达到提高产率的目的。

(三) 实验装置

实验装置见图 5-15。

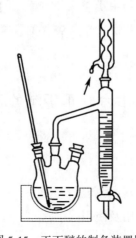

图 5-15　正丁醚的制备装置图

(四) 实验步骤

(1) 在 50 mL 三口烧瓶中加入 15.5 mL 正丁醇（12.6 g，0.17 mol），将 2.3 mL 浓硫酸分数批加入，每加入一批即充分摇振[1]，加完后再用力充分摇匀。在三口烧瓶的中口安装油水分离器，一侧口安装温度计。

（2）将三口烧瓶安装在铁架台上，沿油水分离器支管口对面的内壁小心地贴壁加水（注意切勿使水流入三口烧瓶内）。待水面上升至恰与支管口下沿相平齐时为止。小心开启活塞，放出 1.5 mL 水[2]，在油水分离器的上口安装回流冷凝管，如图 5-15 所示。

（3）加热三口烧瓶，并开启磁力搅拌，反应液沸腾后蒸气进入冷凝管，被冷凝成混合液滴入油水分离器内，水层下沉，油层浮于水面上。待油层液面升至支管口时即流回三口烧瓶中。平稳回流直至水面上升至与支管口下沿相平齐时，即可停止反应，历时约 1h，反应液温度 135~137℃。[3]

（4）稍冷后开启活塞，放出油水分离器中的水，然后拆除装置。将反应液倒入盛有 25 mL 水的分液漏斗中，充分摇振，静置分层，弃去下层水液。上层粗产物依次用 13 mL 水、8 mL 5%氢氧化钠溶液[4]、8 mL 水和 8 mL 饱和氯化钙溶液洗涤[5]。最后分净水层，将粗产物自漏斗上口倒入洁净干燥的小锥形瓶中，加入 1g 无水氯化钙，塞紧瓶口干燥 0.5h 以上。

（5）将干燥好的粗产物滤入 50 mL 圆底烧瓶中，蒸馏收集 140~144℃的馏分，称重并计算收率。所得为无色透明液体，产量 3.5~4.4 g（4.5~5.7 mL），收率 31.9%~40%。

纯的正丁醚为无色透明液体，b.p.142.4℃，n_D^{20} 1.399 2。

正丁醚红外光谱图见图 5-16；正丁醚核磁共振谱图见图 5-17。

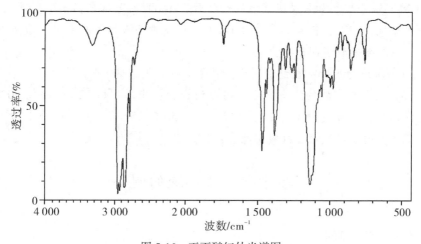

图 5-16　正丁醚红外光谱图

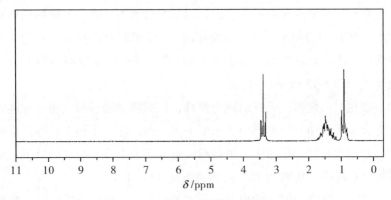

图 5-17　正丁醚核磁共振谱图

◎ 注释

[1] 如不充分摇匀，在酸与醇的界面处会局部过热，使部分正丁醇碳化，反应液很快变为红色甚至棕色。

[2] 实验理论出水量 1.53 mL。

[3] 制备正丁醚的适宜温度是 130~140℃，但在本反应条件下会形成下列共沸物：醚-水共沸物（b.p. 94.1℃，含水 33.4%）、醇-水共沸物（b.p. 93.0℃，含水 44.5%）、醇-水-醚三元共沸物（b.p. 90.6℃，含水 29.9% 及醇 34.6%），所以在反应开始阶段温度计的实际读数约在 100℃ 左右。随着反应的进行，出水速度逐渐减慢，温度也缓缓上升，至反应结束时一般可升至 135℃ 或稍高一些。如果反应液温度已经升至 140℃ 而分水量仍未达到理论值，还可再放宽 1~2℃，但若温度升至 142℃ 而分水量仍未达到 1.8 mL，也应停止反应。否则会有较多副产物生成。

[4] 碱洗时摇振不宜过于剧烈，以免严重乳化，难于分层。

[5] 上层粗产物的洗涤也可采用下法进行：先每次用 12 mL 冷的 50% 硫酸洗涤两次，再每次用 12 mL 水洗涤两次。50% 硫酸可洗去粗产物中的正丁醇，但正丁醚也能微溶，故收率略有降低。

实验十七　己二酸的制备

(一)　实验目的

(1) 学会氧化反应的基本原理和方法。

（2）进一步巩固重结晶的操作。

（二）实验原理

方法（一）：

$$3 \bigcirc \!\!\!-OH+8HNO_3 \longrightarrow 3HOOC(CH_2)_4COOH+8NO + 7H_2O$$

$$\xrightarrow{4O_2} 8NO_2$$

方法（二）：

$$3 \bigcirc \!\!\!-OH+8KMnO_4+H_2O \longrightarrow 3HOOC(CH_2)_4COOH+8MnO_2+8KOH$$

（三）实验步骤

1. 方法（一）

（1）在 100mL 三口烧瓶中放入浓度为 50% 的硝酸 6.4mL（8.4g，0.136mol）及一小粒钒酸铵[1]，瓶口分别装置温度计、搅拌器及 Y 形管。Y 形管的直口装滴液漏斗，斜口装气体吸收装置，用碱液吸收产生的氧化氮气体。将 2.1 mL 环己醇[2]（2 g，0.05 mol）放置在滴液漏斗中[3]。

（2）将三口烧瓶缓慢加热至约 60℃，启动搅拌，慢慢地将环己醇滴入硝酸中[4]，反应放热，瓶内温度上升并有红棕色气体产生[5]。控制滴速使反应温度维持在 50~60℃，必要时可用预先准备好的冰水浴或热水浴调节温度。滴加过程约需 30 min，滴完后在继续搅拌下加热 15 min 左右，至基本不再有红棕色气体产生为止。稍冷后将反应物小心地倒入一只浸在冰水浴中的烧杯里。待结晶完全后抽滤收集晶体，用 4~8 mL 冷水洗涤晶体[6]。粗产物干燥后重约2.4 g，m. p. 149~151℃。用水重结晶[6]，得精制品约2 g，收率约68%，m. p. 152~153℃。

纯粹的己二酸为白色棱晶，m. p. 153℃。

2. 方法（二）

将装有 5 mL 10% 氢氧化钠溶液和 50 mL 水的 100 mL 三口烧瓶安装在磁力搅拌器上。启动搅拌，加入 9.1 g 高锰酸钾。待高锰酸钾溶解后用滴管慢慢加入 2.1 mL（2.0 g，0.02 mol）环己醇。控制滴速以维持反应温度在 45℃ 左右。滴完后继续搅拌至温度开始下降。加热烧瓶 5 min 使反应完全并使二氧化锰沉淀凝结。用玻璃棒蘸一滴反应混合物点到滤纸上做点滴试验，若有高锰酸盐存在，则在二氧化锰斑点的周围出现紫色的环，可向反应混合物中加少量亚硫酸氢钠固体至点滴试验无紫色的环出现为止。

趁热抽滤混合物，用少量热水洗涤二氧化锰滤渣 3 次。合并滤液与洗涤液，用约 4 mL 浓盐酸酸化，至溶液呈强酸性，加少量活性炭煮沸脱色，趁热过滤。滤液隔石棉网加热浓缩至 14~15 mL 左右，冷却后抽滤收集晶体，干燥后重 1.8~2.2 g，收率 61.6%~75.3%，m. p. 151~152℃。

己二酸红外光谱图见图 5-18；己二酸核磁共振谱图见图 5-19。

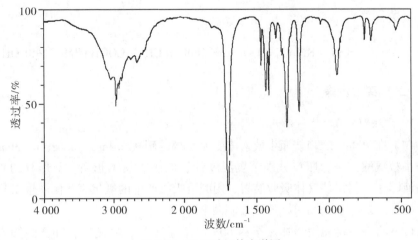

图 5-18　己二酸红外光谱图

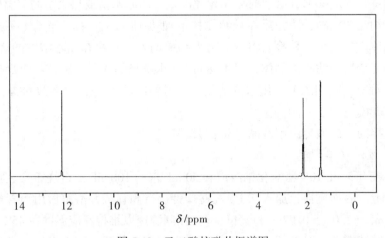

图 5-19　己二酸核磁共振谱图

◎注释

[1] 钒酸铵（$NH_4)_3VO_4$ 为催化剂，市售者一般为偏钒酸铵 NH_4VO_3，在水溶液中形成钒酸铵与多钒酸铵的平衡体系，其中各种钒酸根的浓度之比取决于溶液的 pH 值。

[2] 在量取环己醇时不可使用量过硝酸的量筒，因为二者会激烈反应，容易发生意外。

[3] 环己醇 m. p. 25.1℃，在较低温度下为针状晶体，熔化时为黏稠液体，不易倒净。因此量取后可用少量水荡洗量筒，一并加入滴液漏斗中，这样既可减少器壁黏附损失，也因少量水的存在而降低环己醇的熔点，避免在滴加过程中结晶堵塞滴液漏斗。

[4] 本反应强烈放热，环己醇切不可一次加入过多，否则反应太剧烈，可能引起爆炸。

[5] 二氧化氮为有毒的致癌物质，应避免逸散室内。装置应严密，最好在通风橱中进行实验。如发现有气体逸出，应立即暂停实验，待调整严密后重新开始反应。

[6] 己二酸在水中的溶解度（g/100 mL 水）分别为 1.44^{15}，3.08^{34}，8.46^{50}，34.1^{70}，94.8^{80}，100^{100}，所以洗涤晶体的滤液或重结晶滤出晶体后所得母液若经浓缩后再冷却结晶，还可收回一部分纯度较低的产品。

实验十八　内型降冰片-顺-5，6-二羧酸酐的制备

(一) 实验目的

(1) 了解 Diels-Alder 反应的特点。
(2) 了解 Diels-Alder 反应在有机合成中的应用。

(二) 实验原理

共轭二烯与含活泼双键或叁键的化合物（称为亲双烯体）的 1，4-加成反应称为 Diels-Alder反应，在有机实验中常利用这一反应合成六元环、桥环或骈合环。

Diels-Alder 反应一般具有如下特点：
(1) 反应条件简单，通常在室温或在适当的溶剂中回流即可。

（2）收率高，特别是当使用高纯度的试剂和溶剂时，反应几乎是定量进行的。

（3）副反应少，产物易于分离纯化。

（4）反应具有高度的立体专一性，这种立体专一性表现为：① 只有当共轭双烯处于顺（S-）位时才能反应；② 1，4-环加成反应是立体定向的顺式加成，共轭双烯与亲双烯体的构型在反应中保持不变；③ 环状二烯与环状亲二烯体的加成主要生成内型产物。例如，环戊二烯与顺丁烯二酸酐的加成产物中内型体占绝对优势：

内型 (endo)　　　　　外型 (exo)
>98.5%　　　　　　　<1.5%

但呋喃与顺丁烯二酸酐的加成反应却只得到外型产物：

外型 (exo)

研究表明在这个反应的初期同时生成了内型和外型两种产物，但因为外型体是热力学稳定的产物，所以在室温放置一天后就只剩下外型体一种产物了。

本实验是环戊二烯与顺丁烯二酸酐的 Diels-Alder 加成，得到的是内型产物。

（三）实验步骤

在干燥的 50 mL 锥形瓶中加入 2 g 顺丁烯二酸酐（0.02 mol）和 7 mL 乙酸乙酯[1]，温热溶解后加入 7 mL 石油醚（b. p. 60~90℃），摇匀后置冰浴中冷却（此时可能有少许固体析出，但不影响反应）。加入 2 mL 新蒸的环戊二烯（1.6 g，0.024 mol）[2]，摇振反应，必要时用冰浴冷却，以防止环戊二烯挥发损失。待反应不再放热时，瓶中已有白色晶体析出。用水浴加热使晶体溶解，再慢慢冷却，得到白色针状结晶。抽滤收集晶体，干燥后重 2.4~2.5 g，收率 73%~76%，m. p. 164~165℃。

加成产物内型降冰片烯-顺-5，6-二羧酸酐分子中仍保留有双键，可使高锰酸钾溶液或溴的四氯化碳溶液褪色。该产物遇水或吸收空气中的水汽易水解成相应的二元羧酸，故应保存在干燥器中。

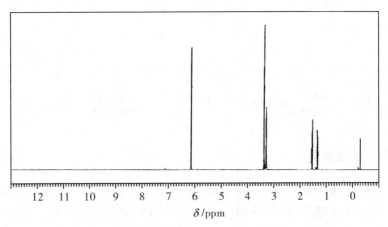

图 5-20　内型降冰片烯-顺-5，6-二羧酸酐核磁共振谱图

◎注释

[1] 顺丁烯二酸酐及其加成产物都易水解成相应的二元羧酸，故所用全部仪器、试剂及溶剂均需干燥，并注意防止水或水汽进入反应系统。

[2] 环戊二烯在室温下易聚合为二聚体，市售环戊二烯都是二聚体。二聚体在 170℃ 以上可解聚为环戊二烯，方法如下：

将二聚体置于圆底烧瓶中，瓶口安装 30 cm 长的韦氏分馏柱，缓缓加热解聚。产生的环戊二烯单体沸程为 40~42℃，因此需控制分馏柱顶的温度不超过 45℃，并用冰水浴冷却接收瓶。如果这样分馏所得环戊二烯浑浊，则是因潮气侵入所致，可用无水氯化钙干燥。馏出的环戊二烯应尽快使用。如确需短期存放，可密封放置在冰箱中。

实验十九　乙酰水杨酸的制备

（一）实验目的

熟悉制备乙酰水杨酸的制备原理和方法。

（二）实验原理

水杨酸是一个具有酚羟基和羧基的双官能团化合物，能进行两种不同的酯化反应。当与乙酸酐或乙酰氯等试剂作用时，酚羟基进行乙酰化，生成乙酰水杨酸即阿司匹林。

（三）反应式

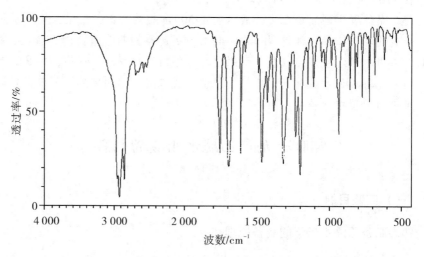

（四）实验步骤

在装有空气冷凝管的 50mL 干燥的锥形瓶中，加 2g（0.014 5mol）水杨酸[1]、0.1g 无水碳酸钠和 1.8mL（1.95g，0.02mol）乙酸酐。放入 80~85℃[2] 的水浴中，不断摇动锥形瓶，直至水杨酸完全溶解[3]，再维持 10min 后，趁热将反应液在不断搅拌下倒入盛有 24mL 冷水和 8 滴 10%的盐酸并混合好的烧杯中。然后，在冰水浴中冷却 15min，待结晶完全后，抽滤，用冷水（3×2mL）洗涤并压干。最后，干燥称重，得产品 1.8 ~ 2.4g[4]，收率 69% ~ 92%，m. p. 135~137℃[5]

乙酰水杨酸红外光谱图见图 5-21；乙酰水杨酸核磁共振谱图见图 5-22。

图 5-21　乙酰水杨酸红外光谱图

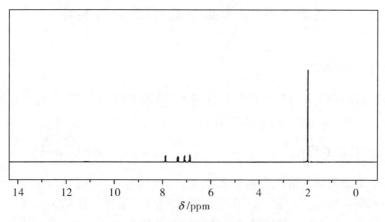

图 5-22　乙酰水杨酸核磁共振谱图

◎ 注释

[1] 水杨酸应当干燥，乙酸酐应当是新蒸的，收集 139~140℃ 的馏分。

[2] 反应温度不宜过高，否则会增加副产物，如水杨酰水杨酸酯、乙酰水杨酰水杨酸酯等。

[3] 反应过程中，不宜将锥形瓶移出水面。否则，生成的乙酰水杨酸也会从溶液中析出，无法判断水杨酸是否全溶。如果加热 0.5h 仍不溶，可视做水杨酸已反应，实验可继续往下进行。水杨酸溶解后，不久又有沉淀产生，属正常实验现象。

[4] 要得到更纯的产品，可用 1:4 乙醇水溶液，稀乙酸（1:1），苯-汽油（40~60℃），乙醚-石油醚（30~60℃）为溶剂进行重结晶。重结晶时，加热不宜过久，防止乙酰水杨酸部分分解。

[5] 乙酰水杨酸易受热分解，干燥时，温度不能过高（一般不高于 80℃）。其分解温度为 128~135℃，m.p. 不是很明显。测定 m.p. 时，可先将热载体加热到 120℃ 左右，然后放入样品测定。

实验二十 苯亚甲基苯乙酮的制备

(一) 实验目的

(1) 掌握羟醛缩合反应的原理和制备查尔酮的实验方法。

(2) 了解固态缩合反应合成方法。

(二) 实验原理

具有 α-活泼氢的醛酮在稀碱催化下，分子间发生羟醛缩合反应，首先生成 β-羟基酮；提高反应温度，β-羟基醛酮进一步脱水，生成 α，β-不饱和醛酮。这是合成 α，β-不饱和羰基化合物的重要方法，也是有机合成中增长碳链的重要反应。常用的催化剂是钠、钾、钙、钡的氢氧化物的水溶液或醇溶液，也可使用醇钠或仲胺。

无 α-活泼氢的芳醛可与有 α-活泼氢的醛酮发生交叉羟醛缩合，缩合产物自发脱水生成具有稳定共轭体系的 α，β-不饱和醛酮，这种交叉的羟醛缩合称为 Claisen Schmidt 反应。该反应是合成侧链上含两种官能团的芳香族化合物及含有几个苯环的脂肪族体系的一条重要途径。

查尔酮及其衍生物是重要的有机合成中间体，合成方法包括以碱作催化剂、在溶液中进行的经典合成方法，还有近几年来发展起来的微波合成、超声波合成、固态合成等新合成方法。

(三) 反应式

(四) 实验步骤

在装有搅拌器、温度计和恒压滴液漏斗的 100 mL 三口烧瓶中放置 12.5 mL 10%氢氧化钠溶液、7.5 mL 乙醇和 3 mL 苯乙酮 (3.085 g，0.025 mol)，在搅拌下自恒压滴液漏斗中滴加 2.5 mL 苯甲醛（2.625 g，0.025 mol），控制滴加速度使反应温度维持在 25~30℃[1]，必要时用冷水浴冷却。滴完后维持此温度继续搅拌半小时，再在室温下搅拌 1~1.5h，有晶体析出[2]。停止搅拌，以冰浴冷却 10~15min 使结晶完全。

抽滤收集产物，用水充分洗涤至洗出液呈中性，然后用约5 mL冷乙醇洗涤晶体，挤压抽干。粗产物用95%乙醇重结晶[3]（每克粗品需 4~5 mL 溶剂，若颜色较深可加少量活性炭脱色），得浅黄色片状结晶 3~3.5 g，收率 57.7%~67.3%，产品 m.p. 56~57℃[4]。

苯亚甲基苯乙酮红外光谱图如图 5-23 所示；苯亚甲基苯乙酮核磁共振谱图如图 5-24 所示。

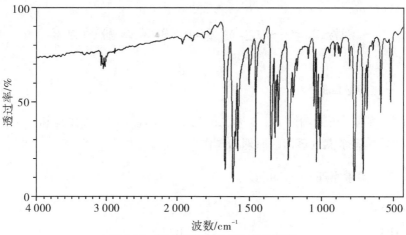

图 5-23 苯亚甲基苯乙酮红外光谱图

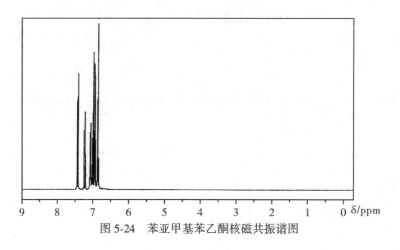

图 5-24 苯亚甲基苯乙酮核磁共振谱图

◎ 注释

[1] 反应温度以 25～30℃ 为宜，偏高则副产物较多，过低则产物发黏，不易过滤和洗涤。

[2] 一般室温搅拌 1h 后即有晶体析出，但如有苯亚甲基苯乙酮成品，可在开始室温搅拌时投入数粒，以促使结晶较快析出。

[3] 苯亚甲基苯乙酮熔点较低，溶样回流时会呈熔融油状物，需加溶剂使之真正溶解。本品可引起某些人皮肤过敏，故操作时慎勿触及皮肤。

[4] 纯粹的苯亚甲基苯乙酮有几种不同的晶体形态，其熔点分别为：α 体 58～59℃（片状）；β 体 56～57℃（棱状或针状）；γ 体 48℃。通常得到的是片状的 α 体。

实验二十一　2-硝基-1，3-苯二酚的制备

(一) 实验目的

(1) 了解合成 2-硝基-1，3-苯二酚的基本原理（定位规律）和方法。

(2) 熟悉水蒸气蒸馏的原理和操作。

(二) 实验原理

反应式

酚羟基是强的邻对位定位基，磺酸基是体积较大的取代基，利用酚羟基的定位作用，将磺酸基引入酚羟基的邻位后再将硝基引入两个羟基的邻位，最后利用磺酸在加热条件下可脱去。本实验利用水蒸气蒸馏的方法既将磺酸基脱去同时将产品蒸出。

（三）实验步骤

（1）在一只干燥的 50 mL 锥形瓶中加入 2.4 mL 浓硝酸（约 3.4g，0.038 mol），缓缓注入 3.4 mL 浓硫酸，稍加摇振，塞紧瓶口[1]，置冰水浴中冷却备用。

（2）在 100 mL 干燥的侧口装有温度计的三口烧瓶中加研成粉状的间-苯二酚 3.3 g（0.03 mol）[2]，加入浓硫酸[3] 15 mL，充分摇动并及时观察反应液的温度。间-苯二酚逐渐溶解，温度自动上升[4]，最高可达 60～70℃，然后逐渐下降。待降至 30～35℃时，停止搅拌，用表玻璃盖住烧杯口，室温放置约 15min，使反应完全，得一白色的黏稠糊状物，用冰水浴冷却至 10～15℃。

（3）用滴管吸取锥形瓶中已经冷却的混酸慢慢滴入糊状物中，边滴加边搅拌，控制温度在 20～30℃，超过 30℃则用冰水浴冷却，同时暂停滴加混酸；低于 20℃时则取离冰水浴，加酸搅拌[5]。混酸滴完后继续搅拌 5min，然后在室温放置 15min，其间密切注视温度变化，如发现温度迅速上升并超过 30℃时，立即用冰水浴冷却，最后得一亮黄色糊状物[6]。

（4）将 9 g 碎冰分批加入反应物中并充分摇动，控制温度不超过 50℃。待碎冰完全溶解后加入约 0.06 g 尿素[7]摇动溶解。

（5）直接进行水蒸气蒸馏。当冷凝管中有红色晶体析出时调节冷却水流量勿使堵塞。蒸至冷凝管中不再有红色晶体析出时停止蒸馏。馏出液用冰水浴冷却，待结晶完全后抽滤收集晶体。

（6）粗产物用 50%乙醇溶液重结晶，得橘红色针状晶体约 1.2 g，收率约 25.6%，m. p. 84～85℃。

纯粹的 2-硝基-1，3-苯二酚熔点为 87.8℃。

2-硝基-1，3-苯二酚红外光谱图见图 5-25；2-硝基-1，3-苯二酚核磁共振谱图见图 5-26。

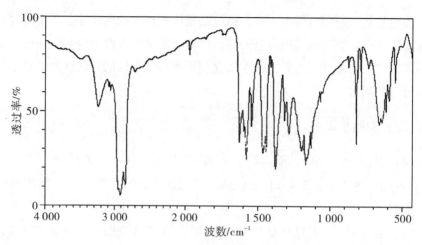

图 5-25　2-硝基-1，3-苯二酚红外光谱图

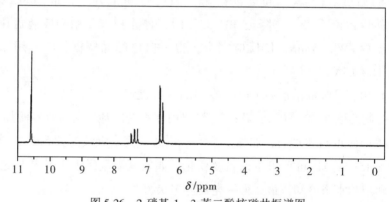

图 5-26　2-硝基-1，3-苯二酚核磁共振谱图

◎注释

[1] 本实验成功的重要因素之一是要确保混酸的浓度。为此，所用的仪器都必须干燥，硫酸需使用98%的浓硫酸（$d=1.84$），硝酸需使用70%~72%的（$d=1.42$），而且最好是当天新开瓶的。配好的混酸不可敞口久置，以免酸雾挥发或吸潮而降低浓度，在加入碎冰之前的所有操作中都应避免可能造成反应物稀释的一切因素。

[2] 间-苯二酚需研细以利磺化完全。间-苯二酚有较强腐蚀性，慎勿触及皮肤。

[3] 绝对不能误加成浓硝酸，否则有爆炸危险。

[4] 磺化完全与否是本实验成败的关键。若所用硫酸浓度不够或气温过低，可能在较长时间内不出现白色浑浊，也无明显的自动升温。遇此情况可在85℃水浴中加热，瓶内温度升到80℃，且反应物成白色稠状后，拿出水面，然后在室温放置15min使反应完全。

[5] 反应温度控制宜严。如温度过高则易发生副反应，温度过低则会使反应过慢，造成混酸的积累。一旦反应加速，温度就难以控制。

[6] 此步反应物应为亮黄色糊状。如为棕色则在后步操作中仍可得到产物，但产率较低；如为紫色甚至蓝色，则一般不能得到产物。如遇此情况可酌情补加1~2 mL浓硝酸，并将反应温度放宽到35℃，一般可调至棕色，但不能调至黄色。如不能调至棕色，原则上应该重做。

[7] 加入尿素可与多余的硝酸作用生成络盐CO（NH_2）$_2$·HNO_3，以免其生成二氧化氮污染空气。

实验二十二　邻-硝基苯酚和对-硝基苯酚的制备

（一）实验目的

（1）学习苯酚的硝化反应操作方法。
（2）学习利用分子内氢键和分子间氢键极性的差异将其分离。
（3）进一步巩固水蒸气蒸馏的操作

（二）实验原理

苯酚在较低温度下硝化，可得到邻位和对位硝基苯酚。由于邻硝基苯酚可形成分子内的氢键，分子间不缔合，并且也不与水缔合，因而沸点较对位的要低，不溶于水，可以随水蒸气蒸出，与对位异构体分离。

反应式

$$2C_6H_5OH+2HNO_3 \longrightarrow p\text{-}NO_2C_6H_4OH+o\text{-}NO_2C_6H_4OH+2H_2O$$

1. 方法一

实验步骤：

在装有搅拌器、冷凝管、温度计和恒压滴液漏斗的100mL的三口瓶中，加入4.50g（0.045mol）苯酚、0.5mL水和15mL苯。将4mL（0.09mol）浓硝酸放入滴液漏斗中，将三口瓶于冰水浴中冷却，在充分搅拌下，待温度降至10℃以下时，开始滴加浓硝酸，立刻发生剧烈的放热反应；控制滴加速率，使反应温度保持在5~10℃为宜。滴加完毕，在冰水浴中继续搅拌5min后，在室温再搅拌1h，使反应完全。

将反应液于冰水浴中冷却，析出对硝基苯酚晶体，减压过滤，用8mL苯洗涤（保留滤液和洗液）。粗的对硝基苯酚可用苯或2%的盐酸重结晶。产品m.p. 114.9~115.6℃。

将上面所得的滤液和洗液一并放入分液漏斗中，分去水层，苯层加入15mL水，进行水蒸气蒸馏。首先蒸出低馏分的苯，然后蒸出邻硝基苯酚（注意蒸馏中温度的变化）。将馏出液于冰水浴中冷却，结晶。减压过滤，干燥，测熔点（纯的邻硝基苯酚m.p. 45.3~45.7℃）。用乙醇水混合溶剂重结晶，可得到亮黄色的针状结晶，m.p. 45℃。

水蒸气蒸馏后的残留物中含有毒性很大的2，4-二硝基苯酚，它能渗过皮肤被吸收，故应加入10mL2%的氢氧化钠溶液，经作用后弃去。

◎ **注意事项**

（1）室温下苯酚是固体（熔点41℃），加水可降低其熔点，使其呈液态，有利于反应。苯酚对皮肤有腐蚀性，使用时要注意安全。万一触及皮肤，应立刻用水冲洗，并用酒精擦洗。

（2）反应温度很重要。如果温度过高，会使硝基苯酚进一步硝化或被氧化，使一元硝化产物的产量降低。温度过低，会使邻硝基苯酚的产量降低。

（3）如果产物在冷凝管中固化，可暂不通入冷凝水。

（4）先将邻硝基苯酚溶于40~45℃的乙醇中，过滤，再将温水滴入滤液至浑浊，然后再将浑浊液于40~45℃的水中加热或滴入少量乙醇使之变清。经冷却，即可析出亮黄色的针状结晶。

2. 方法二

实验步骤：

在100mL的圆底烧瓶中，加入15mL水，再慢慢加入5.3mL浓硫酸（$d=$1.84）及5.75g（0.068mol）硝酸钠。将烧瓶置于冰水浴中冷却。在小烧杯中称取3.53g（0.038mol）苯酚，再加入1mL水，温热搅拌至溶，冷却后倒入滴液漏斗中，在振摇下自滴液漏斗往烧瓶中逐滴加入苯酚水溶液，保持反应温度在15~20℃之间。滴加完毕，放置半小时并同时摇振以使反应完全。此时得到黑色焦油状物，用冰水冷却，使油状物成固体，小心倾去酸液，油状物用水、用倾泻法洗涤数次，尽量洗去剩余的酸液。将油状物用水蒸气蒸馏至冷凝管无黄色油状物滴出为止，蒸出液冷凝后为黄色固体状的邻硝基苯酚、过滤，干燥，称量。用乙醇水混合溶剂重结晶，得黄色针状晶体，产量 1.0～1.1g，产率 19%～22%，m. p. 45℃。

于水蒸气蒸馏后的残液中加入水至总体积为 50mL，再加 5mL 浓盐酸和适量活性炭，加热煮沸 10min，趁热过滤，滤液再用活性炭脱色一次。将滤液冷却，使对硝基苯酚粗品立即析出。抽滤收集产品，用 2% 稀盐酸重结晶，产量 0.88～1.0g，产率 17%～19%，m. p. 114℃.

邻硝基苯酚红外光谱图见图 5-27；邻硝基苯酚核磁共振谱图见图 5-28。

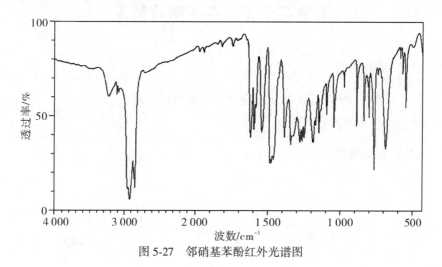

图 5-27　邻硝基苯酚红外光谱图

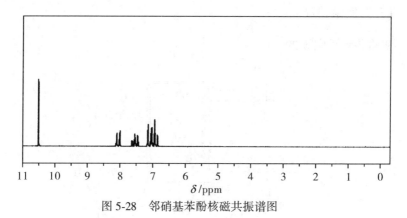

图 5-28　邻硝基苯酚核磁共振谱图

◎ **注意事项**

若有酸存在,水蒸气蒸馏时会使苯酚进一步氧化,因此操作前应尽量将酸洗去。

◎思考题

（1）本实验中有哪些副反应？如何减少这些副反应的发生？

（2）试比较苯、苯酚、硝基苯进行硝化的难易程度。

（3）在进行邻硝基苯酚重结晶时，如果加入乙醇温热后出现油状物，如何使它消失？在滴加水时，也常出现油状物，如何避免？

实验二十三　二苯酮的制备

（一）实验目的

（1）了解 Fridel-Crafts 酰化反应制备芳香酮的原理。

（2）练习无水操作方法。

（二）实验原理

反应式：

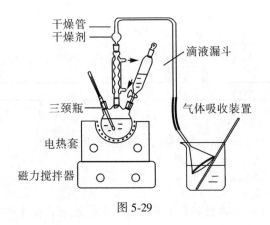

（三）实验装置

实验装置见图 5-29。

图 5-29

（四）实验步骤

（1）在 100 mL 三口烧瓶的中口安装冷凝管，两侧口分别安装恒压滴液漏斗和温度计[1]，冷凝管上口安装氯化钙干燥管，干燥管另一端安装气体吸收装置。

（2）迅速称取 4 g 无水三氯化铝（0.029 mol）[2]加入三口烧瓶中，立即注入 15 mL 无水苯（13.2 g，0.169 mol）。[3]开启冷却水，启动搅拌器。将 3 mL 新蒸过的苯甲酰氯（3.64 g，0.026 mol）通过滴液漏斗在约 10min 内滴入三口烧瓶中。反应液由无色变为黄色，三氯化铝逐渐溶解。

（3）加热（约 50℃）三口烧瓶，至再无氯化氢气体逸出为止，历时 1.5~2h，反应液变为深棕色。

（4）用冰水浴冷却三口烧瓶[4]。将 25 mL 冰水和 12.5 mL 浓盐酸混合均匀，在持续搅拌和冷却下通过滴液漏斗慢慢滴入三口烧瓶中。

（5）将反应物转入分液漏斗中，分得有机层，依次用 7.5 mL 5% 氢氧化钠溶液和 7.5 mL 水各洗涤一次，用无水硫酸镁干燥。

（6）将干燥好的液体滤入蒸馏瓶中，安装减压蒸馏装置。先用水泵减压蒸除苯，然后用油泵减压蒸馏，收集 149~152℃/933 Pa（7 mmHg）的馏分，得量约 3 g，收率约 64%。产品为无色黏稠液体，冷却后固化[5]，熔点 48℃。

二苯酮有多种晶形，它们的熔点分别为：α-型 49℃，β-型 26℃，γ-型 45~48℃，δ-型 51℃。其中以 α-型最稳定。

二苯酮红外光谱图见图 5-30；二苯酮核磁共振谱图见图 5-31。

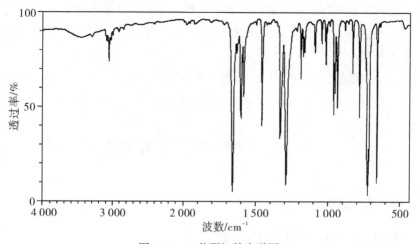

图 5-30　二苯酮红外光谱图

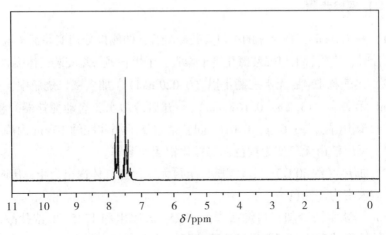

图 5-31　二苯酮核磁共振谱图

◎ **注释**

[1] 本实验所用仪器均需充分干燥，并防止潮气进入反应体系，否则严重影响收率。

[2] 无水三氯化铝质量的好坏是决定实验成败的关键因素，最好使用新开瓶的。如已放置较久，可用下法鉴别：用牛角匙挑取小半匙丢入水中，立即发出嘶鸣声并产生白色烟雾，则说明尚未失效，可以使用；如无此现象则不可使用。无水三氯化铝极易吸潮，故称量和投放都应尽可能迅速。

[3] 无水苯的制备方法见附录 5(4)。新开瓶的分析纯的苯也可直接使用，收率稍低。

[4] 冷却时需注意防止气体吸收装置中水的倒吸。

[5] 有时冷至室温产物并不固化或仅部分固化，是由于存在较多的 β-型产物。

实验二十四　甲基橙的制备

（一）实验目的

了解重氮盐的制备及偶氮化合物的制备。

（二）实验原理

$$H_2N\!-\!\!\!\langle\!=\!\rangle\!\!\!-\!SO_3H \xrightarrow{NaOH} H_2N\!-\!\!\!\langle\!=\!\rangle\!\!\!-\!SO_3Na$$

$$H_2N\!-\!\!\!\langle\!=\!\rangle\!\!\!-\!SO_3Na \xrightarrow{NaNO_2/HCl} HO_3S\!-\!\!\!\langle\!=\!\rangle\!\!\!-\!\overset{+}{N_2}\overset{-}{Cl}$$

$$HO_3S\!-\!\!\!\langle\!=\!\rangle\!\!\!-\!\overset{+}{N_2}\overset{-}{Cl} + \langle\!=\!\rangle\!\!\!-\!N(CH_3)_2 \xrightarrow{HAc}$$

$$\left[\,(CH_3)_2\overset{+}{N}H\!-\!\!\!\langle\!=\!\rangle\!\!\!-\!N\!=\!N\!-\!\!\!\langle\!=\!\rangle\!\!\!-\!SO_3Na\,\right]Ac^-$$

$$\xrightarrow{NaOH} (CH_3)_2N\!-\!\!\!\langle\!=\!\rangle\!\!\!-\!N\!=\!N\!-\!\!\!\langle\!=\!\rangle\!\!\!-\!SO_3Na$$

（三）实验步骤

1. 重氮盐的制备

在 50 mL 烧杯中放置对-氨基苯磺酸晶体（$H_2N\!-\!C_6H_4\!-\!SO_3H \cdot 2H_2O$）1.4 g（0.007 mol），加入5%氢氧化钠溶液6.7 mL[1]，用温水浴温热溶解后冷至室温。另将0.53 g亚硝酸钠（0.007 3 mol）溶于4 mL水，加入上述溶液中，用冰浴冷至0~5℃。再将由2 mL浓盐酸和6.7 mL水配成的溶液慢慢滴入其中，边滴加边搅拌，控制温度在0~5℃。滴完后用碘化钾-淀粉试纸检验，试纸应为蓝色[2]。继续在冰浴中搅拌15min使反应完全，可观察到白色细粒状的重氮盐析出[3]。

2. 偶合

将0.8 g N，N-二甲基苯胺（0.87 mL，0.006 7 mol）和0.67 mL冰乙酸在试管中混匀，慢慢滴加到上步制得的重氮盐的冷的悬浊液中，同时剧烈搅拌，甲基橙呈红色沉淀析出。滴完后继续在冰浴中搅拌10min使偶合完全。在搅拌下，慢慢向反应物中滴加10%氢氧化钠溶液，直至对pH试纸显碱性（需14~17 mL）[4]，甲基橙粗品由红色转变为橙色。将反应混合物加热至生成的甲基橙晶体基本溶解[5]，冷至室温后再以冰水浴冷却。待结晶完全后抽滤收集晶体，用少量冷水洗涤，再依次用少量乙醇和少量乙醚洗涤，压干，得粗品约2 g。将0.07~0.14 g氢氧化钠溶于47~54 mL水中，用此溶液对甲基橙粗品重结晶，得橙红色片状晶体1.5~1.7g[6]，收率70.3%~76.4%。

溶解少许产品于水中，加几滴稀盐酸，然后用稀氢氧化钠溶液中和，观察颜色变化。

甲基橙红外光谱图见图 5-32；甲基橙核磁共振谱图见图 5-33。

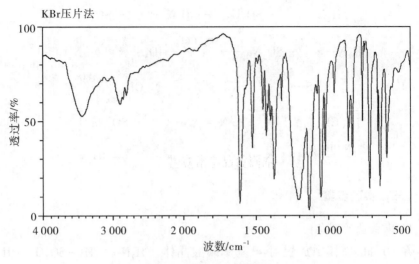

图 5-32　甲基橙红外光谱图

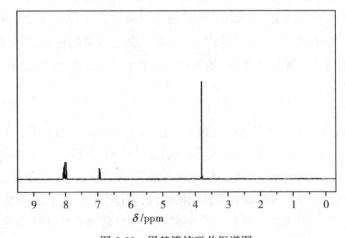

图 5-33　甲基橙核磁共振谱图

◎注释

［1］对-氨基苯磺酸是两性化合物，酸性强于碱性，以内盐形式存在，可与碱成盐而不能与酸成盐。重氮化作用要求在酸性水溶液中进行，故先使其与

碱成盐以利溶解。

[2] 试纸显蓝色表明有过量的亚硝酸存在，反应为：$2HNO_2+2KI+2HCl$ ——$\rightarrow I_2+2NO+2H_2O+2KCl$，析出的碘遇淀粉显蓝色。本实验中亚硝酸的用量要准确。若亚硝酸不足，则重氮化作用不完全，如亚硝酸过量，则会与后面加入的 N，N-二甲苯胺发生亚硝化反应：

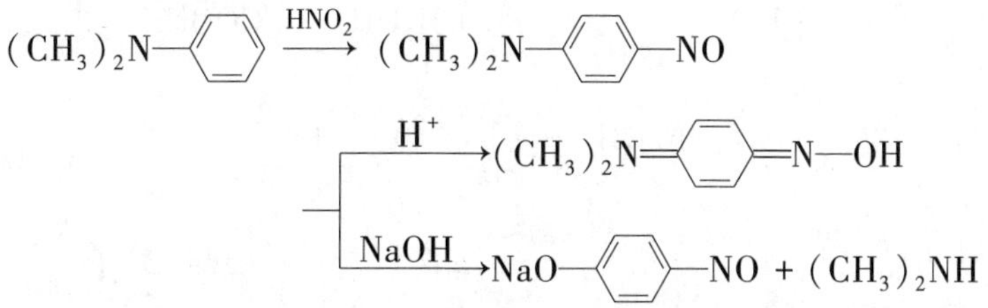

生成的醌肟或亚硝基物夹杂在产品中会使产品颜色暗褐。故正确的做法是：若试纸不显蓝色，则应滴加亚硝酸钠溶液至刚刚出现蓝色。继续搅拌反应 15min 后再检验。若试纸为蓝色，则应加入少许尿素分解过量的亚硝酸。

[3] 此重氮盐在水中可以电离形成中性内盐（ 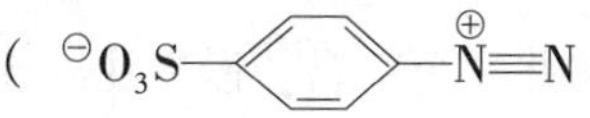 ），在低温下难溶于水而析出。

[4] 要确保反应混合物为碱性，否则产品色泽不佳。当反应混合物已达碱性时，若再滴加碱液，则碱液接触反应物表面时将不再产生黄色，此亦可作为判据之一。

[5] 加热温度不宜过高，一般在 60℃ 左右，否则颜色变深。

[6] 在碱性条件下，湿润的甲基橙在较高温度下或受光的照射颜色很快变深。所以在制备过程中自偶合完成以后的各步操作均应尽可能迅速。滤集晶体时依次用少量乙醇和乙醚洗涤以加速晶体的干燥。如需烘干，亦应控制温度不超过 70℃。所得产品是一种钠盐，无固定熔点，不必测定。

实验二十五　苯甲醇和苯甲酸的制备

（一）实验目的

（1）了解苯甲醛在浓碱存在进行的 Cannizzaro 反应的原理和方法。

（2）学会固相两种产品混合物的分离和纯化。

（二）实验原理

无 α-氢的芳醛在浓碱存在下，发生歧化反应，一分子氧化成酸，一分子还原成醇。

反应式

$$2\ \text{C}_6\text{H}_5\text{CHO} + \text{NaOH} \longrightarrow \text{C}_6\text{H}_5\text{CH}_2\text{OH} + \text{C}_6\text{H}_5\text{COONa}$$

$$\xrightarrow{\ \text{HCl}\ } \text{C}_6\text{H}_5\text{COOH} + \text{NaCl}$$

（三）实验步骤

（1）在 100 mL 锥形瓶中放入 5 g 氢氧化钠（0.125 mol）和 5 mL 水，摇振溶解并冷至室温。慢慢注入 5.1 mL 新蒸馏过的苯甲醛[1]（5.3 g，0.05 mol），用橡皮塞塞住瓶口，剧烈摇振，充分混合[2]至呈白色糊状，在室温放置 24h 以上。

（2）加水振摇并少量多次地补加水，至固体恰恰全部溶解后转入分液漏斗，用约 1 mL 水荡洗锥形瓶，将洗出液一并倒入分液漏斗中，每次用 5 mL 乙醚萃取 3 次。合并醚层，依次用 1.5 mL 饱和亚硫酸氢钠溶液，2.5 mL 10%碳酸钠溶液及 2.5 mL 水洗涤，将最后所得的乙醚溶液用无水硫酸镁干燥。滤除干燥剂，用普通蒸馏先蒸出乙醚后，再用空气冷凝管冷凝，蒸馏收集 203～206℃的馏分。得苯甲醇 2～2.1 g，收率 72.2%～77.8%。

纯粹的苯甲醇 b.p.205.35℃，n_{D}^{20} 1.5396。

（3）乙醚萃取后的水溶液用盐酸酸化至刚果红试纸变蓝（pH≤3），充分冷却使结晶完全，抽滤，产物用水重结晶，得苯甲酸 2.3～2.5 g（2.2～2.4 mL），收率 73.7%～82.0%。m. p. 121～122℃。

纯粹的苯甲酸 m. p. 122.4℃。

苯甲醇红外光谱图见图 5-34；苯甲醇核磁共振谱图见图 5-35。

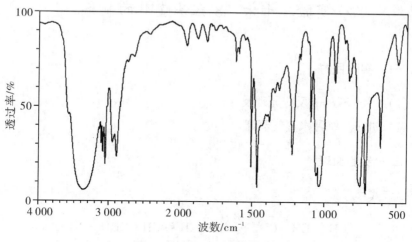

图 5-34　苯甲醇红外光谱图

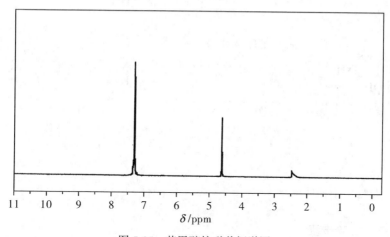

图 5-35　苯甲醇核磁共振谱图

◎ **注释**

　　[1] 苯甲醛久置会由于氧化作用而产生一部分苯甲酸,故应使用新蒸馏的。在蒸馏时可加入少许锌粉以防止蒸馏过程中被氧化。

　　[2] 摇振混合充分与否是实验是否成功的关键操作之一。如混合充分,则放置 24h 后应不再有甲醛的气味,且反应物一般会固化。

实验二十六　8-羟基喹啉的制备

（一）实验目的

（1）了解 Skraup 反应原理及方法。

（2）进一步练习水蒸气蒸馏。

（二）实验原理

反应式：

$$\underset{\displaystyle OH}{CH_2}-\underset{\displaystyle OH}{CH}-\underset{\displaystyle OH}{CH_2} \xrightarrow{H_2SO_4} CH_2{=}CH-CHO \;+2H_2O$$

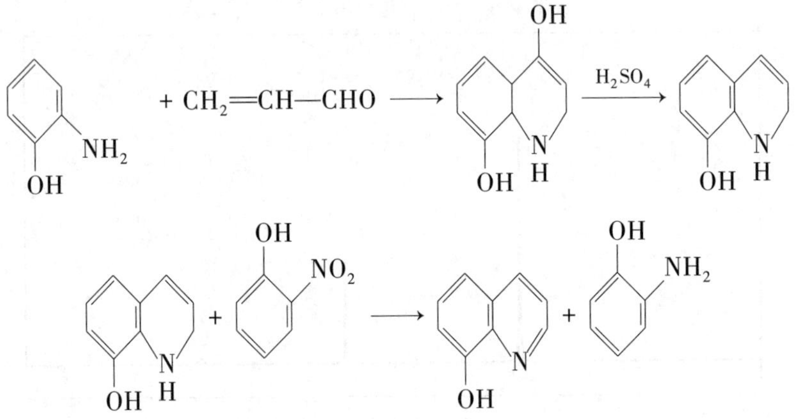

（三）实验步骤

（1）在洁净、干燥的 100 mL 三口烧瓶中称取 9.5 g 无水甘油[1]（0.10 mol），加入 1.8 g 邻-硝基苯酚（0.013 mol）、2.8 g 邻-氨基苯酚（约 0.026 mol），旋摇三口烧瓶使混合均匀。将5 mL浓硫酸缓缓注入，再摇匀[2]。在其中口安装干燥的球形冷凝管，一侧口安装温度计（温度计下端伸至距瓶底约 0.5 cm 处），塞住第三口。

（2）开启磁力搅拌并加热三口烧瓶，当温度升至约 145℃时，摇动装置并密切注视温度和现象的变化。约至 150℃时反应物开始微沸并有白雾产生，立即移开热源，反应自动激烈进行[3]，反应物可能冲入冷凝管并有黄色物质沉积在冷凝管内壁上。待反应缓和后继续加热维持回流 1.5～2h，冷凝管内的沉积物已被冷凝液洗下。

（3）停止加热。稍冷后拆下冷凝管，改为水蒸气蒸馏装置进行水蒸气蒸馏，直至馏出液中不再有油珠为止。

（4）冷却后拆下三口烧瓶，加入由 6 g 氢氧化钠和 6 mL 水配成的溶液，摇匀后测定 pH 值。若 pH<7，则小心滴加饱和碳酸钠溶液并摇动至 pH = 7～8。

（5）重新进行水蒸气蒸馏，至馏出液中再无晶体析出时，再检查 pH 值[4]，若小于 7，则调整至 7～8，继续蒸至馏出液中不再有晶体析出，共收集馏出液 200～250 mL。

（6）将馏出液充分冷却后抽滤收集晶体，干燥后重 2.8～3 g。熔点 72.5～73℃。

（7）粗品可用 4∶1（体积比）的乙醇-水混合溶剂重结晶，得量 2.1～2.4 g，收率 57.9%～66.2%[5]，m. p. 75～76℃。也可取 0.5 g 粗品升华提纯，得美丽的针状结晶，m. p. 76℃。

纯粹的 8-羟基喹啉为白色针状晶体，m. p. 76℃。

8-羟基喹啉红外光谱图见图 5-36；8-羟基喹啉核磁共振谱图见图 5-37。

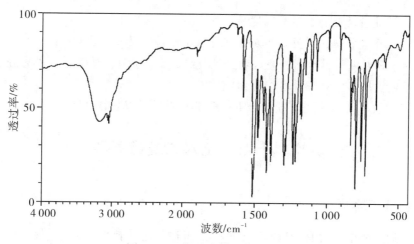

图 5-36　8-羟基喹啉红外光谱图

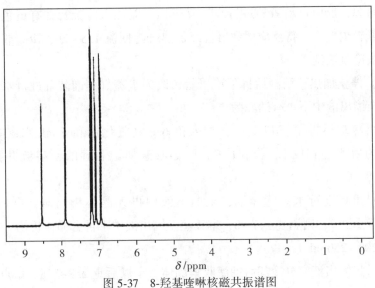

图 5-37　8-羟基喹啉核磁共振谱图

◎ 注释

[1] 无水甘油，$d = 1.26$，含水量不超过 0.5%。若使用普通市售甘油，可将其装在蒸发皿中，在通风橱内加热至 180℃，冷至 100℃ 左右，移入装有浓硫酸的干燥器里备用。由于黏稠，为避免器壁黏附损失，最好称取而不用量筒量取。

[2] 此时反应物的黏稠程度显著变小。

[3] 反应放热，引发后需及时移开火焰以避免反应过于激烈。

[4] 8-羟基喹啉为两性化合物，可与酸成盐，亦可与碱成盐，成盐后溶于水而不能被蒸出，故需严格控制 pH 值。

[5] 收率以邻-氨基苯酚计，不考虑邻-硝基苯酚部分转化后参与反应的量。

实验二十七　无水乙醚的制备

（一）实验原理

普通乙醚中常含有少量水和乙醇，放置过久还可能产生少量过氧化物。这对于要求以无水乙醚为溶剂的反应（如 Grignard 反应）不仅影响反应的进行，且易发生危险。市售的试剂级无水乙醚也往往不合要求，因此常需自行制备。

无水乙醚因用途和要求的不同，制备方法亦不尽相同，但通常都需经过三个基本步骤：①检验并除去其中可能含有的过氧化物；②初级干燥；③深度干燥。本实验是以浓硫酸作干燥剂进行初级干燥后再压入金属钠丝作深度干燥，这样制得的无水乙醚可用于 Grignard 反应。

（二）实验步骤

① 过氧化物的检验　在干净试管中取市售乙醚 1~2mL，加入等体积 2% 碘化钾淀粉溶液及数滴稀盐酸一起摇振，若混合溶液显紫色或蓝色，则说明含有过氧化物，需进行第②步操作；若为无色或仅略带淡黄色，说明无过氧化物，可直接进行第③步操作。

② 除去过氧化物　在小烧杯中放置 11mL 水，用移液管移入 0.6mL 浓硫酸，再加入 0.6g 硫酸亚铁，搅拌溶解。在 125mL 分液漏斗中先放置 50mL 市售乙醚，将配制好的硫酸亚铁溶液加入其中，塞上塞子剧烈摇振（注意放气！），然后静置分层。弃去水层，再检验有无过氧化物。

③ 硫酸干燥　将 50mL 不含过氧化物的乙醚加入 100mL 圆底烧瓶中，加入磁子，开启磁力搅拌，瓶口安装回流冷凝管，冷凝管上口安装一支盛有 5mL 浓硫酸的恒压滴液漏斗[1]，在漏斗的上口安装装有无水氯化钙的干燥管。开启冷却水，将浓硫酸缓缓滴入乙醚中[2]。滴完后摇动烧瓶使硫酸和乙醚充分接触。

④ 蒸馏　待冷凝管中不再有液体滴下时，将回流装置改为蒸馏装置。蒸馏装置中的全部仪器都必须洁净干燥，还需在尾接管的支管口加装氯化钙干燥管，然后将尾气导入水槽中。加热蒸馏，馏出速度不宜太快，以免冷凝不完全[3]。收集乙醚至约 35mL 时，馏出速度会显著变慢，即可停止蒸馏。瓶中残液待冷至接近室温时倒入指定的回收瓶中。

⑤ 用金属钠干燥　将蒸馏收集的乙醚装入干燥的锥形瓶中，用压钠机（图 5-38）直接压入 0.5g 钠丝[4]，在瓶口安装带有毛细管的氯化钙干燥管[5]，放置 24h 后观察。如果已无气泡冒出，钠丝粗细基本未变，表面为亮黄色或浅灰色，表明干燥已经充分，可以使用；如果钠丝明显变粗，表面粗糙灰暗，甚至有裂缝，则需再压入少量

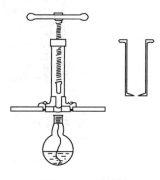

图 5-38　压钠机

钠丝，放置至不再产生气泡后才可使用[6]。无水乙醚在取用后的剩余部分应放在原瓶中用原装置储存。全部乙醚用完后，废钠丝应用低规格的乙醇或回收乙醇分解掉，不可随意丢入水槽、废液缸或垃圾箱中，以免发生危险。纯粹的乙醚沸点34.51℃，折光率 n_D^{20} 1.352 6。

◎注释

[1] 如无恒压滴液漏斗，可通过一个带有侧槽的橡皮塞安装普通滴液漏斗使用。

[2] 浓硫酸与水作用放热，若当时气温较高，乙醚会自行沸腾。

[3] 乙醚沸点低（34.51℃），易挥发（20℃时蒸气压为58 928Pa），其蒸气比空气重（约为空气的2.5倍），爆炸极限宽（1.85%~48%）。如果蒸馏速度过快，部分蒸气来不及冷凝，会逸散到空气中，沉降至地面并流动聚集于低洼处，遇到明火会发生爆炸。所以应避免其蒸气散发到空气中，且蒸馏装置附近应无明火。

[4] 如无压钠机，可用小刀将钠切成薄片代替钠丝。

[5] 毛细管的作用是既与大气相通，又使干燥剂不大量接触空气中的水汽。如使用磨口干燥管，应在磨口处涂上凡士林以防黏结，如图5-39（b）所示；如使用普通干燥管，应制作一玻璃弯管，如图5-39（a）装置，而不应将干燥管竖直安装在瓶口上，以避免氯化钙的粉末漏入乙醚中。所用的塞子最好是软木塞，因为它不会被乙醚蒸气溶胀。如果必须使用橡皮塞，则应选择大一些的，以使其插入瓶口的部分少一些，否则，塞子的小端被乙醚蒸气溶胀后不

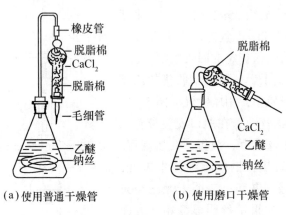

（a）使用普通干燥管　　（b）使用磨口干燥管

图 5-39　无水乙醚的储存

易拔出。

［6］本实验制备的无水乙醚可满足 Grignard 反应之用。若在市售乙醚中加入其质量 1/15~1/20 的无水氯化钙，密封放置过夜，滤除氯化钙后加入五氧化二磷干燥，则所得乙醚的纯度与本实验的结果相当。如欲制取更纯净的无水乙醚，可在除去过氧化物后，先用 5% 的高锰酸钾溶液洗去残存醛类，再用 5% 的氢氧化钠溶液洗去残留酸，最后用水洗涤，分去水层后按本实验的方法处理。

实验二十八　2-甲基-2-己醇的制备

（一）实验目的

（1）学习格式试剂的制备的原理，装置及其反应性能。
（2）掌握无水条件下的实验操作。

（二）实验原理

正溴丁烷与金属镁作用生成丁基溴化镁。这类烃基卤化镁化合物称为格氏（Grignard）试剂，制备格氏试剂的反应称为格氏反应。格氏试剂极易被水、醇、酸等质子性化合物分解，产物为相应的烃，所以格氏反应中需十分注意避免水或其他质子性化合物的侵染。格氏试剂易被空气中的氧气氧化成相应的醇，也易与二氧化碳作用生成多一个碳原子的羧酸，所以也应避免接触空气或二氧化碳。格式反应所用溶剂通常为无水乙醚。这一方面是因为乙醚挥发性大，可借乙醚蒸气排开大部分空气，减少格氏试剂与空气的接触；另一方面是乙醚可与格氏试剂配位络合，以

$$(C_2H_5)_2O \longrightarrow \overset{\displaystyle R}{\underset{\displaystyle X}{Mg}} \longleftarrow O(C_2H_5)_2$$

的形式溶于乙醚。如果使用烷烃作溶剂，则无此配位作用，生成的格氏试剂覆盖在镁的表面，使反应不能继续进行。如果所用卤代烃活性甚低，可用四氢呋喃作溶剂，它与乙醚性质类似而沸点较高，可借以提高反应温度。生成的格氏试剂一般不分离纯化而直接应用于后步反应。

格氏试剂有多种用途，最主要的用途是与醛、酮、酯等羰基化合物加成，再经酸性水解以制备不同类型的醇。

215

丁基溴化镁与丙酮发生加成，再经酸性水解生成 2-甲基-2-己醇。

反应式

$$n\text{-}C_4H_9Br + Mg \xrightarrow{\text{无水乙醚}} n\text{-}C_4H_9MgBr$$

$$n\text{-}C_4H_9MgBr + CH_3\overset{\overset{\displaystyle O}{\|}}{C}CH_3 \xrightarrow{\text{无水乙醚}} n\text{-}C_4H_9\underset{\underset{\displaystyle OMgBr}{|}}{\overset{\overset{\displaystyle CH_3}{|}}{C}}CH_3$$

$$\xrightarrow{H_3^+O} CH_3CH_2\text{--}CH_2\text{--}CH_3\underset{\underset{\displaystyle OH}{|}}{\overset{\overset{\displaystyle CH_3}{|}}{C}}CH_3$$

（三）实验装置

实验装置见图 5-40。

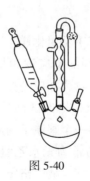

图 5-40

（四）实验步骤

在干燥的 50mL 三口瓶中加入 0.50g 镁丝，装上带无水氯化钙干燥管的冷凝管和恒压滴液漏斗，在恒压滴液漏斗中加入 2.1mL 正溴丁烷和 7.0mL 无水乙醚的混合液。自滴液漏斗先加 3mL 混合液，待反应开始后，使反应液保持微沸状态，将剩余的混合液缓缓滴入反应瓶中，加完后加热回流 10min，至镁丝几乎全溶。

在冰水浴冷却下，自滴液漏斗缓缓滴入 1.6mL 丙酮和 3mL 无水乙醚的混合液。加毕，室温振荡 5min。

将反应瓶用冰水冷却，自恒压滴液漏斗加入 10mL10%的硫酸溶液（注意开始加入要慢）分解加成物。然后将溶液倒入分液漏斗中，分出有机层，水层用 10mL 乙醚分两次提取，提取液与有机层合并，用 5% 的碳酸钠溶液洗一次。无水碳酸钾干燥后蒸馏，先蒸出乙醚（注意蒸乙醚的正确操作），乙醚回收。继续蒸馏产品，收集 139~143℃ 馏分。产量 1.00~1.20g，产率 43%~52%。

2-甲基-2-己醇 bp. 143℃，d_4^{20} 0.8119，n_D^{20} 1.4175。

2-甲基-2-己醇红外光谱图见图 5-41；2-甲基-2-己醇核磁共振谱图见图 5-42。

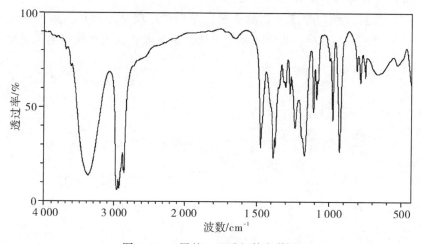

图 5-41　2-甲基-2-己醇红外光谱图

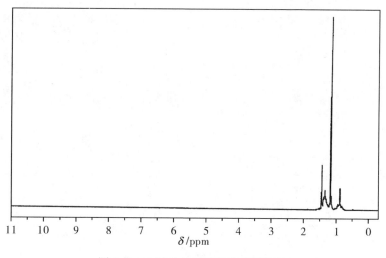

图 5-42　2-甲基-2-己醇核磁共振谱图

◎注意事项

(1) 所有仪器必须充分干燥，正溴丁烷应事先用无水氯化钙干燥后蒸馏，丙酮需用无水碳酸钾干燥后蒸馏备用。

(2) 镁条用砂纸磨光，剪成细丝状。

(3) 无水乙醚为市售分析纯无水乙醚，经无水氯化钙干燥 1 周，再蒸馏后备用。乙醚易燃，操作时不要有明火。

(4) 反应开始的标志为乙醚沸腾，并且反应液呈浑浊状。如反应迟迟不开始，可加入一小粒碘，有时也可用手焐热反应瓶，或用吹风机热风促使其反应进行。

第六章　连续合成实验

实验二十九　乙酰二茂铁的制备

（一）实验目的

（1）学习非苯芳烃进行的 Friedel-Crafts 酰基化反应。

（2）学习通过柱层析进行分离和纯化反应产物，用薄层色谱定性分析检测反应产物。

（二）实验原理

二茂铁是亚铁与环戊二烯的配合物，它是由两个环戊二烯负离子与亚铁离子结合而成的具有类似夹心面包似的夹层结构，即铁原子夹在两个环戊二烯中间，依靠环中 π 电子成键。

二茂铁是橙色的固体，具有反常的稳定性，加热到 470℃ 以上才开始分解。

二茂铁具有类似于苯的一些芳香性，比苯更容易发生亲电取代反应，如磺化、烷基化、酰基化等。但二茂铁对氧化的敏感性限制了它在合成中的应用，二茂铁的反应通常需在隔绝空气下进行。

酰化时由于催化剂和反应条件不同，可得到乙酰二茂铁或 1，1'-二乙酰二茂铁：

与苯的衍生物的反应相似，由于乙酰基的致钝作用，两个乙酰基并不在一个环上。

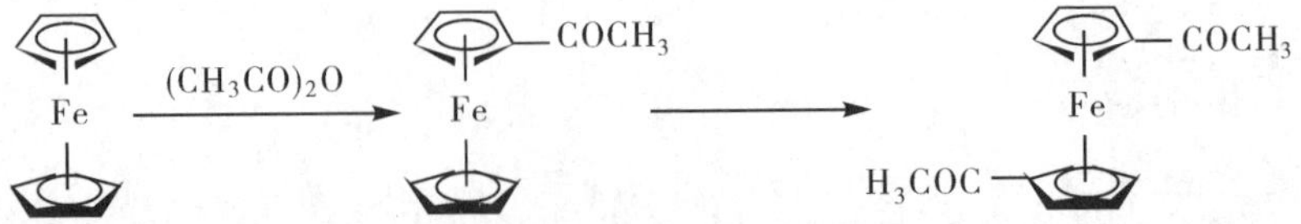

（三）实验步骤

1. 乙酰二茂铁的制备

在 50mL 圆底烧瓶中，加入 0.75g 二茂铁和 2.5mL 乙酸酐，冷水浴冷却下慢慢滴加 0.5mL85% 的磷酸。然后用装有无水氯化钙的干燥管塞住瓶口，沸水浴上加热 5min，并时加振荡。

将反应混合物倾倒入盛有 10g 碎冰的 200mL 烧杯中，并用 10mL 冷水涮洗烧瓶，将涮洗液并入烧杯。在搅拌下，分批加入固体碳酸氢钠，到溶液呈中性（pH＝7）为止（要避免溶液溢出和碳酸氢钠过量）。将中和后的反应混合物置于冰水浴中冷却并搅拌 15min，抽滤收集析出的橙黄色固体，每次用 20mL 冰水洗两次，压干后在空气中干燥得粗品。

◎ **注意事项**

（1）滴加磷酸时一定要在振摇下用滴管慢慢加入。

（2）烧瓶要干燥，反应时应用干燥管，避免空气中的水进入烧瓶内。

（3）用碳酸氢钠中和粗产物时，应小心操作，防止因加入过快使产物逸出。

2. 乙酰二茂铁的柱层析分离和薄层色谱检测

（1）柱层析分离。取粗产品 0.5g 用适量二氯甲烷溶解，取 40g100-200 目中性 Al_2O_3 作固定相；湿法装柱，用石油醚淋洗第一色带；用乙醚：石油醚（4：3 体积比）淋洗第二色带，分别用薄层色谱检测第一、二色带。接收液用蒸馏或用旋转蒸发仪浓缩。第二色带溶剂蒸干后，收集产品，红外灯烘干，测熔点；乙酰二茂铁熔点 84.0～85.5℃。

（2）薄层色谱检测。

溶样溶剂：乙醚；展开剂：乙醚：石油醚＝4：3 混合溶剂；固定相：硅胶。

将柱层析分离的产物用薄层色谱法与已知二茂铁、乙酰二茂铁溶液对比确定每一色带为何化合物。

乙酰二茂铁红外光谱图见图 6-1；乙酰二茂铁核磁共振谱图见图 6-2。

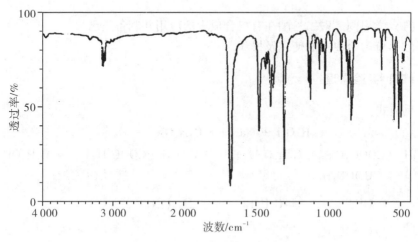

图 6-1　乙酰二茂铁红外光谱图

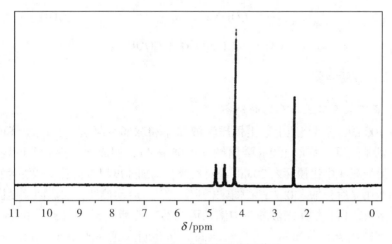

图 6-2　乙酰二茂铁核磁共振谱图

实验三十 正己酸的制备

(一) 实验目的

(1) 学习丙二酸二乙酯在有机合成中的应用并制备正己酸。
(2) 练习金属钠的使用及操作。

(二) 实验原理

反应式:

$$C_2H_5OH + Na \longrightarrow C_2H_5ONa + H_2\uparrow$$

$$CH_2(COOC_2H_5)_2 + C_2H_5ONa \longrightarrow Na^+[CH(COOC_2H_5)_2]^- + C_2H_5OH$$

$$\begin{matrix} COOC_2H_5 \\ | \\ CHNa \\ | \\ COOC_2H_5 \end{matrix} + n\text{-}C_4H_9Br \longrightarrow CH_3(CH_2)_3-\begin{matrix} COOC_2H_5 \\ | \\ CH \\ | \\ COOC_2H_5 \end{matrix}$$

$$\xrightarrow{NaOH} CH_3(CH_2)_3-\begin{matrix} COONa \\ | \\ CH \\ | \\ COONa \end{matrix} \xrightarrow{HCl} CH_3-(CH_2)_3-\begin{matrix} COOH \\ | \\ CH \\ | \\ COOH \end{matrix}$$

$$\xrightarrow{\triangle} CH_3(CH_2)_4COOH$$

(三) 实验步骤

1. 正丁基丙二酸二乙酯的制备

在 100 mL 三口烧瓶上装上恒压滴液漏斗和球形冷凝管[1],冷凝管顶端安装氯化钙干燥管。称取 1.2 g 金属钠 (0.05 mol),切成薄片投入三口烧瓶中。自恒压滴液漏斗中慢慢滴入 20 mL 绝对乙醇,滴加速度以维持乙醇微沸为宜。待金属钠作用完后,加入 0.7 g 无水碘化钾粉末[2]。启动搅拌,加热回流至固体几乎全部溶解。再自恒压滴液漏斗中滴入丙二酸二乙酯 7.5 mL (8 g, 0.05 mol)。滴完后加热回流 5~10min,再自恒压滴液漏斗滴入正溴丁烷 5.5 mL (6.8 g, 0.05 mol)。滴完后加热回流 45min。反应物冷却后加入 50 mL 水,搅拌使沉淀全部溶解。将反应混合物转入分液漏斗中,分出酯层,水层用乙醚萃取两次,每次用 20 mL。合并醚层和酯层,用无水硫酸镁干燥。先常压蒸馏蒸去乙醚,再减压蒸馏收集 110~118℃/ 1 066.7 Pa (8 mmHg) 的馏分。产量约 8.9 g,

收率约 82%。本产品亦可在常压下蒸馏，收集 215~240℃ 的馏分。

纯粹的正丁基丙二酸二乙酯沸点为 235~240℃，或 130~135℃/2 666 Pa（20 mmHg）。

2. 正丁基丙二酸的制备

在装有回流冷凝管和恒压滴液漏斗的 100 mL 三口烧瓶中放入 7.5 g 氢氧化钠和 7.5 mL 水，加热溶解。从恒压滴液漏斗中逐滴滴入上面制得的正丁基丙二酸二乙酯 7.5 g（0.034 7 mol），用力振摇，有正丁基丙二酸钠盐的白色固体生成。待全部滴完后继续加热回流 0.5h 并不断摇动使水解完全。然后加入 25 mL 水，再加热回流 5min。冷却后用盐酸酸化至使石蕊试纸变红（pH=5）。用乙醚萃取酸性水溶液 3 次，每次用 15 mL。合并醚层，用无水硫酸镁干燥。将干燥好的乙醚溶液滤入干燥的滴液漏斗中，用 25 mL 圆底烧瓶作蒸馏瓶，按照图 3-8 安装装置，加热蒸除乙醚，瓶中残液即为正丁基丙二酸。用滴管取一两滴滴在表面皿上，残余乙醚挥发后结出晶体，测定其熔点。

纯粹的正丁基丙二酸熔点为 104~105℃。

3. 正己酸的制备

在装有正丁基丙二酸的圆底烧瓶上装上空气冷凝管，加热保持微沸 10min[3]，其间可用湿润的 pH 试纸检验冷凝管口排出的二氧化碳。脱羧完成后改为简单蒸馏装置，加热蒸馏收集 196~206℃ 的馏分，产量约 2.9 g（3.1mL），收率约 72%（以正丁基丙二酸二乙酯计）

纯粹的正己酸为无色油状液体，b.p.205℃，n_D^{20} 1.416 3。

正己酸红外光谱图见图 6-3；正己酸核磁共振谱图见图 6-4。

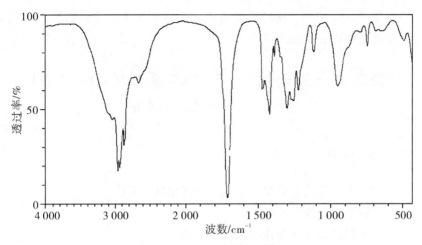

图 6-3　正己酸红外光谱图

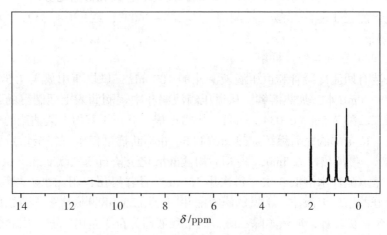

图6-4 正己酸核磁共振谱图

◎注释

[1] 本实验所用仪器均需充分干燥，否则正丁基丙二酸酯的产量将严重降低。

[2] 碘化钾的作用是在溶液中与正溴丁烷进行卤素交换，反应为：$n\text{-}C_4H_9Br+I^{\ominus}\Longleftrightarrow n\text{-}C_4H_9I+Br^{\ominus}$，产生的碘代烷比溴代烷的反应活性高，故对反应有催化作用。如不加碘化钾，亲核取代反应也可发生，但收率较低（约为69%）。

[3] 在多数情况下，烷基丙二酸的脱羧温度低于其沸点，因此加热强度的控制只需使瓶颈处有回流即可。

实验三十一至三十二　7，7-二氯双环-［4.1.0］-庚烷的制备

（一）实验目的

（1）熟悉在酸催化下醇脱水生成烯烃的原理和方法。

（2）了解卡宾生成及反应性能。

（3）了解相转移反应的作用机理及应用。

（二）实验原理

反应式：

（三）实验简介

卡宾（Carbene）亦称碳烯，是一类具有 6 个价电子的两价碳原子活性中间体，构造式为：CH_2。若其中的氢原子被其他原子或基团所取代，形如 $:C\diagdown^X_Y$，则称为卡宾体或取代卡宾，但有时也统称卡宾。

卡宾是缺电子的，具有很强的亲电性，可发生多种反应。在有机合成中常使之与烯烃反应以制取环丙烷衍生物。本系列实验则是用二氯卡宾与环己烯反应以制取双环化合物。

二氯卡宾是一种取代卡宾，通常由氯仿与强碱作用产生：

$$CHCl_3 + B^{\ominus} \longrightarrow :CCl_2 + HB + Cl^{\ominus}$$

但反应通常要求在高度无水的条件下进行，有时还需使用毒性很高的试剂。在有水的情况下，卡宾一生成即被迅速水解：

$$:CCl_2 \left\{ \begin{array}{l} \xrightarrow{H_2O} CO + 2Cl^{\ominus} + 2H^{\oplus} \\ \xrightarrow{2H_2O} HCOO^{\ominus} + 2Cl^{\ominus} + 3H^{\oplus} \end{array} \right.$$

故不易被烯烃捕获。但在有相转移催化剂存在下，二氯卡宾在有机相中生成并立即与烯烃反应，故可在相当温和的条件下得到预期产物。

相转移催化反应（phase-transfer catalytic reaction）简称 PTC 反应，是在最近几十年间发展并成熟起来的一类非常实用的催化反应。其基本原理是借助于催化剂将一种试剂的活性部分从一相"携带"到另一相中参加反应，这样的催化剂被称为相转移催化剂。相转移催化剂一般可分为鎓盐类（多用于液-液相转移）、冠醚类（多用于固-液相转移）和开链多醚类等三个大类。二氯卡宾与环己烯的反应以季铵盐为催化剂，收率可达 60% 以上，而在相同条件下若无催化剂，收率约 5%。季铵盐的作用是以离子对的形式将溶解于水相中的反应试剂之一（OH^-）带入有机相中与另一试剂（$CHCl_3$）反应以生成二氯卡宾。可以表示如下：

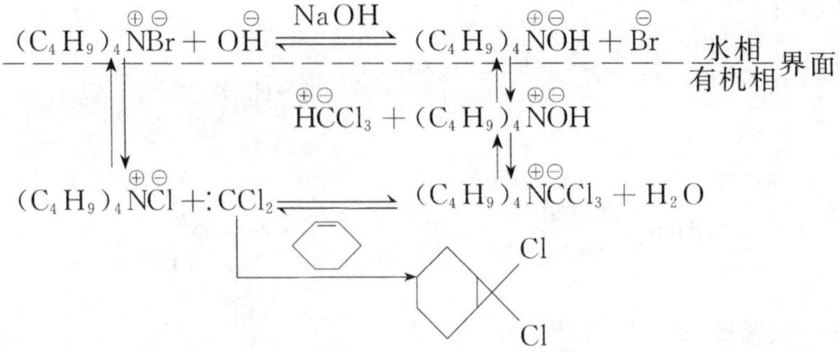

$$(C_4H_9)_4\overset{\oplus}{N}\overset{\ominus}{Br} + \overset{\ominus}{OH} \xrightleftharpoons{NaOH} (C_4H_9)_4\overset{\oplus}{N}\overset{\ominus}{OH} + \overset{\ominus}{Br}$$

水相
有机相 界面

$$HCCl_3 + (C_4H_9)_4\overset{\oplus}{N}\overset{\ominus}{OH}$$

$$(C_4H_9)_4\overset{\oplus}{N}\overset{\ominus}{Cl} + :CCl_2 \rightleftharpoons (C_4H_9)_4\overset{\oplus}{N}\overset{\ominus}{CCl_3} + H_2O$$

相转移催化反应通常是在搅拌下进行的，无需很高温度，催化剂用量一般为试剂质量的1%~3%。

实验三十一 环己烯的制备

实验步骤：

（1）在 50 mL 圆底烧瓶中加入 10g 环己醇（10.5 mL，约 0.1 mol）[1]，在摇动下将 0.5 mL 浓硫酸逐滴滴入其中并充分摇匀[2]，加磁子，再装上韦氏分馏柱、温度计、直形冷凝管、尾接管和 50 mL 锥形瓶，组成简单分馏装置，并在锥形瓶外加置冰水浴。

（2）开启磁力搅拌并加热圆底烧瓶，瓶中液体微沸时严格稳定加热强度，使产生的气雾缓缓上升，经历 10~15 min 升至柱顶[3]，再次调节并稳定加热强度，使出料速度为 1~2 滴/5~6 秒。反应前段温度会缓缓上升，应控制柱顶温度在90℃以下[4]，反应后段出料速度会变得很慢，可稍稍加大加温强度将温度控制在93℃以下。当反应瓶中只剩下很少残液并出现阵发性白雾时停止加热。从开始有液体馏出到反应结束需 40~60 min。

（3）向馏出液中加入精盐至饱和，再加入 2 mL 5%碳酸钠中和被蒸出的微量硫酸。将液体转移至分液漏斗中，摇振后静置分层。分去水层，将有机层自漏斗上口倒入一干燥的小锥形瓶中，加入 1g 无水氯化钙，塞住瓶口干燥半小时以上[5]。将干燥好的粗产物滤入 25 mL 圆底烧瓶中，安装简单蒸馏装置，蒸馏收集80~85℃馏分，称重并计算收率。

得量 4.5~5.5 g（5.6~6.8 mL），收率55%~67%[6]。

纯粹环己烯为无色液体，b. p. 82.98℃，n_D^{20} 1.446 5，d_4^{20} 0.810 2。

环己烯红外光谱图见图 6-5；环己烯核磁共振氢谱见图 6-6。

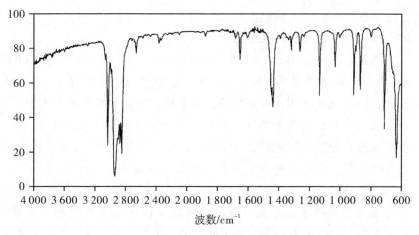

图 6-5 环己烯红外光谱图

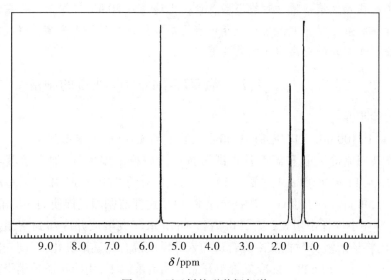

图 6-6 环己烯核磁共振氢谱

◎注释

［1］常温下环己醇为黏稠液体（b. p. 24℃），最好直接在反应瓶中称取以避免黏附损失。如果用量筒量取，则在计量时应将量筒内壁黏附的量考虑在内。

［2］摇匀以生成环己醇的锌盐或硫酸氢酯，这是反应的中间产物。如不

227

充分摇匀,则会有游离态硫酸存在,硫酸的界面处会发生局部碳化,反应液迅速变为棕黑色。加热后尤为明显。

[3] 蒸气上升过快,降低分馏效率。

[4] 反应过程中会形成以下2种共沸物:(a) 烯-水共沸物,b. p. 70.8℃,含水10%;(b) 醇-水共沸物,b. p. 97.8℃,含水80%。其中(a) 是需要移出反应区的,(b) 则是希望不被蒸出的,故应将柱顶温度控制在90℃以下。

[5] 无水氯化钙除起干燥作用之外,还兼有除去部分未反应的环己醇的作用。干燥应充分,否则在蒸馏过程中残留的水分会与产品形成共沸物,从而使一部分产品损失在前馏分中。如果已经出现了前馏分(80℃以下馏分)过多的情况,则应将该前馏分重新干燥并蒸馏,以收回其中的环己烯。

[6] 如果分离纯化过程无大失误,则收率的高低主要决定于分馏效果,任何破坏柱内平衡的因素都会带来不利影响。反之,若采取以下两条措施,可使产品质量提高到13g以上:(a) 用填料柱代替韦氏分馏柱;(b) 在反应将要结束时移开火焰,稍冷后拔下温度计,迅速注入20 mL 二甲苯,再重新插上温度计并加热继续分馏,当反应瓶中有机层减少一半时停止分馏,将收集到的馏出液按本实验的分离纯化方法处理。

实验三十二　7,7-二氯双环-[4.1.0]-庚烷的制备

实验步骤:

(1)在100 mL 三口烧瓶的中口上安装电动搅拌机(要求密封良好),二侧口分别安装回流冷凝管和温度计。试运转灵活后拔下温度计,加入新蒸环己烯5. 1 mL(4. 13 g,0. 05 mol)、氯仿12 mL(17. 8 g,约 0. 15 mol)和四丁基溴化铵0. 15g[1],重新装好温度计。开启冷却水,启动搅拌器剧烈搅拌使固体溶解。

(2)在小烧杯中用 8 g 氢氧化钠和 8 mL 水配成溶液并冷却到室温。在约5 min 内将该溶液分数批从冷凝管口加入。反应混合物逐渐乳化,温度先慢后快地上升,当升至约62℃时,冷凝管中开始有回流液滴下,用冷水浴稍稍降温。待温度下降后,用水浴加热以维持小量回流,保持溶液温度 55 ~ 60℃ 反应50min[2]。

(3)用冷水浴将反应混合物冷到室温,加入 20 mL 水,稍加旋摇,转入分液漏斗中静置分层[3]。分出有机层。每次用 10 mL 乙醚萃取水层 2 次。合并醚层和第一次分出的有机层,用 13 mL 2 mol/L 盐酸洗涤 1 次,再每次用 13 mL 水洗2 次。最后将有机层分入干燥的 50 mL 锥形瓶中(最后一次必须把水彻底分离干净!),用无水硫酸镁或无水硫酸钠干燥。

（4）用50 mL圆底烧瓶作蒸馏瓶,安装简单蒸馏装置,将经过干燥并滤去了干燥剂的粗产品分2~3批蒸馏以除去乙醚和残余的氯仿,直至不再有馏出液滴下时,再加热并以空气冷凝管冷凝蒸馏产物,收集192~199℃馏分[4],称重并计算收率。

得量5.0~6.5g(4.1~5.4mL),收率61%~78.8%。

纯粹的 7，7-二氯双环-［4.1.0］-庚烷为无色液体，b.p.197~198℃，n_D^{23} 1.501 4。

7，7-二氯双环-［4.1.0］-庚烷核磁共振氢谱图见图6-7。

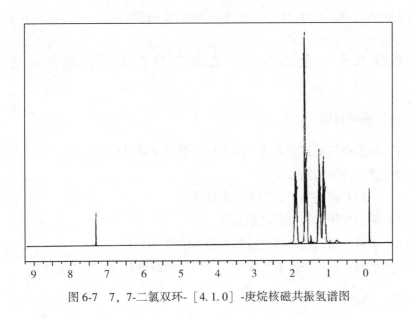

图6-7 7，7-二氯双环-［4.1.0］-庚烷核磁共振氢谱图

◎ 注释

［1］也可使用其他的季铵盐作催化剂，如四乙基铵、三乙基苄基铵、二甲基苄基十六烷基铵、三甲基苄基铵、三甲基十六烷基铵的溴化物或氯化物都可作为本实验的催化剂。催化剂不可多加，否则在后步的分离纯化中会严重乳化而难于分层。

［2］在回流温度下反应效果较好。但若搅拌器密封不好，在回流温度下会有氯仿蒸气逸出。为避免氯仿逸出，可将反应温度降至55~60℃，收率亦略有降低。如果发现氯仿已经逸出甚多，可适当补加。

[3] 如果反应温度过高，催化剂加得过多，氯仿损失太大，在这一步易发生乳化难以分层。对一般乳化，稍加静置，就可破乳。直立转动可缩短破乳时间。若乳化严重，可采取以下办法：①将乳化层用滤纸过滤 1 次；②将乳化层从下口放入锥形瓶，下口离瓶底约 100mm。

[4] 由于产品沸点温度与环境温度差别甚大，温度计读数往往有较大负偏差。故在使用未经校正的温度计时可适当放宽馏程的下限，最后以折光率数据验证产物。也可在蒸去低沸点馏分后以减压蒸馏法收集产物。7，7-二氯双环-[4.1.0]-庚烷的减压沸点为：61～62℃/400Pa；64～65℃/933Pa；78～79℃/2 000Pa；80～82℃/2 133Pa；94～96℃/4 666Pa。

实验三十三至三十六 乙酰乙酸乙酯的合成与反应

(一) 实验目的

(1) 熟悉由乙酸乙酯合成乙酰乙酸乙酯的基本原理和方法。
(2) 学会钠沙的制备方法。
(3) 了解和论证酮式和烯醇式的性质。
(4) 学会使用油泵进行减压蒸馏。
(5) 了解乙酰乙酸乙酯生成脱氢醋酸的原理和方法
(6) 了解利用乙酰乙酸乙酯中的亚甲基的酸性在合成中的应用。

(二) 实验原理

反应式：

$$CH_3COOH + CH_3CH_2OH \xrightarrow[110\sim120℃]{H_2SO_4} CH_3COOCH_2CH_3 + H_2O$$

$$CH_3COOCH_2CH_3 \xrightarrow[Na]{C_2H_5OH} \left[\overset{O}{\underset{}{CH_3\overset{\|}{C}CH}}\overset{O}{\underset{}{\overset{\|}{C}OC_2H_5}} \right]^{\ominus} \overset{\oplus}{Na} \xrightarrow{H^+} CH_3\overset{O}{\overset{\|}{C}}CH_2\overset{O}{\overset{\|}{C}}OC_2H_5$$

$$2\ CH_3\overset{O}{\overset{\|}{C}}CH_2\overset{O}{\overset{\|}{C}}OC_2H_5 \xrightarrow{NaHCO_3} （脱氢醋酸）$$

$$CH_3CCH_2COC_2H_5 \xrightarrow{NaOC_2H_5} \left[CH_3CCHCOC_2H_5 \right]^{-} \overset{\oplus}{Na} \xrightarrow{CH_3CH_2CH_2CH_2Br}$$

$$CH_3CCHCOC_2H_5 \xrightarrow{NaOH} CH_3CCHCONa \xrightarrow[\triangle]{H_2SO_4} CH_3C(CH_2)_4CH_3$$
$$\quad\ |\qquad\qquad\qquad\qquad\quad |$$
$$CH_2CH_2CH_2CH_3 \qquad\quad CH_2CH_2CH_2CH_3$$

乙醇与乙酸在硫酸催化下发生酯化反应生成乙酸乙脂。乙酸乙酯经 Claisen 缩合反应生成乙酰乙酸乙酯。乙酰乙酸乙酯有酮式和烯醇式两种互变异构体：

$$CH_3-\overset{O}{\overset{\|}{C}}-CH_2-\overset{O}{\overset{\|}{C}}-OC_2H_5 \rightleftharpoons CH_3-\overset{OH}{\overset{|}{C}}=CH-\overset{O}{\overset{\|}{C}}-OC_2H_5$$

酮式：b.p.41℃/266 Pa   烯醇式：b.p.33℃/266 Pa

在常温下烯醇式约占 8%。若无催化剂存在，即使在高温下两种异构体间的互变也是缓慢的。只要有微量碱性催化剂存在，这种互变就会迅速达到平衡。当一种异构体因反应消耗而减少时，另一种异构体迅速转变成可反应的异构体继续维持反应，直至全部乙酰乙酸乙酯被消耗掉。所以乙酰乙酸乙酯兼具酮式和烯醇式的反应，在合成中有广泛的应用。

一分子酮式异构体和一分子烯醇式异构体间失去两分子乙醇而缩合成六元环状化合物 3-乙酰基-6-甲基-2H-吡喃-2，4-二酮，俗称脱氢醋酸（dehydroace-tic acid）。

脱氢醋酸是一种广谱性抑菌剂，在国外曾作为食品防腐剂使用多年，现已禁用，但在非食品的抑菌防腐方面仍有应用。

乙酰乙酸乙酯分子中有一个亚甲基夹在两个羰基之间，受两个羰基的共同影响，该亚甲基上的氢原子具有较大的酸性，在强碱作用下易形成碳负离子，可发生碳负离子的一系列反应，例如，可进行烷基化或酰基化等。反应生成的衍生物再经不同方式水解可制得取代丙酮（甲基酮）、取代乙酸、二元酮、二元酸、酮酸及环状化合物等多种类型的化合物。所以乙酰乙酸乙酯在合成中具有广泛的应用，以乙酰乙酸乙酯为原料的合成方法称为乙酰乙酸乙酯合成法，在有机合成中与丙二酸酯合成法占有同样重要的地位。

本系列实验在制得乙酰乙酸乙酯之后再将其转变成正丁基取代的衍生物，然后水解以制取 2-庚酮。

2-庚酮不仅存在于某些植物体中，如丁香油、肉桂油中都含有 2-庚酮；还存在于成年工蜂的颚腺中，并已被证明是蜜蜂的警戒信息素（在工蜂的螯刺毒汁中还存在着另一种告警信息素乙酸异戊酯。若将 2-庚酮的石蜡油溶液浸涂在软木塞上，将软木塞放在蜂箱的入口处，蜜蜂就会如临大敌般地俯冲到软木塞上，但若软木塞上只涂有石蜡油，蜜蜂却视若无事，行为如常。

实验三十三　乙酸乙酯的制备

实验步骤：

在 50mL 三口烧瓶中放置 6mL95% 乙醇[1]，在摇振下将 6mL 浓硫酸分数批加入，加完后再充分摇振混匀[2]，在瓶的中口安装简单蒸馏装置，二侧口分别安装温度计和 60mL 滴液漏斗，温度计的水银泡和滴液漏斗的尾端均应插到液面以下距瓶底 0.5～1cm 处。将 6mL95% 乙醇与 6mL 冰乙酸（约 6.3g，0.205 mol）混合均匀加入滴液漏斗中。小心开启活塞，将 1.5～2.5mL 混合液放入三口烧瓶中，关闭活塞。

开启冷却水，启动磁力搅拌并加热三口烧瓶。当温度升至 110℃ 时调节加热强度使不超过 120℃。当液体开始馏出时，小心地从滴液漏斗滴加混合液，控制滴加速度与馏出速度大体相同，约 1h 滴完。滴液初期温度基本稳定在 120℃ 左右，后期会缓缓上升至约 125℃[3]。滴完后继续加热数分钟，当温度上升至 130～132℃，基本上再无液体馏出时，停止加热。

向馏出液中慢慢加入饱和碳酸钠溶液，振摇混合并用 pH 试纸检查，直至酯层 pH=7 时，不再有气泡产生，共用去碳酸钠溶液 5～5.5mL。将此混合液转入分液漏斗中充分摇振（注意及时放气），静置分层后分出水层。酯层依次用 5mL 饱和食盐水[4]和 2×5mL 饱和氯化钙溶液洗涤。弃去水层，酯层自漏斗上口倒入小锥形瓶中，加入 1g 无水硫酸镁，塞紧瓶口干燥半小时以上。

将此粗产物滤入 50mL 蒸馏瓶中，加热蒸馏，收集 73～78℃ 馏分[5]。得量 5.3～6.3g（5.9～7.0mL），收率 57%～68%。

乙酸乙酯纯品为无色液体，m. p. −83.6℃，b. p. 77.06℃，d_4^{20} 0.900 3，n_D^{20} 1.372 3。

本实验约需 6h。

乙酸乙酯红外光谱图见图 6-8；乙酸乙酯核磁共振谱图见图 6-9。

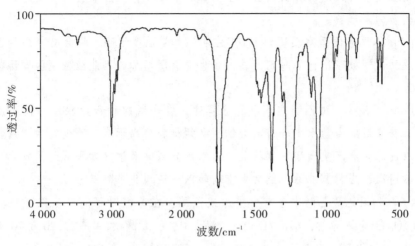

图 6-8　乙酸乙酯红外光谱图

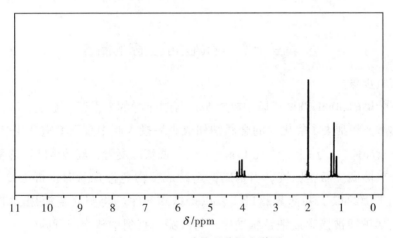

图 6-9　乙酸乙酯核磁共振光谱图

◎注释

[1] 酯化反应是可逆反应。为使可逆反应的平衡向右移动以获得较高收率，常采用的方法是：（1）使较廉价的原料（本反应中是乙醇）适当过量；（2）使产物一经生成即迅速脱离反应区。本实验中兼用这两种方法。

[2] 硫酸加入过快会使温度迅速上升超过乙醇的沸点。若不及时摇振均匀，则在硫酸与乙醇的界面处会产生局部过热碳化，反应液变为棕黄色，同时产生较多的副产物。

[3] 本反应的适宜温度为120℃左右。如果温度过高，将会有较多的乙醇来不及反应即被蒸出，同时副产物的量也会有所增加。因此应控制温度不使过早上升。

[4] 为减少乙酸乙酯在水中的溶解度，应采用饱和食盐水洗涤而不用自来水。洗涤后的食盐水中含有碳酸钠，必须彻底分离干净，否则在后步用氯化钙溶液洗涤时会产生碳酸钙絮状沉淀，增加分离的麻烦。如果遇到了发生絮状沉淀的情况，应将其滤除，然后再重新转入分液漏斗中静置分层。

[5] 如果乙酸乙酯中含有少量水或乙醇，在蒸馏时可能产生以下三种共沸物：①酯-醇共沸物，b.p.71.8℃，含醇31%；②酯-水共沸物，b.p.70.4℃，含水8.1%；③酯-水-醇三元共沸物，b.p.70.2℃，含水9%，醇8.4%。所以如果洗涤不净或干燥不充分，在蒸馏时就会有大量前馏分，造成严重的产品损失。

实验三十四 乙酰乙酸乙酯的制备

实验步骤：

在干燥的50mL圆底烧瓶中放置5mL经过干燥的二甲苯，塞住瓶口，连瓶一起称重。将刮去了氧化皮的金属钠切成小块投入瓶中直至增重达1g[1]。用卫生纸揩净瓶口，涂上少许凡士林[2]，装上回流冷凝管，旋转至磨口透明。

加热圆底烧瓶至回流。当金属钠熔融成银白色液珠状时，拆去冷凝管，立即用干燥的橡皮塞塞紧瓶口[3]，以干抹布衬手，将圆底烧瓶用力来回振摇，金属钠即被撞碎成细粒状钠珠。持续振摇直到钠珠冷却凝固[4]。

静置片刻，钠珠沉于瓶底。拔去瓶塞，小心地将二甲苯倾注入指定的回收瓶中[5]。立即向圆底烧瓶中加入11mL乙酸乙酯[6]，揩净瓶口，重新装上回流冷凝管，并在冷凝管上口安装氯化钙干燥管。此时反应已经开始，有气泡冒出。如果反应很慢，稍稍加热引发反应。待激烈反应过后重新加热维持回流直至钠珠全部作用完为止，经历40~80min[7]，反应液呈橘红色，有时可能有黄白色沉淀析出。

稍冷后拆去冷凝管，在摇动下缓缓加入60%醋酸溶液至pH值为6.5~7，共用 5mL 左右[8]。将该混合物转入 60mL 分液漏斗，加入等体积饱和食盐水（约 15mL），有大量食盐晶体析出。用力摇振后静置分层。将下层黄色液体连同其中的食盐晶体一起从下口放出，将上层血红色液体自漏斗上口倒入干燥锥形瓶中，加入适量无水硫酸钠，塞住瓶口干燥半小时以上[9]。将已充分干燥的粗产物滤入 50mL 蒸馏瓶，用 3×1mL 乙酸乙酯洗涤干燥剂。加热蒸馏以回收未反应的乙酸乙酯，共回收乙酸乙酯约 4~5mL。

将瓶中残留液转入 25mL 圆底烧瓶，安装减压蒸馏装置。减压蒸馏[10]，并从下表中选取一组合适的压力/沸点关系数据来接收产物。

压力/Pa	1 600	1 867	2 400	2 666	4 000	5 333	8 000	10 666	101 325
乙酰乙酸乙酯的沸点/℃	71	74	78	82	88	92	97	100	181

得量 2.5~3g（2.5~3mL），收率 45.5%~49%。

乙酰乙酸乙酯纯品为无色液体，有水果香味。b. p. 180.4℃，d_4^{20} 1.028 2，n_D^{20} 1.419 4。

乙酰乙酸乙酯红外光谱图见图 6-10；乙酰乙酸乙酯核磁共振谱图见图 6-11。

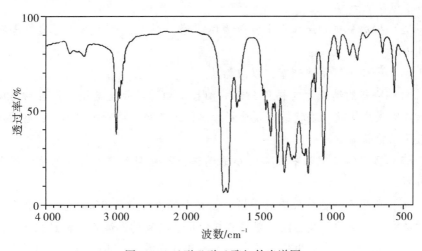

图 6-10　乙酰乙酸乙酯红外光谱图

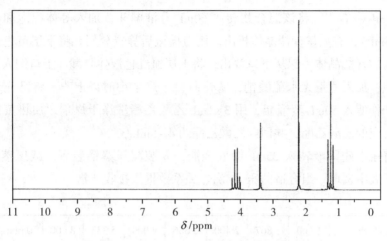

图 6-11 乙酰乙酸乙酯核磁共振谱图

◎ 注释

[1] 本实验中乙酸乙酯兼作试剂和溶剂，故按金属钠的实际用量计算收率。钠的用量为（1±0.2）g，但必须称量准确。如有压钠机，可直接向干燥的 50mL 圆底烧瓶中压入 1g 左右钠丝，立即加入 11mL 乙酸乙酯使之反应，以后的操作相同。金属钠遇水即燃烧爆炸，故全部实验仪器应充分干燥。金属钠暴露于空气中的时间应尽可能短，以避免吸收水汽，在反应过程中也要避免水汽侵入。操作中应避免金属钠接触皮肤，切下的氧化层应收回原来的储钠瓶中，不可丢入水槽。

[2] 揩净瓶口和涂抹凡士林是为防止磨口黏结，如使用非磨口仪器可不涂凡士林。

[3] 此处不可用玻璃塞，以防黏结。

[4] 冷却的钠珠为灰褐色分散的细粒。如过早停止摇振，则会粘结成蜂窝状或凝聚成块状。块状钠必须重新加热回流熔融，重新摇制钠珠；蜂窝状的一般不必重新摇制。

[5] 倾出的二甲苯中混有细小的钠珠，不可倒入废液缸或水槽，以免发生危险。

[6] 所用乙酸乙酯应充分干燥，但其中应含有 1%~2% 的乙醇。新开瓶的化学纯或分析纯的乙酸乙酯一般可直接使用。久置的乙酸乙酯需经纯化后方可使用。纯化的方法是先用饱和氯化钙水溶液洗涤数次，再用焙烘过的无水碳酸钾干燥，滤去干燥剂，蒸馏收集76~78℃ 馏分。

[7] 反应的时间长短主要决定于钠珠的粗细。一般应使钠全部溶解，但很少量未反应的钠并不妨碍后步操作。

[8] 在加醋酸溶液的过程中先析出黄白色固体，后逐渐溶解。当 pH 值达到 6.5~7 时，充分摇振，固体一般可以全溶。如仍有少量固体未溶也不要再加醋酸，可连同液体一起转入分液漏斗中，加入饱和食盐水后自会溶解。

[9] 干燥剂的用量及干燥充分与否的判断方法见第 104 页。

[10] 乙酰乙酸乙酯在常压下蒸馏易分解，故以减压蒸馏为宜。本实验最好连续进行，若粗产物久置，则可能生成脱氢醋酸（见实验三十五）而使收率略有降低。

乙酰乙酸乙酯的性质检验：

（1）$FeCl_3$ 试验：在试管中加 5 滴乙酰乙酸乙酯和 2mL 水，摇后滴加 3 滴 1%$FeCl_3$ 观察颜色变化；

（2）Br_2 试验：在试管中加 1 滴乙酰乙酸乙酯和 1mLCCl_4，摇动，滴加 2%Br_2/CCl_4 观察颜色变化；

（3）2，4-二硝基苯肼试验：在试管中加 1mL2，4-二硝基苯肼，滴加 4~5 滴乙酰乙酸乙酯，摇动，观察颜色变化。

实验三十五　脱氢醋酸的制备

实验步骤：

在 50mL 二口烧瓶[1]中加入 15mL 乙酰乙酸乙酯（15.43g，0.12 mol），7.5mg 碳酸氢钠[2]。在烧瓶的中口安装韦氏分馏柱，侧口安装 250℃ 温度计，温度计的水银泡伸至距离瓶底约 0.5cm 处。在分馏柱的上口安装 100℃ 温度计，侧口依次安装直形冷凝管、尾接管和接收瓶。

接通冷却水，开启磁力搅拌并加热，当瓶中液体开始微沸时，严格控制加热强度，使气雾缓慢平稳地上升，10~15min 后升至柱顶[3]。此后控制柱顶温度在 60~80℃ 之间。当二口烧瓶内液体温度达到 194℃ 时，馏出液体积为 5.5~6mL[4]，即可停止反应。拆下二口烧瓶，将其中反应混合物趁热倒入 50mL 小烧杯中，用表面皿盖住杯口，放置冷却到接近室温，再以冷水浴冷却，脱氢醋酸即呈橘红色针状晶体析出。

抽滤[5]，将所得棕红色滤液集中回收[6]之后，重新装好抽滤装置，用 3×1.5mL 清水洗涤晶体，抽干。

将粗产物转入 100 mL 三口烧瓶中，加入约 10 mL 水，旋摇后用硫酸调节至 pH=2。安装水蒸气蒸馏装置进行水蒸气蒸馏。此后应间歇检查三口烧瓶中水的酸度，始终维持 pH 值为 2~3，必要时用硫酸调节。如有较多白色晶体在冷凝管中析出，应予疏通，以免堵塞。蒸至冷凝管中不再有白色晶体析出时停止蒸馏。抽滤收集晶体，在红外灯下烘干[7]，称重。粗产物也可以用乙醇重结晶法提纯。

得量 2.5~3.3 g，收率 25.1%~33.2%[8]。

水蒸气蒸馏所得脱氢醋酸为洁白的细小晶粒。用乙醇重结晶得到的是斜方针状或片状晶体。脱氢醋酸纯品 m.p. 109℃，b.p. 270℃或 132~133℃/667 Pa。

脱氢醋酸红外光谱图见图 6-12；脱氢醋酸核磁共振谱图见图 6-13。

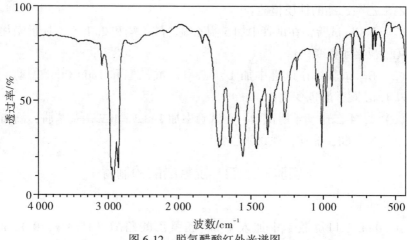

图 6-12 脱氢醋酸红外光谱图

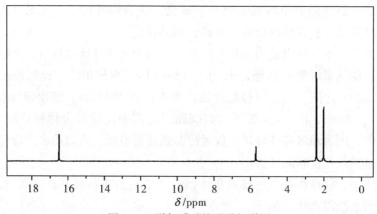

图 6-13 脱氢醋酸核磁共振谱图

◎ **注释**

[1] 如用 50mL 的三口烧瓶或二口烧瓶更好。

[2] 碳酸氢钠不宜多加，否则易生成黏稠的胶状物而严重降低收率。

[3] 见实验三十一注释 [3]

[4] 分馏过程中反应液温度和柱顶温度都会慢慢上升，应控制上升速度平稳。如果反应液温度已经升至 194℃，而馏出液尚未达到 5mL，可将反应液温度放宽至 196℃，但不可再放宽。

[5] 即使反应物表面看来已全部固化，也必须抽滤并尽量抽干其中残留的液体，以减少后步操作的困难。

[6] 滤液集中回收后可用减压蒸馏法收回一部分未反应的乙酰乙酸乙酯。剩下的残渣用 10%$NaHCO_3$ 溶液浸泡抽提两次，浸出液用盐酸酸化至 pH = 3，有黄白色晶体析出，过滤收集可再得一部分脱氢醋酸粗品。

[7] 控制红外灯的温度不要过高，以免脱氢醋酸熔融和升华。

[8] 收率高低主要决定于分馏效率，若使用填料柱可将收率提高到 50%以上。

实验三十六　2-庚酮的制备

实验步骤：

(1) 正丁基乙酰乙酸乙酯的制备。

在干燥的 100 mL 三口烧瓶上安装回流冷凝管和恒压滴液漏斗[1]，在冷凝管顶端安装氯化钙干燥管。将 1.2g 切成细条的金属钠 (0.1 mol)[2] 从第三口加入瓶中，开启磁力搅拌，塞住投料口。自恒压滴液漏斗慢慢滴加 25 mL 绝对乙醇[3]，滴加速度以维持乙醇沸腾为限。待金属钠作用完全后，加入 0.6 g 碘化钾粉末[4]，加热溶解。再加入 6.5 mL 乙酰乙酸乙酯(6.7 g，0.065 mol)，加热到重新开始回流后，自恒压滴液漏斗加入 7.6 g 正溴丁烷（5.92 mL，0.06 mol)，继续回流 3h[5]。

反应液冷却后抽滤，并用少量乙醇洗涤溴化钠晶体。将所得滤液常压蒸去乙醇后，用 5 mL 1%盐酸洗涤残液，在分液漏斗中分出有机层。用 5 mL 二氯甲烷萃取酸层。将二氯甲烷萃取液与有机层合并，用 4 mL 水洗涤。分出有机层，用无水硫酸镁干燥后滤除干燥剂。用常压蒸馏蒸除二氯甲烷后减压蒸馏，收集 112~117℃/2 133 Pa（16 mmHg）或 124~130℃/2 666 Pa（20 mmHg）的馏分。得量 5.5~6 g，收率 59.0%~64.5%。

（2）2-庚酮的制备。

将 25 mL 5%氢氧化钠溶液和 4.7 g 正丁基乙酰乙酸乙酯（0.025 mol）加入 100 mL 三口烧瓶中室温搅拌 2.5h。然后在持续搅拌下由恒压滴液漏斗慢慢加入 8 mL 20%硫酸，至不再大量产生二氧化碳气泡后改为蒸馏装置，蒸馏收集馏出液，分出油层。每次用 5 mL 二氯甲烷萃取水层两次，将萃取液与油层合并，用 5 mL 40%氯化钙溶液洗涤一次，用无水硫酸镁干燥。滤除干燥剂后蒸馏收集 145~152℃的馏分。得量约 2 g（2.5mL），收率约 70%。

纯粹的 2-庚酮 b. p. 151.4℃，n_D^{20} 1.408 8。

2-庚酮红外光谱图见图 6-14。

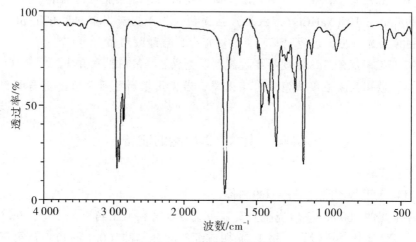

图 6-14　2-庚酮红外光谱图

◎ **注释**

［1］本实验所用全部仪器均需充分干燥。

［2］使用金属钠应注意的事项可参看实验三十四的注释［1］。

［3］本实验需使用绝对乙醇。若乙醇中含有少量水，则会使正丁基乙酰乙酸乙酯的产量明显降低。绝对乙醇的制备方法见附录 5：（10）。

［4］碘化钾的作用是在溶液中与正溴丁烷发生卤素交换反应，将正溴丁烷转化为正碘丁烷：$I^{\ominus}+R—Br \rightleftharpoons R—I+Br^{\ominus}$，产生的正碘丁烷更易发生亲核取代反应，因而对反应起催化作用。

［5］在回流过程中，由于生成的溴化钠晶体沉降于瓶底，会出现剧烈的

崩沸现象。如果采用搅拌装置可避免崩沸现象。

实验三十七至三十八　肉桂酸及氢化肉桂酸的合成

（一）实验目的

（1）学习通过 Perkin 反应合成芳香族 α，β-不饱和羧酸的原理和方法。
（2）学习催化加氢反应装置及操作。

（二）实验原理

反应式

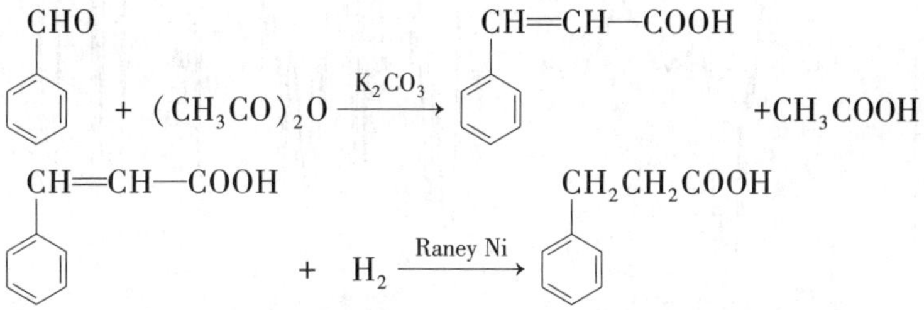

芳香醛与羧酸酐在弱碱催化下生成 α，β-不饱和酸的反应称为 PerKin 反应。所用催化剂一般是该酸酐所对应的羧酸的钾盐或钠盐，也可以使用碳酸钾或叔胺作催化剂。

实验室常用的瑞尼（Raney）镍是用氢氧化钠溶液溶蚀镍铝合金，将其中的铝转化为可溶性的铝酸钠并用溶剂洗去，剩下的镍呈细粉状，从微观上看又是多孔的骨架状，所以也叫骨架镍。它具有很大的比表面积，因而有很高的催化活性。Raney 镍也因制备的具体操作条件不同而具有不同的活性特征。肉桂酸是在高活性的 Raney 镍催化下氢化的。

实验三十七　肉桂酸的制备

实验步骤：

在干燥的 100mL 三口烧瓶中加入新蒸馏过的苯甲醛[1]1.5mL（1.58 g，0.015 mol）、新蒸馏过的醋酸酐[2]4mL（4.32g，0.042 mol）及研细的无水碳酸钾 2.1g。在其中口安装一支带有氯化钙干燥管的空气冷凝管，塞住二侧口。加热回流约 40min。反应初期由于产生二氧化碳而有泡沫。

待反应物冷却后加入 10mL 水，安装水蒸气蒸馏装置进行水蒸气蒸馏，蒸至馏出液中不再含有油珠为止。冷却后分批加入 10%氢氧化钠溶液并振摇，直至瓶中固体全部溶解，共约需氢氧化钠溶液 20mL。再加入少许活性炭，稍加煮沸后趁热过滤。滤液冷却后小心地向其中加入浓盐酸直至 pH<3，有大量白色晶体析出。用冰水浴冷却使结晶完全。抽滤，用少量冷水洗涤晶体，抽干后将晶体转移到干净滤纸上，在空气中晾干。[3]

得量 1.2~1.4g，收率 54.5%~63.6%。[4]

肉桂酸有顺反异构体，通常人工合成的均为反式。反式异构体 m. p. 133℃，b. p. 300℃，d_4^4 1. 247 5。

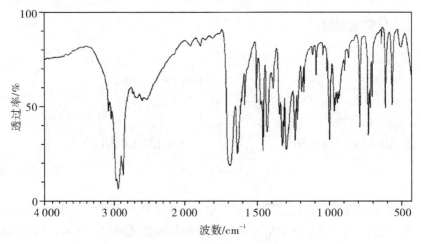

图 6-15　肉桂酸红外光谱图

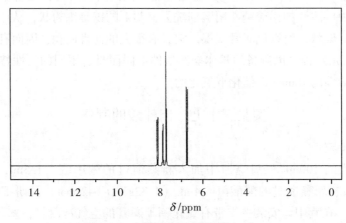

图 6-16　肉桂酸核磁共振谱图 （^{1}H)

◎注释

[1] 苯甲醛久置会自动氧化产生部分苯甲酸，不但影响反应的进行，还会混入产物不易分离，故在使用前需要纯化。方法是先用 10% 碳酸钠溶液洗涤至 pH=8，再用清水洗至中性，用无水硫酸镁干燥，干燥时可加入少量锌粉防止氧化。将干燥好的苯甲醛减压蒸馏，收集（79±1）℃/3 333Pa 或（69±1）℃/2 000Pa 或（62±1）℃/1 333Pa 的馏分。也可加入少量锌粉进行常压蒸馏，收集 177~179℃ 馏分。新开瓶的苯甲醛可不必洗涤，直接进行减压或常压蒸馏。

[2] 醋酐久置会吸收空气中水汽而水解为醋酸，故在使用前需蒸馏纯化。

[3] 如用红外灯干燥，应注意控制温度不应过高。

[4] 本实验的产品熔点一般为 131.5~133℃，可直接用于后步的氢化实验。如果熔点低于 131.5℃，可用 50% 乙醇重结晶纯化。

实验三十八　氢化肉桂酸的制备

实验步骤：

（1）催化剂的制备。在 500mL 烧杯中放置 2g 镍铝合金（含镍 40%~50%），加入 20mL 水，将 3.2g 固体氢氧化钠一次投入其中，稍加旋摇。反应一开始即停止旋摇，任其自行反应[1]。反应强烈放热，产生大量泡沫。待反应平稳下来后继续在室温放置 10min，再移至 70℃ 水浴中保温半小时。取离水浴，静置使镍沉于底部，小心倾去上层清液。用清水洗数次，至洗出液 pH 值为 7~8 为止，再用 3×10mL95% 乙醇洗涤，最后用 15mL 乙醇覆盖备用[2]。

用不锈钢刮刀挑取少许催化剂到滤纸上，溶剂挥发后催化剂会发生自燃，表明活性良好，否则需重新制备。

（2）装置的安装和检漏。肉桂酸的催化氢化装置如图 6-17 所示，由磁力搅拌器、氢化瓶、两通活塞、量气管、平衡瓶和氢气源[3]等部件组成。氢化瓶可使用 100mL 锥形瓶，平衡瓶可使用 60mL 分液漏斗。量气管有多种规格，可选用 200mL 的。各仪器间用乳胶管相连接。

装置安装完毕，打开活塞 C，旋转量气管上的三通活塞 E 使量气管只与氢化瓶相通。将平衡瓶 F 降低到量气管底部。向 F 中注入清水到 4/5 容积以上，且使其中水平面与量气管下部的 200mL 刻度线相平齐。关闭 C。升高 F 至高于量气管顶部，维持 10min。降低 F 使其中水平面与量气管中水平面相平齐，观察量气管中水平面所在的刻度线，如仍为 200mL，则表明装置不漏气。如在 200mL 刻度线以上，则说明漏气。找出漏气的位置，用石蜡熔封后重新检查，直到不漏气为止。

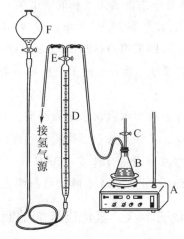

A—磁力搅拌器；B—氢化瓶；C—两通活塞；D—量气管；E—三通活塞；F—平衡瓶

图 6-17　肉桂酸的催化氢化装置

（3）催化剂吸氢。拆下氢化瓶，小心放入搅拌磁子。将制备好的 Raney 镍催化剂连同所覆盖的 15mL 乙醇一起迅速转入其中（注意尽可能不使催化剂暴露于空气中），用 1~2mL 乙醇冲洗下瓶口或瓶壁上可能黏附的催化剂，将氢化瓶装回原位。

熄灭附近一切火源[4]。打开活塞 C，提高平衡瓶 F，使量气管中充满水。旋转三通活塞 E 使量气管只与氢气源相通，再降低 F，氢气即自动充入量气管中。当 F 中的水平面和量气管中的水平面均与 200mL 刻度线相平齐时完全关闭三通活塞 E，将 F 放回高位。

将两通活塞 C 的上口与真空泵相接，抽除氢化瓶中的空气[5]。关闭 C，旋转 E 使量气管与氢化瓶相通，氢气充入氢化瓶。完全关闭 E，打开 C，再抽气一次，关闭 C。旋转 E 再次使 B 与 D 相通，降低 F，使 F 中的水平面与 D 中的水平面相平齐，记下所对应的刻度线读数，然后将 F 放回高位。

启动磁力搅拌器。催化剂被搅起泛于液面上与氢气接触，吸氢开始，D 中水面缓缓上升。5min 时降低 F，使其中水平面与 D 中水平面相平齐，记下读数，将 F 放回高位。两次读数间的差值即为这 5min 内的吸氢量（mL）。此后每5min记录一次，直到连续3个5min吸氢总量不足0.5mL时可以认为催化剂吸氢已达饱和，关闭磁力搅拌器，计算催化剂吸氢总量。

在此过程中每当量气管D快要被水充满时，可在一次记录之后旋转E使D与氢气源相通，降低F使D中充满氢气，比齐水位，记下刻度，旋转E使D与B相通，将F放回高位，重新开始吸氢。

（4）肉桂酸的氢化。完全关闭E，拆下氢化瓶，将已称准的1g肉桂酸加入，再加入15 mL 95%乙醇，将氢化瓶装回原位。依前法迅速抽空气两次，然后开启磁力搅拌器进行氢化反应，仍然每5min记录一次，直到连续3个5min基本上不吸收氢气为止。

（5）产品的处理　拆去氢气源和真空泵，打开两通活塞C放掉氢化瓶中的氢气。卸下氢化瓶，用折叠滤纸将溶液滤入25mL蒸馏瓶中，将滤出的催化剂转入指定的回收瓶中[6]。安装简单蒸馏装置，加热蒸馏至不再有馏出液滴出为止。将瓶中的残液趁热倒在干净的表面皿中，冷却后固化。将固体破碎，在空气中晾干，或用干燥器干燥，称重，计算收率。得量0.75~0.82g，收率75%~82%，熔点47~48℃。

将总吸氢量换算成标准状况下的体积，计算氢化率。以时间为横坐标，以吸氢量为纵坐标，在坐标纸上描出吸氢体积曲线。

氢化肉桂酸纯品为白色晶粉，m. p. 48.6℃，b. p. 279.8℃，d_4^{49} 1.071。

氢化肉桂酸的红外光谱图和核磁共振谱图分别见图6-18和图6-19。

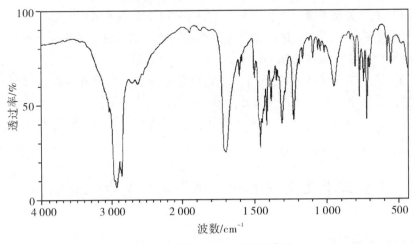

图6-18　氢化肉桂酸红外光谱图

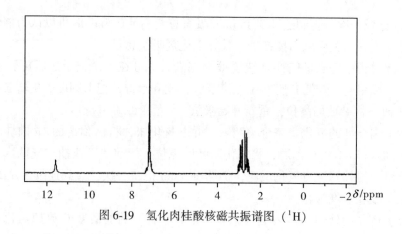

图 6-19　氢化肉桂酸核磁共振谱图（^{1}H)

◎注释

[1] 反应式为：$NiAl_2 + 6NaOH \longrightarrow Ni + 3H_2 + 2Na_3AlO_3$。

[2] 催化剂暴露于空气中会自燃，故以溶剂覆盖。即使如此，久置也会降低催化活性，所以最好随制随用。

[3] 氢气源可使用专门的氢气发生器。如果用稀盐酸与锌粒在启普发生器中制备氢气，则需经过高锰酸钾溶液、硝酸银溶液、氢氧化钠溶液依次洗涤后方可用于氢化。较方便的方法是使用医用的氧气枕，挤出其中的空气，用钢瓶充入氢气，将氢气连同其中的残留空气一起挤出，重新充入氢气，接入氢化装置。不使用时只要用螺丝夹夹紧出口的橡皮管即可。

[4] 氢气易燃易爆，当空气中含有 4%~74.2%（体积）的氢气时，遇火花即可引起爆炸。所以在使用氢气时应熄灭附近一切火源，并避免使用电吹风或其他易产生电火花的电器。

[5] 此处对真空度要求不高，可使用普通水泵。如无真空泵，也可以不抽真空，直接用氢气置换空气后进行后步操作。

[6] 滤得的催化剂仍有起火燃烧的危险，所以应收回集中处理，不可乱丢乱倒。

实验三十九至四十四　偶氮染料毛巾红的制备

（一）实验目的

(1) 学习苯经硝化、还原、乙酰化生成乙酰苯胺，乙酰苯胺再硝化，脱乙酰基生成的对硝基苯胺经重氮化后与 β-萘酚偶联生成毛巾红等系列反应的原理操作。

（2）掌握多步反应中影响主反应、产率的因素，以及分离、纯化的技术和方法。

（二）实验原理

反应式：

（Ⅰ）　$\bigcirc$ + HNO_3 $\xrightarrow[40\sim50℃]{H_2SO_4}$ $\bigcirc$—NO_2 + H_2O

（Ⅱ）　$4\bigcirc$—NO_2 + $9Fe$ + $4H_2O$ $\xrightarrow{CH_3COOH}$ $4\bigcirc$—NH_2 + $3Fe_3O_4$

或　$2\bigcirc$—NO_2 + $3Sn$ + $14HCl$ ⟶

　　　$(\bigcirc$—$\overset{+}{N}H_3)_2SnCl_6^{2-}$ + $2SnCl_4$ + $4H_2O$　$(\bigcirc$—$\overset{+}{N}H_3)_2SnCl_6^{2-}$

　　　$\xrightarrow{8NaOH}$ $2\bigcirc$—NH_2 + Na_2SnO_3 + $5H_2O$ + $6NaCl$

（Ⅲ）　H_2N—$\bigcirc$ + CH_3COOH ⟶ CH_3CONH—$\bigcirc$ + H_2O

或　H_2N—$\bigcirc$ + HCl ⟶ $Cl^-\overset{+}{N}H_3$—$\bigcirc$

　　　$\xrightarrow[CH_3COONa]{(CH_3CO)_2O}$ CH_3CONH—$\bigcirc$ + $2CH_3COOH$ + $NaCl$

（Ⅳ）　$\bigcirc$—NH—$\overset{\overset{O}{\|}}{C}$—$CH_3$ + HNO_3

　　　$\xrightarrow[HAc]{H_2SO_4}$ O_2N—$\bigcirc$—NH—$\overset{\overset{O}{\|}}{C}$—$CH_3$ + H_2O

（Ⅴ）　O_2N—$\bigcirc$—NH—$\overset{\overset{O}{\|}}{C}$—$CH_3$ + H_2O + HCl

　　　⟶ O_2N—$\bigcirc$—$\overset{\oplus}{N}H_3\overset{\ominus}{Cl}$ + CH_3COOH

O_2N—$\bigcirc$—$\overset{\oplus}{N}H_3\overset{\ominus}{Cl}$ + $NH_3 \cdot H_2O$（过量）

　　　⟶ O_2N—$\bigcirc$—NH_2 + NH_4Cl + H_2O

247

（Ⅵ） O_2N—◯—NH_2 + $NaNO_2$ + $2H_2SO_4$

$$\xrightarrow{0\sim 5℃} [\ O_2N\text{—◯—}N{=}N\ ]^{\oplus}\overset{\ominus}{H}SO_4 + NaHSO_4 + 2H_2O$$

$[\ O_2N$—◯—$N{=}N\ ]^{\oplus}\overset{\ominus}{H}SO_4$ +

$$\xrightarrow{NaOH} O_2N\text{—◯—}N{=}N\text{———} + Na_2SO_4 + H_2O$$

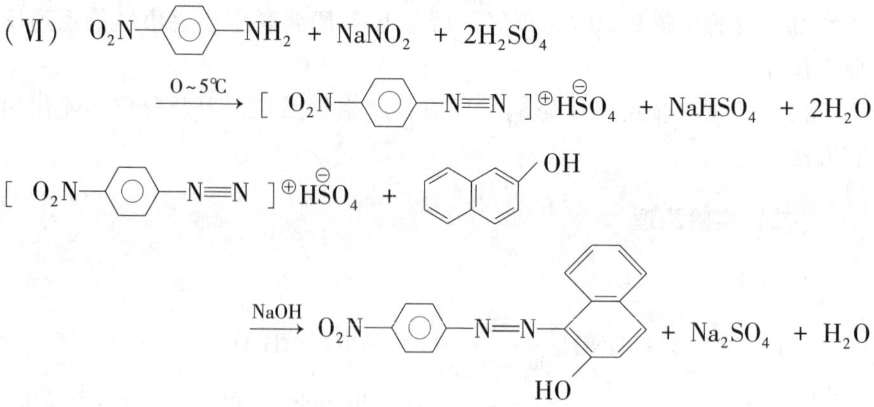

实验三十九 硝基苯的制备

实验步骤：

在 100mL 三口烧瓶上分别安装温度计、恒压滴液漏斗和回流冷凝管，冷凝管上端安装玻璃弯管，并连接橡皮管通入水槽。在三口烧瓶中放置 5.6mL 苯（4.9g，0.063 mol），调节温度计高度，使其水银球尽可能伸入液面以下，但以不妨碍磁子的正常运转为宜。

在冰水浴冷却下将 6.4mL 浓硫酸与 5.2mL 浓硝酸[1]在一小锥形瓶中混合均匀，待混酸温度降至 10℃ 以下后转入恒压滴液漏斗中。开启冷却水，启动磁力搅拌。自恒压滴液漏斗缓缓滴下混酸，维持反应液温度为 40~45℃[2]，必要时以冷水浴冷却。滴完后继续搅拌 10min，维持 60℃ 左右搅拌半小时。

将反应混合物冷至室温后缓缓注入盛有 20mL 水的锥形瓶中[3]，用冷水浴冷却锥形瓶至接近室温，转入分液漏斗中，再用 2mL 水荡洗锥形瓶，一并转入分液漏斗，静置分层。分出酸层（倒入废液缸），依次用 6mL 水、6mL10% 氢氧化钠溶液、6mL 水洗涤粗产物[4]，最后用无水氯化钙干燥。

将干燥好的粗产物滤入 25mL 圆底烧瓶，用蒸馏装置加热蒸馏，收集 208~211℃ 馏分[5]。得量 6.2~6.8g（5.2~5.7mL），收率 80%~88%。

硝基苯纯品为黄色透明液体，m. p. 5.7℃，b. p. 210.9℃，d_4^{20} 1.203 7，n_D^{20} 1.556 2。

硝基苯红外光谱图见图 6-20；硝基苯核磁共振谱图见图 6-21。

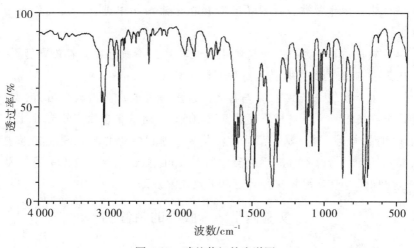

图 6-20　硝基苯红外光谱图

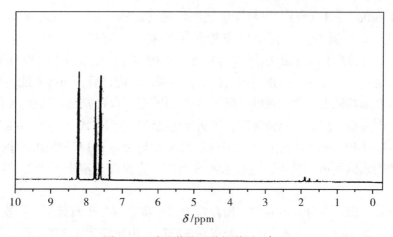

图 6-21　硝基苯核磁共振谱图（^{1}H）

◎注释

[1] 本实验所用硫酸为普通浓硫酸，质量百分浓度 96%～98%，密度 1.84；本实验所用硝酸为普通浓硝酸，质量百分浓度 65%，密度 1.39。若使用恒沸硝酸（质量百分浓度 68%～69%，密度 1.42）或发烟硝酸（质量百分浓度 87%～92%，密度 1.50）则较易生成二硝基苯，收率有所下降。

[2] 温度控制较低，反应较慢，但收率较高；温度较高则生成较多二硝基苯，使收率降低。

[3] 此步操作放热，一般不宜直接在分液漏斗中进行，因为分液漏斗是不耐热仪器。

[4] 碱洗后再用水洗，可能产生乳化现象，不易分层。若久置仍不分层，可加 0.2~0.4mL 乙醇，振荡后再静置即可分层。

[5] 由于蒸馏系统内外温差甚大，温度计可能产生较大负偏差，若所用温度计未经校正，可将馏程下限放宽到 205℃。硝基化合物有较大毒性（见附录 12）和爆炸性，硝基越多，危险性越大。所以在操作中应避免接触皮肤或吸入其蒸气，蒸馏时不可蒸干，至少应留 1mL 左右残液。若万一不慎触及皮肤，应立即用少量乙醇擦洗，再用肥皂及温水洗涤。

实验四十　苯胺[1]的制备

实验步骤：

1. 方法（一）用铁还原

在 100mL 三口烧瓶中投放 10g 还原铁粉（0.18 mol）、10mL 水和 0.5mL 冰乙酸，振摇混匀。在其中口安装回流冷凝管，塞住二侧口，加热至沸 5min[2]。稍冷后将 5.1mL 硝基苯（6.15g，0.05 mol）分成数批自冷凝管口加入三口烧瓶中，每加入一批后用力摇动，待激烈反应过后再加后一批。全部加完后重新加热回流，注意观察冷凝管内壁上由气雾凝成的液珠的颜色变化，当黄色液珠完全变成乳白色液珠时，表明反应已经完全[3]。停止搅拌和加热用 5~7.5mL 清水将冷凝管内壁上残留的液膜小心地冲入三口烧瓶中。拆去冷凝管，改为水蒸气蒸馏装置，进行水蒸气蒸馏，直至馏出液中不再含有油珠为止[4]。

将馏出液转入分液漏斗中，用食盐饱和，静置后分出有机层。每次用 5~7.5mL 乙醚萃取水层三次，合并醚层和有机层，用粒状氢氧化钠干燥。

将干燥好的苯胺溶液分 2 批滤入 25mL 蒸馏瓶中，每滤入一批，用简单蒸馏蒸出乙醚，然后滤入下一批。待全部乙醚蒸出后加入少许锌粉[5]，空气冷凝管冷却，加热蒸馏收集 180~185℃馏分。得量 3.1~3.3g（3.0~3.2mL），收率 67%~70%。

苯胺纯品为无色油状液体，m.p. −6.2℃，b.p. 184.4℃，d_4^{20} 1.022，n_D^{20} 1.586 3。

2. 方法（二）用锡还原

在 250mL 三口烧瓶中投放苔锡 12g（约 0.1 mol）、硝基苯 5.25mL（6.33g，0.052mol），在中口安装回流冷凝管，塞住二侧口。将 14mL 浓盐酸

（约 0.17 mol）分数批自冷凝管上口加入。每加一批即用力振荡反应混合物，待激烈反应过后再加后一批。如果反应过于激烈，可用冷水浴冷却三口烧瓶使其平稳。全部盐酸加完后，加热回流，直至冷凝管内壁上凝结的油珠全部为乳白色为止[3]。待反应物冷至室温，在摇动下缓缓加入 50%氢氧化钠水溶液，直至反应混合物呈碱性。改为水蒸气蒸馏装置，进行水蒸气蒸馏。以后的操作同方法（一）。得量 3.3~3.7g（3.2~3.6mL），收率 68.8%~75.3%。

苯胺红外光谱图见图 6-22；苯胺核磁共振谱图见图 6-23。

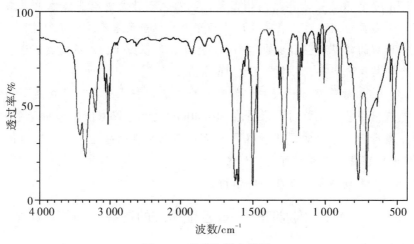

图 6-22　苯胺红外光谱图

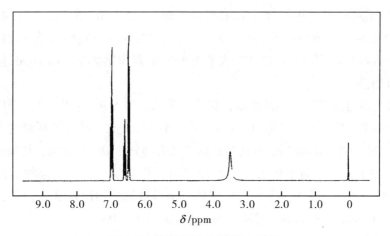

图 6-23　苯胺核磁共振谱图（^{1}H）

◎注释

[1] 用铁作还原剂，价廉，收率略低；用锡作还原剂反应较快，收率较高，但较贵，且需使用较多的酸和碱。苯胺有毒，在操作中应避免触及皮肤或吸入其蒸气。若不慎触及皮肤，应立即用水冲洗，再用肥皂和温水洗涤。

[2] 加热煮沸的作用在于使铁粉活化，与乙酸作用产生乙酸亚铁，可使铁转变为碱式乙酸铁的过程加速，缩短反应时间。

[3] 黄色液珠是未作用的硝基苯，乳白色液珠是混有少量水的苯胺，所以当不再有黄色液珠时，表明反应已经完全。但当硝基苯残留甚少时往往不易分辨。残留的硝基苯在后步操作中不易除去，所以此步回流的时间应适当长一些，务使其反应完全，一般需回流 1h 左右。

[4] 在水蒸气蒸馏过程中，如果三口烧瓶内积水过多，可在瓶下隔石棉网加热赶出一些，使瓶内积水量在 30~40mL 之间，以减少苯胺的溶解损失。操作结束后，一些铁的氧化物（黑褐色）会黏附在瓶壁上，可用 1:1 的盐酸（体积比）荡洗，必要时可稍稍加热。

[5] 加锌粉以防止苯胺在蒸馏过程中被氧化。

实验四十一 乙酰苯胺的制备

实验步骤：

1. 方法（一）用乙酸酰化

在 50mL 圆底瓶中投放 3.1mL 新蒸苯胺（3.1g，0.033 mol），5mL 冰乙酸（约 5.3g，0.084 mol），加入磁子。在瓶口安装一支短的韦氏分馏柱，分馏柱上直口装温度计，斜口依次安装直形冷凝管和尾接管，用 10mL 量筒代替接收瓶。

启动磁力搅拌并加热圆底瓶，保持微沸状态约 5min 后调节加热强度使气雾缓慢而平稳地上升，经历 10~15min 升至柱顶，[1] 此后维持柱顶温度在 80~110℃之间。60~80min 后，反应生成的水及大部分乙酸已被蒸出，柱顶温度降至 80℃以下，小量筒中积液为 2.5~2.7mL，停止反应。将反应物趁热倒入 25mL 冷水中[2]，搅拌、冷却。待结晶完全后抽滤，用冷水洗去残酸，得粗品，用约 70mL 水重结晶，得精品约 3.1g，收率 67.7%。

乙酰苯胺纯品为无色有闪光的小叶片状晶体，m.p. 114.3℃，b.p. 305℃，d_4^4 1.21。

2. 方法（二）用乙酐酰化

在 100mL 烧杯中先加入 55mL 水、2.8mL 浓盐酸，在搅拌下加入 3.1mL 新蒸的苯胺（3.1g，0.033 mol），再加入少量活性炭。将混合物煮沸 2~3min，趁热过滤。向滤液中加入 3.8mL 乙酸酐，并立即加入事先准备好的 5g 乙酸钠溶于 16mL 水并预热到 50℃ 的溶液，充分搅拌并冷到室温后再以冰水浴冷却。抽滤，用少量冷水洗涤。干燥、称重，约 3.1g，收率约 68.5%，此产品一般不需进一步纯化，可直接用于后步反应。

乙酰苯胺红外光谱图见图 6-24；乙酰苯胺核磁共振谱图见图 6-25。

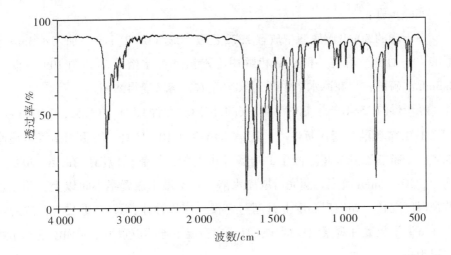

图 6-24 乙酰苯胺红外光谱图

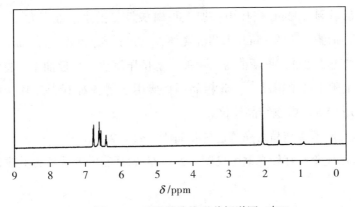

图 6-25 乙酰苯胺核磁共振谱图（^{1}H）

◎ 注释

[1] 见实验三十一注释 [3]。

[2] 反应液冷却后固体粗产物会析出并黏附在瓶壁上不易转移干净，故需趁热转移。如已经发现固体析出，可加入少许开水将残留的固体荡洗出来。

实验四十二 对-硝基乙酰苯胺的制备

实验步骤：

在干燥的 50mL 圆底瓶中放置 2.7g 乙酰苯胺（0.02 mol），加入 4.3mL 冰醋酸[1]，加热至溶解。稍冷后相继用冷水浴和冰水浴冷却到约 10℃，滴入 4.3mL 浓硫酸，再在冰水浴中冷到 10℃ 左右，溶液变得浓稠。

在干燥的 25mL 锥形瓶中混合 1.6mL 浓硝酸（含 HNO_3 约 1.5g，0.024 mol）和 2.1mL 浓硫酸，塞住瓶口[2]，用冰水浴冷到 10~15℃，然后用滴管慢慢滴加到已制备的乙酰苯胺溶液中，边滴加边摇匀，控制反应温度在 15~20℃ 之间[3]，10~15min 滴完。滴完后取离水浴，在室温下放置半小时以上，并注意监视温度变化。如发现温度上升超过室温，应以冰水浴冷却到 15℃，然后重新在室温下放置并观察温度变化，直至在室温下连续放置半小时而温度不超过室温为止。

在 100mL 烧杯中放置 42.5mL 水和 10g 碎冰，将反应混合物倾注其中，搅拌，抽滤，用玻璃塞挤压滤饼，尽可能抽去其中的残酸。

将滤饼转移到 100mL 烧杯中，加 15% 磷酸氢二钠水溶液[4] 42.5~45mL，搅拌成糊状，抽滤。用约 15mL 水荡洗烧杯，一并转入抽滤漏斗，抽干后再用约 25mL 冷水洗涤滤饼，重新抽滤，用玻璃塞挤压滤饼，尽量抽干。将滤饼转移到表玻璃上晾干，得粗品[5]。此粗品可直接用于制备对-硝基苯胺。如欲制得精品，可用 95% 乙醇重结晶纯化。

对-硝基乙酰苯胺纯品为亮黄色柱状晶体，m. p. 215℃。

对-硝基乙酰苯胺红外光谱图见图 6-26；对-硝基乙酰苯胺核磁共振谱图见图 6-27。

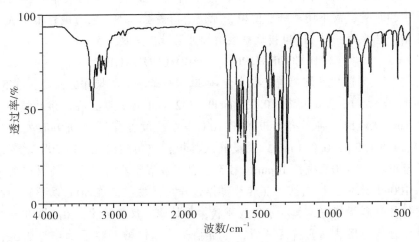

图 6-26　对-硝基乙酰苯胺红外光谱图

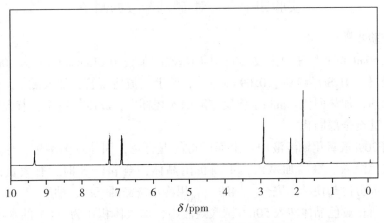

图 6-27　对-硝基乙酰苯胺核磁共振谱图

◎注释

［1］醋酸的作用一是作溶剂，二是防止乙酰苯胺或对-硝基乙酰苯胺水解。

［2］塞住瓶口的目的是防止硝酸挥发或吸收空气中水汽而降低浓度。

［3］硝化反应强烈放热，应细心控制反应温度。如温度过高，易生成较多的二硝化产物；如温度过低，则反应太慢，使混酸积累，一旦激烈反应就会失去控制，甚至发生危险。在滴加混酸时还应注意及时将反应物摇匀，防止局部过浓。

[4] 酸或碱都会促使产物水解，为了将粗产物中残留的酸中和掉而又不至于中和过量，故不使用一般的碱，而使用磷酸氢二钠。它与酸作用生成磷酸二氢钠，结果是一种 pH 值接近中性的缓冲溶液。其反应为：

$$CH_3COOH + HPO_4^{2-} \rightleftharpoons CH_3COO^- + H_2PO_4^-$$

[5] 也可以用发烟硝酸来制备对-硝基乙酰苯胺，其操作方法是：在 50mL 烧杯中混合 2.1g 乙酰苯胺（0.015 mol）和 2.1mL 冰乙酸，在冰浴和搅拌下加入 4.1mL 浓硫酸，将混合溶液冷至 10℃，在持续搅拌下将 0.9mL 发烟硝酸（含硝酸约 1.5 g，0.024 mol）缓缓滴入其中，控制温度在 15~20℃ 之间。滴完后继续在 15~20℃ 搅拌 10min，移至室温下放置半小时以上。将反应物分批转入 100mL 水中，搅成糊状（转移搅拌过程中温度控制在 40℃ 以下），抽滤。将滤饼转移到烧杯中，加冷水搅成糊状，再抽滤。反复数次，直至洗出液接近中性。抽滤并用玻璃塞挤压滤饼，尽量抽干。滤饼摊开晾干后重约 2.3g，粗品收率约 85%。

实验四十三 对-硝基苯胺的制备

实验步骤：

在 50mL 圆底烧瓶中投放 2.3g 对-硝基乙酰苯胺(0.013 mol)，注入 10mL 1∶1 的硫酸（含 H_2SO_4 约 9g，0.09 mol）[1]，装上回流冷凝管，加入磁子，开启搅拌和加热，加热回流 40min。将反应液倒入烧杯中，放冷至室温，有大量晶体析出，甚至全部固化。

用 20%氢氧化钠溶液中和上面所得的混合物，固体逐渐溶解，形成透明的橙红色溶液。继续加碱液，重新析出晶体，至 pH = 8 时，有大量晶体析出[2]，充分冷却使结晶完全，抽滤[3]，用冷水洗涤两三次，抽干。

将所得黄色晶体转入 50mL 圆底烧瓶中，加入体积比为 1∶1 的水-乙醇混合溶剂约 50mL，安装回流装置加热回流至固体全溶。稍冷，加入约三分之一药匙活性炭，重新加热回流 2min，趁热抽滤。将所得热滤液尽可能迅速完全地转移到干净的圆底烧瓶中去，重新加热回流至已经析出的晶体完全溶解[4]，将烧瓶浸在热水浴中，连同热浴一起缓缓冷到室温，析出细长的亮黄色针状晶体。抽滤，将所得晶体摊在滤纸上晾干。得量约 1.4g，收率约 81%。

对-硝基苯胺纯品为黄色单斜针状晶体，m. p. 148.9℃，d_4^{20}1.424，在260℃分解。

将产品测熔点，与文献值对比，或用薄层层析检测（展开剂石油醚：乙酸乙酯 3∶1），若熔点与文献不符，薄层层析显示产品有副产物，该副产物为邻-硝基苯胺。

　　邻，对-硝基苯胺的分离：可采用柱层析分离，通常采用水蒸气蒸馏分离，将产品转入 100mL 三口瓶中，加入 30mL 水，安装好水蒸气蒸馏装置，加热蒸馏。蒸馏开始后，邻硝基苯胺随水蒸气先蒸出，三口瓶中颜色明显变浅，停止蒸馏，将三口瓶中的溶液立即倒入 100mL 烧杯中，冷却、析出晶体、过滤、烘干、测熔点。将馏出液用 3×10mL $CHCl_3$ 萃取，萃取液用 $MgSO_4$ 干燥后，蒸出 $CHCl_3$，收集产品，测熔点，分别用薄层层析检测邻，对硝基苯胺的比例值。

　　邻硝基苯胺，橙红色针状晶体，m. p. 69.7℃

　　对-硝基苯胺红外光谱图见图 6-28；对硝基苯胺核磁共振谱图见图 6-29。

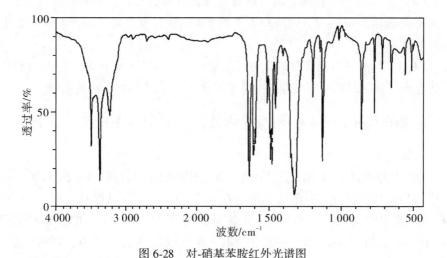

图 6-28　对-硝基苯胺红外光谱图

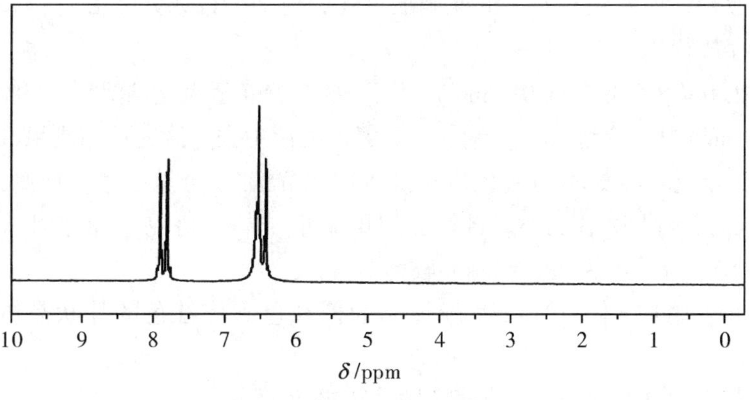

图 6-29　对-硝基苯胺核磁共振谱图

◎ 注释

[1] 酰胺在酸性条件下水解，酸不仅是催化剂，同时也是反应试剂，它与水解所产生的胺形成胺盐而溶于酸性水溶液中，所以酸的用量至少与酰胺等摩尔。通常为了迅速、完全地水解，要投放 6~7 倍量的酸（硫酸以硫酸氢根 HSO_4^- 计）。如果使用挥发性酸，在水解过程中还要适当补加以补偿挥发损失。

[2] 原先的固体是硫酸的胺盐 $O_2N\text{—}\langle\bigcirc\rangle\text{—}\overset{+}{N}H_3 \cdot HSO_4^-$。中和后析出的晶体是对-硝基苯胺，它在碱性条件下才能析出完全。

[3] 对-硝基苯胺有毒，且可透过皮肤被吸收，所以在操作时应十分注意勿触及皮肤。含有对-硝基苯胺的废溶液应倒入废液缸，如不慎溅在实验台上，应用热水洗去。

[4] 重新加热回流溶解的目的在于使溶液缓慢冷却以便结出较大的晶体，也较纯净。如不经此步而直接将热滤液冷却，则往往结成细小的晶粉。

实验四十四　1-（对-硝基苯偶氮）-2-萘酚（毛巾红）的制备

实验步骤：

在小烧杯中置 15mL 水，慢慢注入 3.3mL 浓硫酸（含 H_2SO_4 5.94g，0.06 mol），旋摇均匀后加入 2.1g 对-硝基苯胺（0.015 2 mol），低温加热溶解。稍冷后移至冰浴中冷至 5 ~ 10℃，析出晶体，呈悬浮状。将 1.05g 亚硝酸钠（0.015 mol）溶于 3mL 水，用滴管吸取，缓缓滴加到悬浮液中，同时旋摇烧杯，控制温度在 10℃ 以下。滴完后继续在冰浴中旋摇数分钟，用碘化钾淀粉试纸检验，如发现有游离的亚硝酸存在，应加少许尿素除去[1]；如无，在冰浴中存放待用[2]。

将 2.16g β-萘酚（0.015 mol）溶于 36mL 10% 氢氧化钠溶液（约含 NaOH 4g，0.1 mol）中，冷到 10℃，滴加到重氮盐溶液中去。滴完后用刚果红试纸检验，应为蓝色[3]，如不为蓝色应滴加 50% 硫酸溶液至呈蓝色。抽滤，干燥。得量约 4g，粗品收率 91%。将粗品用甲苯重结晶（每克干燥的粗品需甲苯 30~40mL），得量约 3.1g，精制品收率 70%。

1-（对-硝基苯偶氮）-2-萘酚纯品为橙红色到棕红色的片状晶体，m. p. 257℃[4]。

1-（对-硝基苯偶氮）-2-萘酚红外光谱图见图 6-30。

1-（对-硝基苯偶氮）-2-萘酚核磁共振谱：

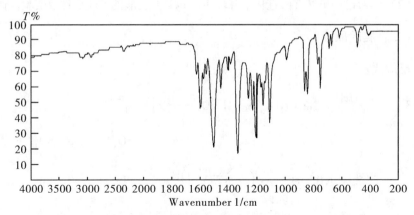

图 6-30　1-（对-硝基苯偶氮）-2-萘酚（毛巾红）红外光谱图

H NMR（DMSO-d6）：δ：14.81（1H，bs），8.61（1H，d，J = 8.12 Hz），7.78（1H，d，J = 8.61 Hz），7.70-7.80（4H，m），7.65（2H，d，J = 7.73 Hz），7.01（2H，d，J = 7.73 Hz）.

◎注释

[1] 参看实验 24（甲基橙）的注释 [2]。

[2] 重氮盐在较高温度下会分解，存放必须在冰浴中。即使如此，放置时间亦不可过久，应尽快用于下步反应。

[3] 刚果红试纸变蓝的酸度为 pH 3，此步溶液本身是红色的，在该酸度下 pH 试纸也是红色的，故不能用 pH 试纸检验。如无刚果红试纸，可暂不检验，待抽滤晶体后向滤液中滴加 0.5～1mL 硫酸，摇匀，冷却，如有晶体析出，再次抽滤，合并粗产物。如无晶体析出，将其倒入废液缸。

[4] 已经制成的毛巾红染料不宜再用来染纤维，因为它与纤维不能牢固结合。如欲将纤维染色，可将纤维浸在第一步制得的重氮盐溶液中，然后加入 2-萘酚溶液，染料即在纤维间生成，与纤维牢牢结合。

实验四十五至四十八　6-氨基己酸的制备

（一）实验目的

（1）学习环己酮肟在酸催化下发生 Beckmann 重排，生成己内酰胺。

（2）学习己内酰胺在酸催化下开环生成6-氨基己酸的反应机理及实验操作。

（二）实验原理

反应式：

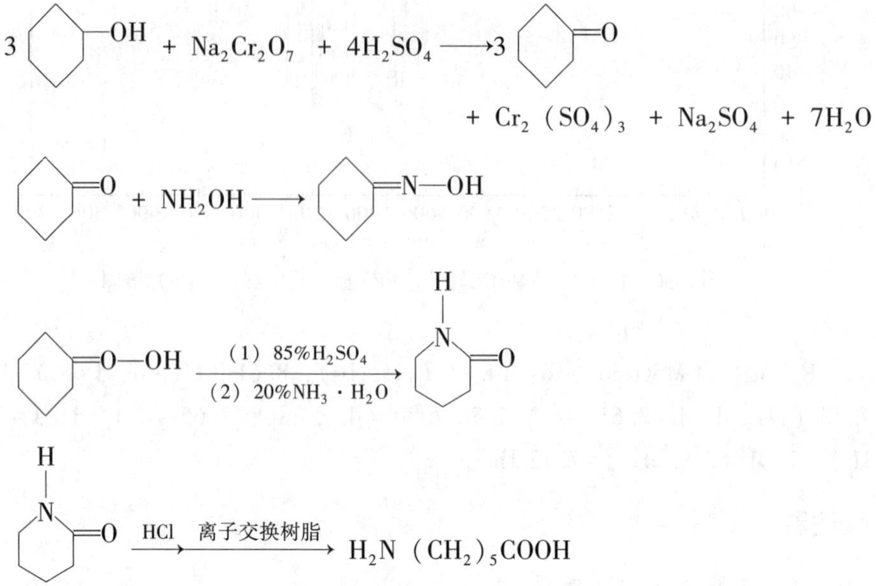

6-氨基己酸是带有双官能团的有机合成中间体，它是己内酰胺开环产物。实验室制备是以环己醇为原料，经重铬酸钠氧化得到环己酮。环己酮与羟胺作用生成环己酮肟。环己酮肟受酸性催化剂如硫酸或五氧化二磷作用，发生Beckmann 重排而制得己内酰胺。

己内酰胺具有不稳定的七元环结构，在高温或催化剂作用下，可以开环聚合成线型高分子，通常称尼龙-6；也可以在酸的作用下水解开环，经离子交换后得到6-氨基己酸。

实验四十五　环己酮的制备

实验步骤：

在 100 mL 圆底烧瓶中，加入 5.25 mL 环己醇（5.1 g，0.05 mol），然后一次加入已制备好的重铬酸钠溶液[1]，振摇使充分混合。放入温度计，测量初始反应温度，并观察温度变化情况。当温度上升至 55℃ 时，立即用水浴冷却，保持反应温度在 55~60℃。约 0.5h 后，温度开始出现下降趋势，移去水浴再放置 0.5h 以上。其间要不时地振摇，使反应完全，反应液呈墨绿色。

在反应瓶内加入 30 mL 水，改成蒸馏装置，将环己酮与水一起蒸馏出来[2]，直至馏出液不再浑浊时，再多蒸 7.5~10 mL，约蒸出 50 mL 馏出液。馏出液用精盐饱和[3]（约6 g精盐）后，转入分液漏斗，静置后分出有机层。水层用8.0 mL乙醚提取一次，合并有机层与萃取液，用无水硫酸钾干燥。简单蒸馏蒸出乙醚后，再蒸馏收集 151~155℃ 的馏分，产量3~3.5g，收率61.1%~71.3%。

纯粹环己酮沸点为 155.7℃，折光率 n_D^{20} 1.450 7。

环己酮红外光谱图见图 6-31；环己酮核磁共振谱图见图 6-32。

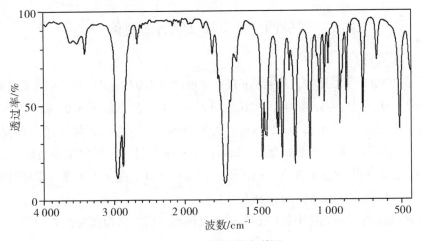

图 6-31　环己酮红外光谱图

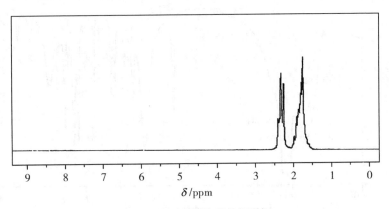

图 6-32　环己酮核磁共振谱图

261

◎注释

[1] 在250 mL烧杯中，溶解5.25 g重铬酸钠于30 mL水中，在搅拌下，慢慢加入4.5 mL浓硫酸，得一橙红色溶液，冷却至30℃以下备用。

[2] 本实验操作实际上是一种恒沸蒸馏，环己酮与水形成恒沸混合物，沸点95℃，含环己酮38.4%。

[3] 31℃时，环己酮在水中的溶解度为2.4 g。加入精盐的目的是为了降低环己酮的溶解度，并有利于环己酮的分层。水的馏出量不宜过多，否则即使使用盐析，仍不可避免有少量环己酮溶于水中而损失掉。

<h2 style="text-align:center">实验四十六　环己酮肟的制备</h2>

实验步骤：

在100mL锥形瓶中，将4.9 g羟氨盐酸盐（0.071 mol）及7 g结晶醋酸钠溶于15 mL水中，温热溶液，使其达到35~40℃。分批加入5.25 mL（每次约2 mL）环己酮（约5 g，0.05 mol），边加边摇动，此时有固体析出。加完后，用橡皮塞塞紧瓶口，激烈振摇2~3min，环己酮肟呈白色粉状结晶析出[1]。冷却后，抽滤并用少量水洗涤。抽压干后，在红外灯下进一步干燥。得环己酮肟5.06 g，收率约99.1%，m. p. 89~90℃。

环己酮肟红外光谱图见图6-33；环己酮肟核磁共振谱图见图6-34。

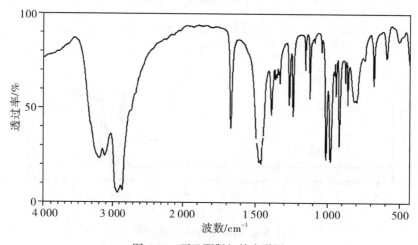

图6-33　环己酮肟红外光谱图

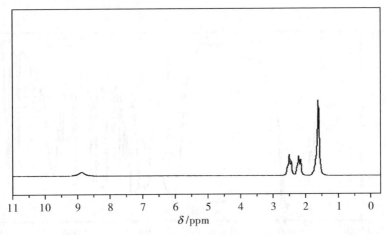

图 6-34　环己酮肟核磁共振谱图

◎**注释**

[1] 若此时环己酮肟呈白色小球状，则表示反应还未完全，须继续振摇。

实验四十七　己内酰胺的制备

实验步骤：

在 500 mL 烧杯中[1]，放置 5 g 环己酮肟（0.044 mol）和 10 mL 85% 硫酸，旋摇烧杯使混合均匀。在烧杯内放一支 200℃ 温度计，加热烧杯。当开始有气泡时（约 120℃ 时），立即移去热源，此时发生强烈的放热反应，温度很快自行上升，可达到 160℃，反应在几秒钟内即可完成。稍冷后，将此溶液倒入 100 mL 三口烧瓶中，并在冰盐浴中冷却。三口瓶上分别装上搅拌器、温度计和恒压滴液漏斗。当溶液温度下降至 0~5℃ 时，在搅拌下小心滴入 20% 氨水[2]，控制溶液温度在 20℃ 以下（以免己内酰胺在温度较高时发生水解），直至溶液恰恰对石蕊试纸呈碱性（通常加约 30 mL，约需 1h）。

粗产物倒入分液漏斗中，分出水层，油层转入 25 mL 圆底烧瓶中。用油泵进行减压蒸馏，收集 127~133℃/0.93 kPa（7 mmHg），137~140℃/1.6 kPa（12 mmHg）或 140~144℃/1.86 kPa（14 mmHg）的馏分[3]。馏出物在接收瓶中固化成无色结晶，熔点 69~70℃，产量约 2.5g，收率约 50%。

己内酰胺易潮解，应储于密闭的容器中。

己内酰胺红外光谱图见图 6-35；己内酰胺核磁共振谱图见图 6-36。

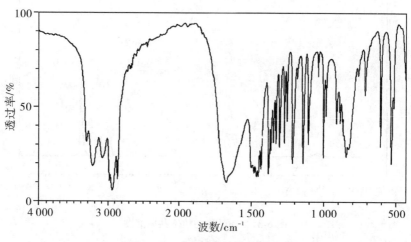

图 6-35 己内酰胺红外光谱图

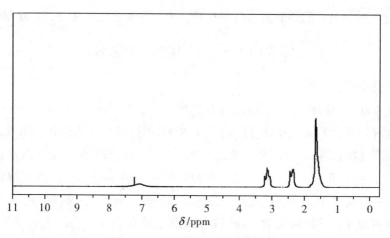

图 6-36 己内酰胺核磁共振谱图

◎ **注释**

[1] 由于重排反应进行猛烈，故须用大烧杯以利于散热，使反应缓和。

[2] 用氨水进行中和时，开始要加得很慢，因反应强烈放热，初时溶液黏稠，散热慢，若加得太快，会造成局部过热发生水解而降低收率。

[3] 己内酰胺也可用重结晶方法提纯：将粗产物转入分液漏斗中，每次

用 5 mL 四氯化碳萃取 3 次。合并萃取液，用无水硫酸镁干燥后，滤入干燥的锥形瓶中，加入沸石，在水浴上蒸出大部分溶剂，至剩下约 4 mL 溶液为止。小心地向溶液中加入石油醚（30~60℃），到恰好出现浑浊为止。将锥形瓶置于冰浴中冷却结晶。抽滤，用少量石油醚洗涤结晶。若加入石油醚的量超过原溶液 4~5 倍仍未出现浑浊，说明剩下的四氯化碳溶液太多。需加入沸石后重新蒸去大部分溶剂直到剩下很少量的四氯化碳溶液时，重新加入石油醚进行结晶。

实验四十八　6-氨基己酸的制备

实验步骤：

1. 6-氨基己酸盐酸盐

将 5 mL 浓盐酸，25 mL 水和 2 g 己内酰胺（0.017 7 mol）置于 50 mL 圆底烧瓶中加热回流 1h，然后减压浓缩至干。重新溶于 30 mL 蒸馏水中，以作离子交换用。

2. 湿法装柱

在一干净的离子交换柱（柱长 400 mm，内径 40 mm）中装入三分之一体积的蒸馏水。用一支干净的玻璃棒将一小团脱脂棉压到柱底的狭窄部位。75 g 季铵盐型离子交换树脂在烧杯中用蒸馏水调成糊状后，搅拌下徐徐装入柱内，同时开启下端活塞，保持柱子的进出水速度一致，使树脂在蒸馏水中缓缓沉降，始终保持沉降层上面有 5 cm 左右的水层。装完树脂后立即关闭下端活塞。从柱顶注入数毫升蒸馏水，小心开启下端活塞，用试管收集 1~2 mL 流出液，检验其 pH 值并以 5% $AgNO_3$ 溶液检验 Cl^-。如 pH ≥7，且无 Cl^- 即可进行脱酸。如果不符合上述要求，可经再生处理[1]，直至达到以上要求为止。

3. 脱酸

将配制的 6-氨基己酸盐酸盐溶液从柱顶慢慢注入，同时调节柱下活塞保持进出液的速度一致。不断地从柱下接收流出液检验其 pH 值及 Cl^-，还要检验有无产品流出[2]。当溶液加完后，继续缓缓加入蒸馏水洗脱。一旦发现有产品流出，立即更换接收瓶收集产品，直至用 $FeCl_3$ 溶液检验证明流出液中不再含有产品时即关闭活塞。在这一过程中的任何时候，如果发现流出液中有 Cl^- 或呈酸性，就要立即更换接收瓶，用至少 150 mL 蒸馏水将产物全部洗出。将柱子再生处理后，将未交换完全的那一部分产物重新经柱子脱酸。

4. 浓缩结晶

上面收集到的产品溶液如果颜色较深，可用原料量的十分之一的活性炭在室温下脱色。将清亮的溶液减压浓缩到 2~3 mL[3]。加入 10 mL 乙醇和 17 mL 乙醚，用力振摇，很快析出白色晶体，冷却，抽滤，真空干燥，得 1.8~2.0 g 产品，粗品收率 78%~86%。

6-氨基己酸红外光谱图见图 6-37；6-氨基己酸核磁共振谱图见图 6-38。

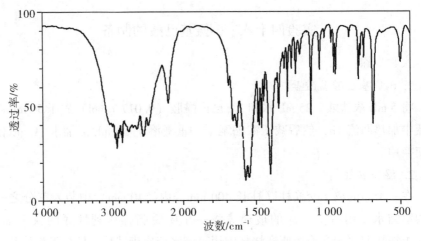

图 6-37 6-氨基己酸红外光谱图

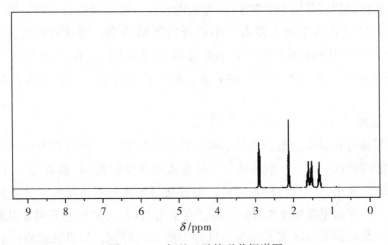

图 6-38 6-氨基己酸核磁共振谱图

◎**注释**

［1］强碱型离子交换树脂的再生：先用 1% 的 HCl 淋洗柱子直至流出液 pH<2；再用 1% 的 NaOH 淋洗柱子直至流出液呈强碱性；最后用蒸馏水淋洗至中性且无 Cl⁻，即可使用。

［2］6-氨基己酸的检验：用干净试管接收流出液 1 mL，加入 5% FeCl₃ 溶液 1~2 滴后振摇，即显浅黄色或淡红色，同时，用 1 mL 蒸馏水作空白对照。若前一试管中颜色较深，即证明有 6-氨基己酸流出。

［3］水浴减压浓缩是为了避免过热而引起缩氨酸（酞）的生成。

实验四十九至五十二　三苯甲醇的制备

（一）实验目的

（1）学习格氏试剂的制备及在有机合成的应用。

（2）掌握无水操作的装置及操作。

（3）检验三苯甲醇的性质。

（二）实验原理

反应式：

$$Ph_3C\text{—}OH + 2H_2SO_4 \longrightarrow Ph_3C^+(红色) + H_3O^+ + 2HSO_4^-$$

$$2Ph_3C\text{—}OH + 2RCOCl + Zn \longrightarrow 2Ph_3C \cdot (黄色) + ZnCl_2 + 2RCOOH$$

苯甲酸与乙醇在硫酸催化下经酯化反应生成苯甲酸乙酯。

溴苯与金属镁作用生成苯基溴化镁。三苯甲醇是苯基格氏试剂与苯甲酸乙酯加成再水解制得的，其间经过中间产物二苯酮。也可以直接用二苯酮与苯基格氏试剂反应来制取。

三苯甲醇在浓硫酸作用下生成三苯甲基碳正离子。碳正离子是许多有机反应的中间体，由于能量高，不稳定，存在时间极短，不能分离纯化，一般情况下也不能"看到"，只能用适当的试剂"截获"以证明其存在。而三苯甲基碳正离子则由于高度的共轭作用使正电荷分散，具有相对的稳定性，其硫酸溶液呈橙红色，是仅有的一种可以"看得见"的碳正离子。三苯甲基碳正离子与水作用重新生成三苯甲醇；与醇作用则生成相应的醚，都会使橙红色消失。

三苯甲醇与酰氯作用不生成酯，而生成三苯甲基氯。后者在锌粉作用下生成三苯甲基自由基，这也是仅有的一种可以"看得见"的自由基，它易溶于苯，在苯溶液中显黄色。三苯甲基自由基是俄国化学家 Gomberg 在 1900 年试图合成六苯乙烷时偶然得到的，在很长一段时间内被误认为是六苯乙烷。事实上，即使真的合成了六苯乙烷，由于六个苯基的体积庞大，中间的 C—C 单键也会被拉长、削弱而解体，所以六苯乙烷至今未能合成。早先认为三苯甲基自由基上的孤单电子可以分散在三个苯环上而高度离域，现代技术已经证明三个苯环不共平面，而是像风扇的叶片一样排列，其间有一定角度以减轻张力。在溶液中，三苯甲基自由基与其二聚体处于动态平衡之中。在二聚体的结构中需要牺牲一个苯环的芳香性来减轻空间障碍，即使如此，其间 C—C 单键的离解能还是被降低到 46 kJ/mol（普通 C—C 单键的离解能为 330～380 kJ/mol）。向溶液中通入空气，三苯甲基自由基被氧化成无色的过氧化物，溶液的黄色消失。放置片刻，有一部分二聚体离解成三苯甲基自由基，平衡重新建立，溶液恢复黄色。通入过量空气，全部自由基都被氧化成过氧化物，溶液的黄色就不再重现。

实验四十九　苯甲酸的制备

实验步骤：

在 100mL 圆底烧瓶中放入 2g（2.3mL，0.023mol）甲苯和 50mL 水，加入磁子，装上回流冷凝管，安装在带磁力搅拌的电热套上，加热至回流。从冷凝管上口分数次加入 6.95g（0.044mol）高锰酸钾，并用少量水冲洗冷凝管内壁。继续回流直至甲苯基本消失。将反应混合物趁热用水泵减压抽滤，并用少量热水洗涤滤纸。滤液如果呈紫色，可加少量饱和亚硫酸氢钠溶液使紫色退去，并重新抽滤。将滤液倒入烧杯中并置于冰水浴中，冷却后用浓盐酸酸化，直至苯甲酸全部析出。抽滤，压干。粗品用水重结晶。抽滤，尽量抽干，将产品置表面皿上，烘干，称重。苯甲酸 m. p. 122.5℃。

苯甲酸红外光谱图见图 6-39；苯甲酸核磁共振谱图见图 6-40。

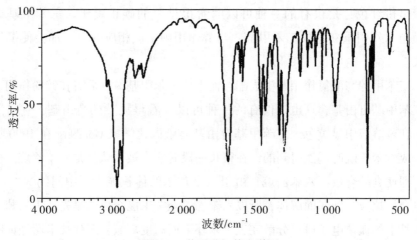

图 6-39 苯甲酸红外光谱图

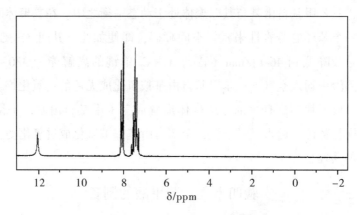

图 6-40 苯甲酸核磁共振谱图

实验五十 苯甲酸乙酯的制备

实验步骤:

在 50mL 二口烧瓶中加入苯甲酸 4.2g（0.034 mol）、95% 乙醇 9mL、苯 8mL，在不断振摇下将 1.5mL 浓硫酸分多次加入其中，加完后充分摇匀[1]，投入 2~3 粒沸石。在中口安装油水分离器，另一口安装温度计。通过一长颈漏斗小心地向油水分离器中加水至水面恰与支管口下沿相平齐。撤去漏斗，通过下端活塞放出 3mL 水[2]，在其上端安装回流冷凝管。

加热回流，回流的速度以气雾上升的高度不超过冷凝管的两个球泡，且在油水分离器的支管内不产生液泛现象为宜。在回流中，油水分离器内的液体逐

270

渐形成上、中、下三层[3]，中层越来越多。约 3h 后[4]，中、上层的界面上升至接近支管口下沿，暂时停止加热。小心放出中、下层液体，并记下中层的体积，重新用水浴加热，将苯和未反应的乙醇蒸至油水分离器中，每当快要充满时即从活塞放出。

将瓶中残液倒入盛有 30mL 水的烧杯中，在搅拌下分批加入碳酸钠粉末直到不再有二氧化碳气体产生、液体呈中性为止。将液体转入分液漏斗，静置后分出酯层。用 10mL 乙醚萃取水层。合并醚层和酯层，用无水氯化钙干燥，干燥充分后滤除干燥剂。改用简单蒸馏装置，蒸出乙醚，然后用空气冷凝管冷却蒸馏，收集 210~213℃ 的馏分。[5]

得量 4.1~4.7g（3.9~4.5mL），收率 81.6%~92.4%。

苯甲酸乙酯纯品为无色液体，m. p. −34.6℃，b. p. 212.6℃，d_4^{20} 1.047，n_D^{20} 1.500 1。

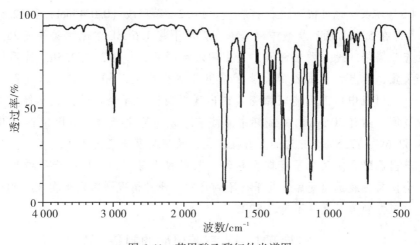

图 6-41　苯甲酸乙酯红外光谱图

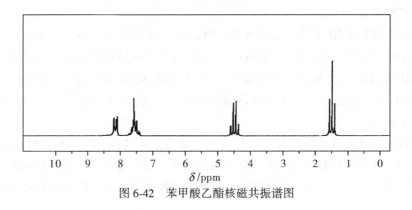

图 6-42　苯甲酸乙酯核磁共振谱图

◎**注释**

[1] 参看实验三十三注释[2]。

[2] 反应生成水约1.2g，18mL 95%乙醇中含水约0.9g，共约2.1g，它在共沸物下层（见注释[3]）中占43.1%，根据计算该共沸物下层总体积约为5.6mL。

[3] 下层为原来加入的水。由反应瓶中蒸出的馏出液为三元共沸物（沸点64.86℃，含苯74.1%，乙醇18.5%，水7.4%）。它从冷凝管流入油水分离器后分为两层，上层占84%（含苯86.0%，乙醇12.7%，水1.3%），下层占16%（含苯4.8%，乙醇52.1%，水43.1%），此下层即为油水分离器里的中层。

[4] 如回流时间不充分，则收率较低。

[5] 本实验也可按下述方法进行：将4.2 g苯甲酸（0.034 mol）和12.5 mL 95%乙醇在50 mL圆底烧瓶中混合，在摇动下将1.5 mL浓硫酸缓缓滴入，滴完后充分摇匀，投入两粒沸石，装上回流冷凝管，加热回流2.5h。改用简单蒸馏装置，蒸出过量的乙醇。蒸至馏出液体积约7.5 mL左右，蒸气温度达82℃（此时瓶中残液可能轻微变黄或出现很轻微的浑浊）时停止蒸馏。将瓶中残液倒入盛有30 mL水的烧杯中，按前述方法纯化产物，得量3.1~3.9 g，收率62.6%~77.5%。此法的关键操作是，反应后蒸出乙醇不可过多，因为过多地蒸出乙醇会使反应平衡向左移动，苯甲酸大量析出，同时产生游离态硫酸，会使反应液迅速变黑，几乎得不到产物。此种情况通常发生在85~90℃之间，故应控制蒸气温度不超过82℃。

实验五十一　三苯甲醇的制备

实验步骤：

取金属镁带用砂纸擦去表面氧化膜，直至完全洁净光亮，剪成碎屑，称取0.75g（0.03 mol）置于100 mL三口烧瓶中，在瓶口分别安装回流冷凝管和恒压滴液漏斗，如图1-9所示[1]。将3.2mL溴苯（4.8g，0.03 mol）与12.5mL无水乙醚[2]混合于恒压滴液漏斗中，在漏斗口和冷凝管口各安装氯化钙干燥管。

将恒压滴液漏斗中的混合液放下约5mL到三口烧瓶中，用手捂住瓶底温热片刻，镁屑表面有气泡产生，表明反应开始。如无反应，可投入一小粒碘引发反应[3]。如仍不反应，可用温水浴稍稍加热使之反应。待反应较激烈时开始搅拌，并缓缓滴入其余的混合液，滴加的速度以维持反应液微沸并有小量回流为宜。滴完后加热回流约半小时，使镁作用完全。

用冷水浴冷却三口烧瓶。将 2.2mL 苯甲酸乙酯（2.3g，0.015 mol）与 5mL 无水乙醚混匀，在搅拌下通过滴液漏斗加入三口烧瓶中，加入的速度以维持反应液微沸为宜。加完后以温水浴加热回流 1h。

改用冰水浴冷却三口烧瓶，在继续搅拌下将 3.8g 氯化铵配成饱和水溶液通过恒压滴液漏斗滴入三口烧瓶中，滴完后继续搅拌数分钟[4]。改用简单蒸馏装置，加热蒸除乙醚后，瓶中析出大量黄色固体。再改用水蒸气蒸馏装置进行水蒸气蒸馏，直至馏出液中不再含有黄色油珠或蒸馏瓶溶液清亮为止[5]。冷却、抽滤，粗品约 3g 左右。用 6∶1 的乙醇-水混合溶剂重结晶，得量 2.3～2.4g，收率 57.6%～61.5%。[6]

三苯甲醇纯品为无色晶体，m.p. 162.5℃，b.p. 360℃，d_4^{20} 1.188。

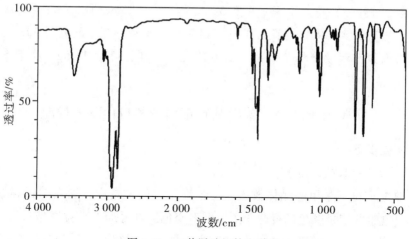

图 6-43　三苯甲醇红外光谱图

◎注释

[1] 格氏反应需在绝对无水的条件下进行，所用全部仪器和药品都必须充分干燥，并避免空气中水汽侵入。

[2] 无水乙醚应按照实验 27 的方法自己制备，不可直接使用市售的无水乙醚。

[3] 如果不加碘可以反应，最好不加碘。若必须加碘引发，亦不可多加，有四分之一粒绿豆大小即可，多加会产生较多副产物。

[4] 此时瓶中固体应全部溶解。如仍有少量絮状沉淀未溶，可加入稀盐酸使之溶解。

[5] 黄色油珠是未反应的溴苯，必须蒸除干净，以免给后处理带来麻烦。在正常情况下油珠并不多，但若溴苯过量，或镁屑不足，或反应不充分，则会有较多油状物将粗产物变成团球状，不易蒸除。此时可暂停蒸馏，小心将团球破碎再重新开始蒸馏，直至粗产物分散成近于无色的透明晶粒，再无油珠蒸出为止。有时在冷凝管中会结出少量无色晶体，熔点71℃，此是副产物联苯，不可混入产物。也可以用下述方法代替水蒸气蒸馏：在蒸除乙醚后抽滤，将所得固体投入20mL石油醚（b.p.90~120℃）中，搅拌数分钟，再抽滤收集粗产物，收率略低。

[6] 也可直接用二苯酮制备三苯甲醇。先按本实验所述方法制得苯基格氏试剂，在冷水浴冷却下滴加由5.5g二苯酮溶于15mL无水乙醚所制成的溶液，滴完后继续搅拌加热回流0.5h，然后在冰水浴冷却下滴入用12g氯化铵配制的饱和水溶液分解加成物。以后的处理相同，得量4~5g，收率51%~64%。

实验五十二 三苯甲基碳正离子和自由基的检验

实验步骤：

1. 三苯甲基碳正离子

取1小粒三苯甲醇晶体放入一支洁净干燥的试管中，加入1mL浓硫酸，振摇，观察并记录颜色的变化，（如果不变色，可再加1小粒样品）。取此溶液数滴滴入另一支盛有1mL水的试管中，摇振，观察并记录颜色的变化。以1mL乙醇（或甲醇）代替水，重做上述实验。对观察到的现象作出解释并写出反应方程式。

2. 三苯甲基自由基

取1粒三苯甲醇晶体（相当于一滴液体体积大小）放入一支洁净干燥的试管中，加入1mL苯。将试管放在热水浴中温热并轻轻荡摇，待固体全溶后加入3~4滴乙酰氯（或苯甲酰氯），混合均匀，再加入少许锌粉，继续用热水浴加热，观察并记录颜色的变化情况。

取有色溶液的一半倒入干燥的吸滤管中，用一个装有玻璃管的橡皮塞塞住吸滤管口，玻璃管的下端应插至吸滤管底部。吸滤管的支管接水泵，开泵抽气使空气泡平稳地穿过溶液，当溶液颜色刚刚褪去时立即停止抽气，静置片刻，观察溶液颜色的恢复[1]。重新开始抽气，直至溶液的颜色不再恢复。另一半溶液用作对照。记录观察到的现象并作出解释，写出反应方程式。

◎ 注释

[1] 抽气速度宜慢，鼓泡要平稳，溶液的颜色可恢复再现 2~3 次。若抽气过猛，时间过长，则观察不到颜色的再现。

实验五十三至五十八　去甲斑蝥素及其衍生物的制备

（一）实验目的

（1）学习 Cannizzaro 反应，利用呋喃甲醛歧化反应制备呋喃甲醇和呋喃甲酸的原理和方法。

（2）学习脱羧反应的装置及操作。

（3）学习双烯合成反应。

（4）学习催化加氢的装置及操作。

（5）学习酰亚胺烃基化反应。

（二）实验原理

反应式：

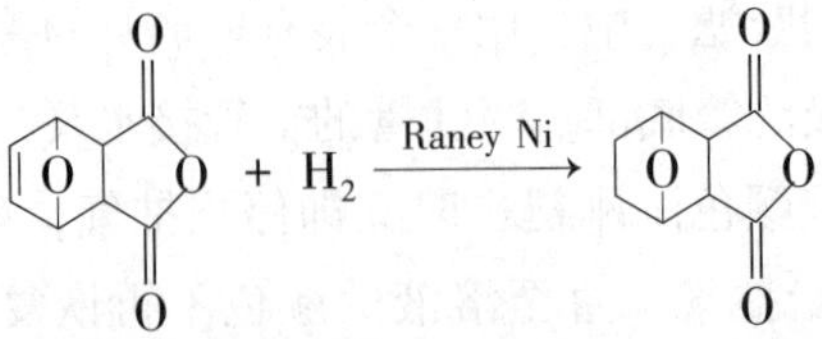

去甲斑蝥素

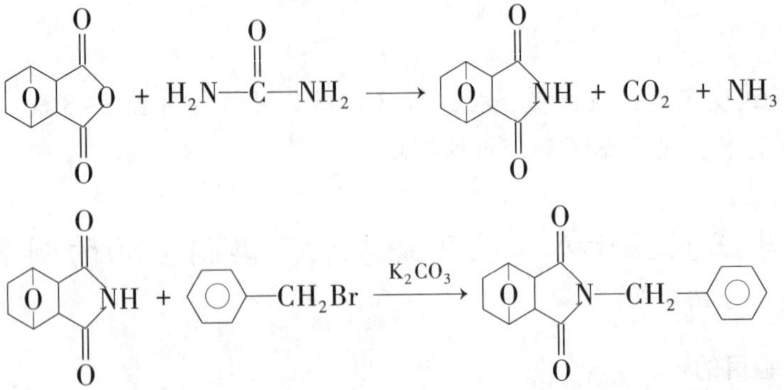

本系列实验先由呋喃甲醛（糠醛）的 Cannizzaro 反应制得呋喃甲酸，再经加热脱羧制取呋喃。呋喃易与顺丁烯二酸酐发生 Diels-Alder 反应，生成的加成产物经常压催化氢化转变为去甲斑蝥素。去甲斑蝥素与尿素反应生成去甲斑蝥酰亚胺，然后，在相转移催化剂存在下，与卤代烃反应，生成 N-烃基去甲斑蝥酰亚胺。

实验五十三 呋喃甲醇和呋喃甲酸

实验步骤：

在 50 mL 烧杯中放置 8.2 mL 新蒸馏的呋喃甲醛（9.6 g，0.10 mol）[1]，用冰水浴冷却。另将 4 g 氢氧化钠（0.10 mol）溶于 6 mL 水中，冷却后用滴管缓缓滴加到呋喃甲醛中，边滴加边搅拌，控制温度在 10~15℃ 之间[2]。滴完后继续搅拌数分钟，移出冰水浴，在室温下放置 1h，其间需间歇搅拌并密切注意温度变化。如发现温度有迅速上升的趋势，应立即用冰水浴冷却并搅拌。如反应物变得十分黏稠而不能搅拌，则停止搅拌。

向反应混合物中加入适量水，搅拌使固体恰能溶解[3]。将反应混合物移入分液漏斗中，每次用 6 mL 乙醚萃取共 3 次，合并乙醚萃取液，用无水硫酸钠干燥。将干燥好的醚溶液滤入圆底烧瓶，先用简单蒸馏蒸出乙醚后，继续加热蒸馏，收集 169~172℃ 馏分或减压蒸馏收集产品。

纯粹的呋喃甲醇为无色透明液体，b.p. 171℃，d_D^{20} 1.486 8。

用乙醚萃取后的水溶液在搅拌下慢慢加入浓盐酸至 pH ≈ 2[4]，充分冷却结晶，抽滤，用冷水洗涤。粗产品用水重结晶[5]，也可用升华方式提纯得精制品。

纯粹的呋喃甲酸为白色单斜晶体，m.p. 133~134℃。

呋喃甲醇红外光谱图见图 6-44；呋喃甲醇核磁共振谱图见图 6-45。呋喃甲酸红外光谱图见图 6-46；呋喃甲酸核磁共振图见图 6-47。

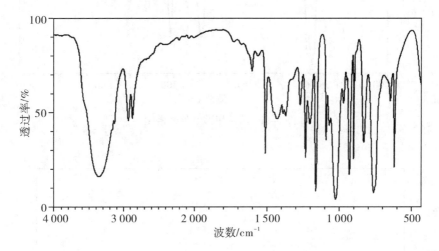

图 6-44　呋喃甲醇红外光谱图

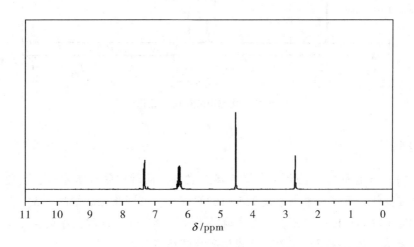

图 6-45　呋喃甲醇核磁共振谱图

277

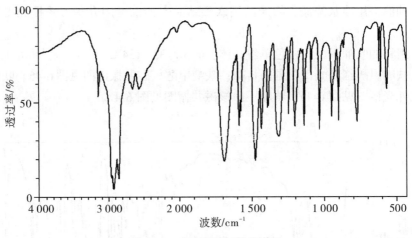

图 6-46 呋喃甲酸红外光谱图

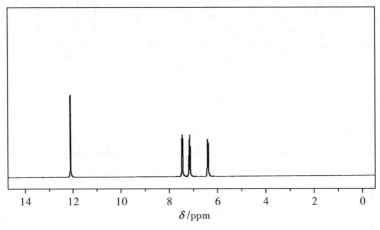

图 6-47 呋喃甲酸核磁共振谱图

◎注释

[1] 呋喃甲醛久置会变成棕色甚至黑色，同时往往含有水分，故使用前需蒸馏提纯。可常压蒸馏收集 155~162℃馏分，亦可减压蒸馏收集 54~55℃/2 266 Pa（17 mmHg）馏分。常压蒸馏时可加入少许锌粉以防止在较高温度下氧化。新蒸得的呋喃甲醛应为无色或淡黄色透明液体。

[2] 控制温度以使反应平稳进行。温度过高会使反应物迅速变为棕黑色，

在后步操作中难以分清液层；温度过低则不反应或反应甚慢，造成原料积累，一旦反应加速，温度将难以控制。控温的主要手段是控制滴加速度，必要时辅以冰浴冷却。如果已经发生了短时间（一两分钟内）的温度失控，只要迅速采取措施使其回到正常反应温度，仍可继续实验而不必重新投料。本实验也可采用反滴法，即将呋喃甲醛滴入氢氧化钠溶液中去，这样温度较易控制，收率相仿。由于反应是在油、水两相间进行的，必须充分搅拌以扩大接触面，防止局部过热。

[3] 如加水过多会损失一部分产品。

[4] 酸要加足以保证呋喃甲酸充分析出，一般需 5~6 mL 浓盐酸。

[5] 此步重结晶是为了在下一个实验中便于以纯品计算收率。如对收率无严格要求，也可不重结晶而直接将粗产品充分干燥后全部用于后面的脱羧反应，以避免重结晶的损耗。在呋喃甲酸的重结晶时不宜长时间回流，否则会有部分呋喃甲酸被分解，产生焦油状物质。

实验五十四　呋喃甲酸的脱羧反应

实验步骤：

反应装置如图 6-48 所示。在 100 mL 圆底烧瓶[1]中加 8 g 充分干燥的呋喃甲酸（71 mmol），左边干燥管中装碱石灰（氢氧化钠与生石灰的混合物）颗粒；右边干燥管中装无水 $CaCl_2$，管口装毛细管。用一只乳胶头封闭尾接管的支管，用一只浸在冰浴中的 100 mL 三口烧瓶做接收器[2]。

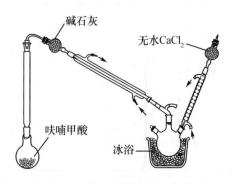

图 6-48　呋喃甲酸的脱羧装置

强加热圆底烧瓶，当呋喃甲酸开始熔融时调节加热强度，使回流圈低于瓶颈[3]。反应生成的二氧化碳被碱石灰吸收，呋喃蒸气则经碱石灰干燥后被冷凝收集于三口烧瓶中。在脱羧过程中会有呋喃甲酸在烧瓶内壁和空气冷凝管内壁结出，可用电吹风或煤气灯的红色火焰从外部加热使之熔融流回瓶底。当呋喃甲酸基本分解完毕后停止加热。

将收集到的呋喃称重并计算收率[4]。b. p. 31~32℃。

纯粹的呋喃为无色液体，b. p. 32℃，n_D^{20} 1. 421 6。

呋喃红外光谱图见图6-49；呋喃核磁共振谱图见图6-50。

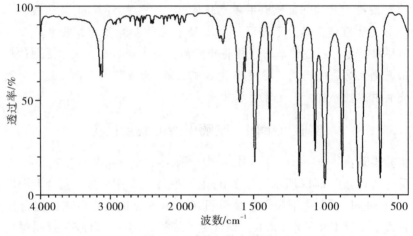

图6-49　呋喃红外光谱图

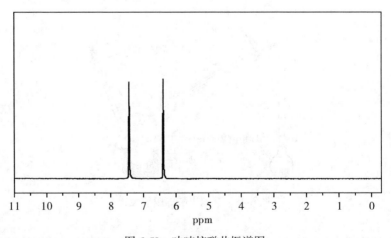

图6-50　呋喃核磁共振谱图

◎注释

[1] 本实验所用全部仪器和药品均需充分干燥。

[2] 呋喃沸点低，易燃、易挥发，故充分冷却以减少挥发是保障收率的关键性措施。

[3] 呋喃甲酸约在100℃开始升华，133℃熔融，230~232℃沸腾并在此温度下脱羧。因此，开始时加热宜快，使其迅速熔融以减少升华。当开始微沸后加热宜缓，否则会有过多的呋喃甲酸蒸气升入空气冷凝管并凝结在内壁上。

[4] 若反应系统充分干燥，则所得呋喃应是清澈透明的。有时可能略带淡红色，这是由碱石灰中的杂质引起的，只要不浑浊即可直接应用于后步的加成反应。但若浑浊，则需加入少许无水氯化钙干燥至清亮后过滤。若三口瓶已预先称重，且收得的呋喃并不浑浊，最好直接称重计量以避免周转损失。如确需短期存放，可用干净的玻璃塞塞好，再用黑纸包住存放在冰箱里。

实验五十五　7-氧杂双环-[2.2.1]-庚-5-烯-2,3-二羧酸酐的制备

实验步骤：

在25 mL圆底烧瓶中放入顺丁烯二酸酐2.27g（23.1 mmol），注入13.5 mL无水乙醚[1]，塞住瓶口摇振。待大部分酸酐溶解后加入呋喃1.7 mL（1.6g，23.5 mmol），装上回流冷凝管，冷凝管上口安装氯化钙干燥管，干燥管末端用装有毛细管的塞子塞住。

加热圆底烧瓶。液体微沸后注意调节加热强度，使回流圈高度不超过冷凝管的最下面一个球，以防止呋喃挥发损耗。随着回流的进行，瓶中固体逐渐溶解。约一个多小时后，瓶中固体尚有少许未溶，即已有新的晶体产生。撤去热浴，室温放置两周，结出大量白色晶体。抽滤收集晶体，干燥后重约3 g。滤液放置数日，又结出一部分晶体，重约0.5 g。粗品总收率约91%，m.p. 116~117℃，文献值125℃。此粗品可不经纯化而直接用于后面的反应[2]。

◎注释

[1] 本实验所用仪器及药品均需充分干燥，所用无水乙醚可按实验27的方法制备。

[2] 本实验亦可按下述方法进行：将2 g顺丁烯二酸酐、5 mL二氧六环、1.5 mL呋喃在一支干净的试管中混合，充分摇振后塞住管口放置24h以上，抽滤收集析出的晶体，用少量乙醇洗涤，干燥后重约3 g，m.p. 116~117℃，

粗品收率约 90%。

实验五十六　7-氧杂双环-[2.2.1]-庚烷-2,3-二羧酸酐 （去甲斑蝥素）的制备

实验步骤：

（1）催化剂 Raney 镍的制备。用 2 g 镍铝合金（含镍 40%~50%）按照氢化肉桂酸的操作步骤(1)中所述方法制备 Raney 镍，只是最后改用丙酮代替 95% 乙醇洗涤和覆盖催化剂。用于覆盖催化剂的丙酮应不多于 10 mL[1]，必要时可将烧杯倾斜放置，以使催化剂上面的丙酮层厚一些。

（2）样品溶液的配制。在 50 mL 锥形瓶中放置 3 g 7-氧杂双环-[2.2.1]-庚-5-烯-2,3-二羧酸酐（18 mmol），加入 23 mL 丙酮，摇动溶解后塞上塞子备用。

（3）氢化装置的安装和检漏。按照实验 38 的实验步骤（2）安装氢化装置并检漏密封。

（4）催化剂吸氢。按照实验 38 的实验步骤（3）中所述方法使催化剂吸氢直达饱和，停止搅拌。计算催化剂的吸氢总量[2]。

（5）样品的催化氢化。完全关闭三通活塞，卸下氢化瓶，将已配制好的样品溶液加入其中。用约 2 mL 丙酮荡洗原锥形瓶，洗出液也加入氢化瓶中，迅速将氢化瓶装回原位。依照上步的方法迅速用氢气排空气两次[3]。待量气管中充入氢气后旋转三通活塞使量气管与氢化瓶相通。启动搅拌，氢化反应开始。每 5min 记录一次，直至连续三个 5min 吸氢总量不超过 0.5 mL 为止，吸氢过程需 60~90min[4]。停止搅拌，完全关闭三通活塞。计算样品的吸氢总量，换算成标准状况下的体积，并据此计算氢化率。

（6）产品处理。拆除氢化装置，取下氢化瓶，用折叠滤纸滤除催化剂[5]。滤液用无水硫酸镁干燥后滤入蒸馏瓶，减压蒸除溶剂，剩下松散的白色粉末。此粗品不必转移出来，可直接加入 5 mL 异丙醇，加热回流溶解，再缓缓冷却。若有必要，可用搅拌或冰浴促使结晶析出。待结晶完全后抽滤收集晶体，干燥后重 2.4~2.6 g，收率 80%~87%，m. p. 114.5~116℃，文献值115~116℃。

◎ 注释

[1] 此处限制丙酮用量是为了避免在氢化过程中溶剂过多，催化剂不易搅拌泛于液面上与氢接触。如确需使用较多丙酮，可在催化剂转移时倾出一些。

[2] 催化剂的吸氢量受其活性、溶剂种类及用量、搅拌效果等因素影响。各人所制催化剂活性不同，吸氢量可能有较大差异，不必求同。

[3] 排空气操作宜迅速，即使残留少量空气未排出完全，对反应亦无大碍。

[4] 影响吸氢速度的因素与注释 [2] 所列相同，故各人实验所需的吸氢时间可能有较大差别。

[5] 滤出的催化剂应立即放入指定的回收瓶中，不可随意乱丢，以免引起燃烧。

实验五十七　7-氧杂双环-[2.2.1]-庚烷-2,3-二酰亚胺 (去甲斑蝥酰亚胺)的制备

实验步骤：

在 25 mL 梨形瓶[1]中放置 2.1 g 去甲斑蝥素（12.5 mmol）和 0.39 g 尿素（6.5 mmol），插入一支 200℃ 量程的温度计。用温度计小心搅拌使两种晶粒混合。加热升温，同时继续搅拌。固体约在 110℃ 时开始软化，120℃ 左右全部液化，130℃ 左右开始出现气泡。密切注视温度变化，在 135～140℃ 间会出现温度自动迅速上升的趋势，这时应立即撤去热源。温度可自动上升到 145～155℃，然后开始回降，同时开始局部固化。当温度降至 130℃ 时重新加热，在 130～135℃ 间保温搅拌 40min，反应物全部固化，得到松散的砂糖状晶粒。

撤去热源，自然冷却到 75℃ 以下，取出温度计，注入 8 mL 95% 乙醇，装上回流冷凝管，加热回流至固体全部溶解，停止加热。待溶液冷到室温再以冰浴冷却[2]。抽滤收集晶体，用红外灯干燥后重 1.77～1.88 g，收率 85%～90%，m. p. 186～187℃，文献值 185～186℃。

◎ 注释

[1] 使用梨形瓶是为了使最后的晶体转移较容易。如无梨形瓶，也可使用普通的圆底烧瓶。

[2] 如有条件，此步可塞住瓶口放入冰箱冷冻室冷冻过夜，收率可达 93%。

实验五十八　N-苄基去甲斑蝥酰亚胺的制备

实验步骤：

(1) 在 100 mL 三口烧瓶中投放 1.67 g 去甲斑蝥酰亚胺（10 mmol）、经

过研细焙烘的无水碳酸钾粉末 1.66 g（12.3 mmol）、四丁基溴化铵 0.16 g（0.5 mmol）[1]、乙酸乙酯 50 mL，摇动混合后小心放入搅拌磁子。三口烧瓶的三个口上分别安装回流冷凝管、温度计和滴液漏斗。在冷凝管上安装氯化钙干燥管。在滴液漏斗中装入由 2.05 g 溴苄（12 mmol）溶于 20 mL 乙酸乙酯所制成的溶液。

（2）开通冷却水，启动搅拌，加热升温。当开始回流后逐滴滴下溴苄溶液，约在半小时内滴完。

（3）取下滴液漏斗，用直径小于 1 mm 的平口毛细管取样液做薄层层析检测[2]，用塞子塞住取样的瓶口。此后每隔半小时取样检测一次，直至去甲斑蝥酰亚胺的斑点消失，共需回流搅拌约 4h。

（4）反应物冷却后拆除装置，卸下三口烧瓶，加入 5 mL 蒸馏水，摇动使瓶底的少量白色固体溶解[3]。将瓶内混合液转入分液漏斗，分出有机层。每次用 10 mL 乙酸乙酯萃取水层两次。合并有机层，用无水硫酸镁干燥后用折叠滤纸滤除干燥剂。将所得滤液用水泵减压蒸馏至干，得固体粗产物 2.56 g，粗品收率 99.6%。

（5）用环己烷将粗品重结晶，烘干后重 2.19 g，精制品收率 85.2%，m. p. 113~114℃。

◎ 注释

[1]　四丁基溴化铵是相转移催化剂。相转移催化的原理见第 225~226 页。
[2]　薄层层析检测的条件是：
薄层板：2.5 cm×7.5 cm 的 CMC-硅胶 H 薄板（用碘蒸气显色）或 CMC-硅胶 GF_{254} 薄板（用紫外光显色）。
展开剂：乙酸乙酯与石油醚（30~60℃）的等体积混合液或 10 体积苯与 1 体积乙醇的混合液。
对照样：去甲斑蝥酰亚胺的乙酸乙酯溶液。
[3]　此白色固体是无机盐 NaBr。除去此无机盐也可用下面的方法处理：待反应物冷至室温后抽滤，用少量乙酸乙酯洗涤滤渣。将所得滤液在水泵减压下蒸馏至干即得粗品。

实验五十九　外消旋 α-苯乙胺的制备及拆分

（一）实验目的

（1）通过苯乙酮与甲酸铵经过 Leuchart 反应制备 α-苯乙胺。

（2）学习用化学方法将外消旋的化合物拆分为其对映异构体。

（3）熟练用旋光仪测定化合物的旋光性。

（二）实验原理

1. 刘卡特反应（R. Leuchart Reaction）合成外消旋 α-苯乙胺的反应原理

醛、酮与甲酸和氨（或伯胺、仲胺），或与甲酰胺作用发生还原胺化反应，称为刘卡特反应。反应通常不需要溶剂，将反应物混合在一起加热（100~180℃）即能发生。选用适当的胺（或氨）可以合成伯胺、仲胺、叔胺。反应中氨首先与羰基发生亲核加成，接着脱水生成亚胺，亚胺随后被还原成胺。与还原胺化不同，这里不是用催化氢化，而是用甲酸作为还原剂。

苯乙酮在高温下与甲酸胺反应得到（±）-α-苯乙胺：

$$C_6H_5\overset{\overset{O}{\|}}{C}CH_3 \xrightarrow[185℃]{HC\overset{\overset{O}{\|}}{-}ONH_4} C_6H_5\overset{\overset{NH_2}{|}}{C}HCH_3$$

$$C_6H_5\overset{\overset{O}{\|}}{C}CH_3 + 2HCOONH_4 \longrightarrow C_6H_5\overset{\overset{CH_3}{|}}{C}H-NHCHO + NH_3\uparrow + CO_2\uparrow + 2H_2O$$

$$C_6H_5\overset{\overset{CH_3}{|}}{C}H- NHCHO + HCl + H_2O \longrightarrow C_6H_5\overset{\overset{CH_3}{|}}{C}H\overset{+}{N}H_3Cl^- + HCOOH$$

$$C_6H_5\overset{\overset{CH_3}{|}}{C}H\overset{+}{N}H_3Cl^- + NaOH \longrightarrow C_6H_5\overset{\overset{NH_2}{|}}{C}HCH_3 + NaCl + H_2O$$

（±）-α-苯乙胺

2. （±）-α-苯乙胺的拆分原理

用化学方法拆分外消旋体，其原理是用旋光性试剂把外消旋的对映异构体变成可分离的非对映异构体混合物，再利用非对映异构体的物理性质不同，将其分离。常用的方法是利用有旋光性的有机酸（或有机碱）与外消旋的有机碱（或有机酸）反应得到两种非对映异构体的盐的混合物，再利用它们在某种溶剂中的溶解度不同，用分步结晶法将它们分离。

本实验采用 L-（+）-酒石酸与（±）-α-苯乙胺反应，产生两种非对映异构体的盐的混合物，这两种盐在甲醇中的溶解度有显著差异，可以用分步结晶法将它们分离开来，然后再分别用碱对这两种已分离的盐进行处理，就能使（+）、（-）-α-苯乙胺分别游离出来，从而获得纯的（+）-α-苯乙胺及（-）-α-苯乙胺。

反应如下：

$$(+)\text{-}C_6H_5\text{—}\overset{|}{\underset{CH_3}{CH}}\text{—}NH_2 + (-)\text{-}C_6H_5\text{—}\overset{|}{\underset{CH_3}{CH}}\text{—}NH_2$$

$$\underline{\quad(\pm)\text{-}\alpha\text{-}苯乙胺\quad}$$

$$(+)\text{-}HOOC\text{—}\overset{\underset{|}{OH}}{\overset{|}{\underset{H}{C}}}\text{—}\overset{\underset{|}{OH}}{\overset{|}{\underset{H}{C}}}\text{—}COOH$$

$$\left[\,(+)\text{-}C_6H_5\text{—}\overset{|}{\underset{CH_3}{CH}}\text{—}\overset{\oplus}{NH_3}\cdot(+)\text{-}^{\ominus}OOC\text{—}\overset{|}{\underset{OH}{CH}}\text{—}\overset{|}{\underset{OH}{CH}}\text{—}COOH\,\right]$$

$$+$$

$$\left[\,(-)\text{-}C_6H_5\text{—}\overset{|}{\underset{CH_3}{CH}}\text{—}\overset{\oplus}{NH_3}\cdot(+)\text{-}^{\ominus}OOC\text{—}\overset{|}{\underset{OH}{CH}}\text{—}\overset{|}{\underset{OH}{CH}}\text{—}COOH\,\right]$$

通过甲醇分步结晶分离

$$\rightarrow\left[\,(+)\text{-}C_6H_5\text{—}\overset{|}{\underset{CH_3}{CH}}\text{—}\overset{\oplus}{NH_3}\cdot(+)\text{-}^{\ominus}OOC\text{—}\overset{|}{\underset{OH}{CH}}\text{—}\overset{|}{\underset{OH}{CH}}\text{—}COOH\,\right]$$

$$\rightarrow\left[\,(-)\text{-}C_6H_5\text{—}\overset{|}{\underset{CH_3}{CH}}\text{—}\overset{\oplus}{NH_3}\cdot(+)\text{-}^{\ominus}OOC\text{—}\overset{|}{\underset{OH}{CH}}\text{—}\overset{|}{\underset{OH}{CH}}\text{—}COOH\,\right]$$

$$\xrightarrow{NaOH}(+)\text{-}C_6H_5\text{—}\overset{|}{\underset{CH_3}{CH}}\text{—}NH_2 + (+)\text{-}NaOOC\text{—}\overset{|}{\underset{OH}{CH}}\text{—}\overset{|}{\underset{OH}{CH}}\text{—}COONa$$

$$\xrightarrow{NaOH}\left[(-)\text{-}C_6H_5\text{—}\overset{|}{\underset{CH_3}{CH}}\text{—}NH_2 + (+)\text{-}NaO_2C\text{—}\overset{|}{\underset{OH}{CH}}\text{—}\overset{|}{\underset{OH}{CH}}\text{—}CO_2Na\right]$$

$$\xrightarrow[②蒸馏]{①乙醚萃取}(+)\text{-}C_6H_5\text{—}\overset{|}{\underset{CH_3}{CH}}\text{—}NH_2$$

$$\xrightarrow[②蒸馏]{①乙醚萃取}(-)\text{-}C_6H_5\text{—}\overset{|}{\underset{CH_3}{CH}}\text{—}NH_2$$

由于（-）-胺·（+）-酸非对映体的盐比另一种非对映体的盐在甲醇中的溶解度小，故易从溶液中呈结晶析出，经稀碱处理，使（-）-α-苯乙胺游离出来。母液中含有（+）-胺·（+）-酸盐，原则上经提纯后可以得到另一个非对映的盐，经稀碱处理后得到（+）-胺。本实验只分离对映异构体之一，即左旋异构体，而右旋异构体的分离对学生来说相对较难。

（三）实验步骤

1. 外消旋 α-苯乙胺的制备

在 100mL 蒸馏瓶中，加入 11.8mL（0.1mol）苯乙酮、20g（0.32mol）甲酸铵和磁子，蒸馏头上口装上插入瓶底的温度计，侧口连接冷凝管配成简单蒸馏装置。用电热套加热或在石棉网上用小火加热反应混合物至 150~155℃，甲酸铵开始缩化并分为两相，并逐渐变为均相。反应物剧烈沸腾，并有水和苯乙酮蒸出，同时不断产生泡沫放出氨气。继续加热至温度到达 185℃，停止加热，通常约需 1.5h。反应过程中可能会在冷凝管上生成一些固体碳酸铵，需暂时关闭冷凝水使固体溶解，避免堵塞冷凝管。将馏出物转入分液漏斗，分出苯乙酮层，重新倒回反应瓶，再继续加热 1.5h，控制反应温度不超过 185℃。

将反应物冷至室温，转入分液漏斗中，用 15mL 水洗涤，以除去甲酸铵和甲酰胺。分出 N-甲酰-α-苯乙胺粗品，将其倒回原反应瓶。水层每次用 6mL 氯仿萃取两次，合并萃取液也倒回反应瓶，弃去水层。向反应瓶中加入 12mL 浓盐酸，蒸出所有氯仿，再继续保持微沸回流 30~45min。使 N-甲酰-α-苯乙胺水解。将反应物冷至室温，如有结晶析出，加入最少量的水使之溶解。然后每次用 6mL 氯仿萃取 3 次，合并萃取液倒入指定容器回收氯仿，水层转入 100mL 三颈瓶。

将三颈瓶置于冰浴中冷却，慢慢加入 10g 氢氧化钠溶于 20mL 水的溶液并加以振摇，然后进行水蒸气蒸馏[1]，用 pH 试纸检查馏出液，开始为碱性，至馏出液 pH=7 为止（为什么？），收集馏出液 65~80 mL。

将含游离胺的馏出液每次用 10mL 甲苯萃取 3 次，合并甲苯萃取液，加入粒状氢氧化钠干燥并塞住瓶口[2]。将干燥后的甲苯溶液用滴液漏斗分批加入 25mL 蒸馏瓶，先蒸去甲苯，然后改用空气冷凝管蒸馏收集 180~190℃ 馏分，产量 5~6g。塞好瓶口准备进行拆分实验。

纯 α-苯乙胺的沸点为 187.4℃，折光率 n_D^{20} 为 1.5238[3]。

2. S-（−）-α-苯乙胺的分离

在 100mL 圆底烧瓶中，加入 3.8g（+）-酒石酸和 50mL 甲醇，在水浴上加热至接近沸腾（约 50℃），搅拌使酒石酸溶解。然后在搅拌下慢慢加入 3.0g α-苯乙胺。须小心操作，以免混合物沸腾或起泡逸出。冷至室温后，将烧瓶塞住，放置 24h 以上，应析出白色棱状晶体。假如析出针状结晶，应重新加热溶解并冷却至完全析出棱状结晶[4]。抽气过滤，并用少量冷甲醇洗涤，干燥后得（-）-胺·（+）-酒石酸盐约 2.0g。为减少操作的困难，以下步骤可由两个学生将各自的产品合并起来，约为 4g 盐的晶体。将 4g（-）-胺·（+）-酒石酸盐置于 125mL 锥形瓶中，加入 15mL 水，搅拌使部分结晶溶解。接着加入 2.5mL 50%氢氧化钠，搅拌混合物至固体完全溶解。将溶液转入分液漏斗，每次用 7.5mL 乙醚萃取两次。合并醚萃取液，用无水硫酸钠干燥；水层倒入指定容器中回收（+）-酒石酸。

将干燥后的乙醚溶液用分液漏斗分批转入 25mL 圆底烧瓶，在水浴上蒸去乙醚，然后蒸馏收集 180~190℃馏分[5]于一已称重的锥形瓶中，产量为 1~1.2g，用塞子塞住锥形瓶准备测定比旋光度。

3. 比旋光度的测定

受制备规模限制，产生的纯胺量不足以充满旋光管，故必须用甲醇加以稀释。用移液管量取 10mL 甲醇于盛胺的锥形瓶中，振荡使胺溶解。溶液的总体积非常接近 10mL，加上胺的体积，或者是后者的质量除以其密度（$d=0.9395$），两个体积的加合值在本步骤中引起的误差可忽略不计。根据胺的质量和总体积，计算出胺的浓度（g/mL）。将溶液置于 2cm 的样品管中，测定旋光度及比旋光度，并计算拆分后胺的光学纯度。纯 S-（-）-α-苯乙胺的 $[\alpha]_D^{25} = -39.5°$。

◎ 注释

[1] 水蒸气蒸馏时，玻璃磨口接头应涂上润滑脂以防接口因受碱性溶液作用而被粘住。

[2] 游离胺易吸收空气中的二氧化碳形成碳酸盐，故应塞好瓶口隔绝空气保存。

[3] α-苯乙胺具有较强的腐蚀性，为了保护折光仪，不必测产品的折光率。

[4] 必须得到棱状晶体，这是实验成功的关键。若溶液中析出针状晶体，可采取以下步骤：

①由于针状晶体易溶解，可加热反应混合物至针状结晶恰好溶解而棱状结晶尚未溶解为止，重新放置过夜。

②分出少量棱状结晶、加热反应混合物至其余结晶全部溶解，稍冷后用取出的棱状晶体种晶。如析出的针状晶体较多时，此法更为适宜；若有现成的棱状晶体，放置过夜前接种更好。

[5] 蒸馏 α-苯乙胺时，容易起泡，加入 1~2 滴消泡剂。

第七章　有机化合物的定性鉴定

鉴定有机化合物的结构是每个有机化学工作者都会遇到的问题。虽然近半个世纪以来波谱技术的发展和普及使这一工作变得空前的方便和快捷，但传统的化学方法却仍不失为一种有用的方法。它不需要昂贵的专门仪器，往往只需数滴试剂、几支试管就可为鉴定化合物的结构提供重要信息，因而可与波谱法相辅相成，互为补充和印证，也是有机化学工作者所必须掌握的。

化学鉴定有定性分析和定量分析之分，前者是指确定化合物的物理常数、化学性质、所含元素或官能团的种类等，而后者则是指确定化合物的分子量、分子式、各元素含量、各官能团的数目等。最后将各种结果综合起来才能推断出化合物的结构细节，如骨架、官能团位置及构型等。

被鉴定的化合物可能属于下列三种情况中的一种：

（1）化合物的结构完全未知。例如，从天然产物中分离出来的全新化合物，从无文献报道，也没有任何可供参考的信息。此种情况需先作详细的定性分析，再送专业人员做定量分析，必要时还需辅以波谱数据才能最后确定具体结构。

（2）已知或可以推断出某些结构信息的化合物。例如，某些合成实验的产物，虽然也从无文献报道，属于全新的，但却可以从合成方法中推断出一些有用的信息，因而可省去一些鉴定步骤。比如当合成的原料、溶剂、催化剂都不含硫时，其产物中不可能有含硫的官能团，也就不必作硫元素和含硫官能团的鉴定。

（3）已知化合物。按照经典反应合成出来的已有文献报道的化合物，其物理常数、化学性质及结构都是已知的，通常只需测定两三项物理常数，若与文献值相符，其结构即可确认，而不必作系统的鉴定。

综上可知，定性鉴定是确定化合物结构的必要条件，但却并非充分条件。确认一个具体化合物的结构，其定性鉴定可能需要全做，也可能只需做一部分，应依具体情况决定。值得强调的是，任何来源的化合物都必须经过严格的分离纯化，确信是单一的纯净化合物之后才可用于鉴定。

一、化合物鉴定的一般步骤

有机化合物的鉴定并无固定不变的模式可资遵循，操作者大多是根据已经掌握的信息，结合自己的知识和经验制定实施方法的。此处提供的一般步骤只是一种参考。

（一）初步观察

对于待鉴定化合物样品的初步观察有助于粗略判断其类属。内容包括：

（1）物态。即气态、液态（易流动的或黏稠的）、或固态（晶形、光泽），可粗略判断其沸点或熔点的相对高低及分子量的相对大小。

（2）颜色。无色者多为普通的有机化合物；黄色者可能为硝基、亚硝基化合物或 α-二酮；红到黄色者可能为醌类、偶氮化合物、共轭多烯或高度共轭的酮类；若样品的颜色在空气中较快变深变暗，则可能为酚类或芳香胺。

（3）气味。有气味的化合物分子量相对较低。有花香或水果香味者大多为酯类或某些萜类；有辛辣的刺激性气味者可能为酸类；有鱼腥味者可能为胺类；有令人不愉快的臭味者，可能为硫醇、异腈、吡啶等。一种具体的化合物，其气味也往往是独特的，并不难辨别，却不易表述。值得注意的是在辨别气味时只可用手在敞开的样品瓶口轻轻扇动，使少许气体飘近鼻下，而不可凑近样品瓶闻，以免过量吸入。

（二）灼烧试验

将约 0.1 g 样品置于瓷坩锅盖上，以小火缓缓加热，待开始燃烧后移开火焰，观察燃烧现象。待不再燃烧时再继续加热直至坩锅盖呈红热，观察现象。

（1）样品是否熔融（在较低温度下熔融还是在强热下熔融），有否升华或碳化。

（2）样品是否燃烧，火焰颜色如何，有无气味。若火焰为黄色但不发烟，通常为脂肪族化合物；黄色且发烟常为芳香族化合物或高度不饱和的脂肪族化合物；火焰近无色或蓝色，说明为含氧化合物；样品不易燃或不可燃，说明含氧量甚高或含有卤素；若燃烧非常猛烈则可能含有硝基；若燃烧时散发出二氧化硫的特殊气味，则说明样品中含硫。

（3）燃烧后残留有白色残渣，可用 1 滴蒸馏水溶解，以 pH 试纸检验，若为碱性，则说明样品中含有金属离子（钠、钾等）。

（三）溶解度试验

溶解度试验有助于粗略判断化合物的类属，以缩小试验的范围。但各类化合物间并无严格的溶解度界限，因此这种判断仅仅是粗略的、参考性的。

所有待检化合物都应做溶解度试验，其中少数难于判断者还需做全面的溶解度试验。所谓全面的溶解度试验，是指分别试验样品在水、乙醚、5%氢氧化钠溶液、5%碳酸氢钠溶液、5%盐酸溶液、浓硫酸中的溶解性。

试验的方法是在洁净的小试管中将 1 滴液体样品或约30 mg固体样品与1 mL 溶剂相混合，摇振观察溶解情况。一般不需加热，如溶解太慢，可用不高于50℃的水浴温热促使溶解，但不可加强热，以免引起化学反应。若样品不经加热即与溶剂反应而产生颜色变化、气体逸出或产生新的沉淀，也可算作溶解。若样品很快全部溶解，可继续分批加入少量样品试溶，以观察溶解度大小。

试验的顺序和化合物的类属判断可参考图 7-1。

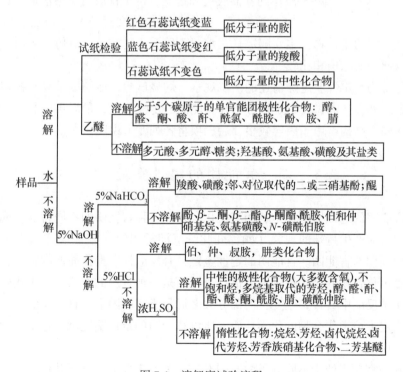

图 7-1 溶解度试验流程

（四）物理常数的测定

对于已有文献报道的化合物，只需测定数项物理常数，与文献相符，即可确认其结构。对于尚无文献报道的化合物，将测定值与其类似物的相应常数相比较，对鉴定其结构亦有参考价值。通常所说物理常数主要是指：

（1）熔点。测定方法见第二章。

（2）沸点。通常在蒸馏该液体（见第二章）时直接从温度计上读出。若液体量较少，可采用微量法测定（见第44页）。

（3）折射率。测定方法见第二章。

（4）比旋光度。测定方法见第二章。

（5）密度。液体的密度易于测定，常用的仪器是比重计（图7-2）。可从一组比重计中选取量程合适的一支，直接小心地插入待测液体中，使在液体中半沉半浮而不触及盛装液体的容器底壁和边壁，待平稳后直接沿液面处读数。

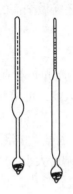

图7-2　比重计

（6）溶解度。测定方法如前文（三）中所述。若为已有文献记载的化合物，主要测定其在水、乙醇、乙醚、苯、氯仿等溶剂中的溶解度以便与文献值相比较。

化合物的定性鉴定除前述的初步观察、灼烧试验、溶解度试验及物理常数的测定之外，还需做元素定性鉴定和官能团的定性鉴定，最后再以制备衍生物的方法确认结构。由于内容较多，后三项将各列专节说明。

二、官能团的定性鉴定

官能团的定性鉴定就是利用有机化合物中各种官能团的不同特性，或与某些试剂反应产生特殊的现象（颜色变化、沉淀析出等）来证明样品中是否存在某种预期的官能团。官能团的定性鉴定具有反应快、操作简便的特点，可迅速为鉴定化合物的结构提供重要信息，因而是一种常用的方法。有机化合物分子在化学反应中直接发生变化的部分大多局限于官能团上，官能团的特性反应往往决定了该类化合物的化学性质，所以官能团的定性鉴定试验也常称为化合物的性质试验。

同一官能团处于不同分子的不同部位，其反应性能受分子其他部分的影响会有差异，所以在官能团定性鉴定试验中例外情况是常见的。此外还可能存在着其他的干扰因素，所以有时需要用几种不同的方法来确认一种官能团的存在，或确认官能团在分子中的位置。

（一）烷、烯、炔的鉴定

烷烃是饱和化合物，分子中只有 C—H 键和 C—C 键，在一般条件下稳定，在特殊条件下可发生取代反应。

烯烃的官能团是 C==C 双键，炔烃的官能团是 C≡C 叁键。这些不饱和键可与棕红色的溴发生加成反应，使溴的棕红色褪去；也可被高锰酸钾所氧化，使高锰酸钾溶液的紫色褪去并产生黑褐色的二氧化锰沉淀。这两类反应都可作为不饱和键的鉴定反应，但也都有一些例外情况和干扰因素，故常需兼做。

链端炔含有活泼氢（ —C≡C—H ），可与银离子或亚铜离子作用生成白色炔化银或红色炔化亚铜沉淀，以区别于链间炔及烯烃。

1. 溴的四氯化碳溶液试验

在干燥的试管中加入 0.5 mL 2%溴的四氯化碳溶液，再加入 1~2 滴试样（如试样为固体，可取数毫克溶于 0.5~1 mL 四氯化碳中，取此溶液滴加），振摇试管，观察现象。

试样：环己烯，环己烷

相关反应：

$$\ce{>C=C< + Br2 -> -\underset{Br}{\overset{|}{C}}-\underset{Br}{\overset{|}{C}}-}$$

2. 稀高锰酸钾溶液试验

在小试管中加入 0.5 mL 1%高锰酸钾水溶液，然后加入 1~2 滴试样（若试样为固体，可取数毫克溶于 0.5~1 mL 水或丙酮中，取此溶液滴加），摇荡，观察有无颜色变化、沉淀生成。解释所观察到的现象。

试样：环己烯，环己烷

相关反应：

$$\ce{>C=C< + MnO4- -> -\underset{OH}{\overset{|}{C}}-\underset{OH}{\overset{|}{C}}- + MnO2 v}$$

$$\xrightarrow{[O]} \ce{>C=O + O=C<}$$

$$\ce{R-C#C-R' + MnO4- -> R-COO- + R'-COO- + MnO2 v}$$

干扰因素：某些醛、酚和芳香胺等也可使高锰酸钾溶液褪色而干扰试验结果。

3. 银氨溶液试验

在试管中加入 0.5 mL 5% 的硝酸银溶液，再加 1 滴 5% 氢氧化钠溶液，产生大量灰色的氢氧化银沉淀。向试管中滴加 2% 氨水溶液直至沉淀恰好溶解为止。往此溶液中加入 2 滴试样或通入乙炔气体 1~2 min，观察有无白色沉淀生成。试验完毕，向试管中加入 1∶1 的稀硝酸分解炔化银，因为它在干燥时有爆炸危险。

试样：精制石油醚、环己烯、乙炔

相关反应：$AgNO_3 + 2NaOH \longrightarrow NaNO_3 + AgOH\downarrow$ （灰色）

$$2AgOH \longrightarrow Ag_2O + H_2O$$
$$\xrightarrow[\quad]{4NH_3 \cdot H_2O} 2[Ag(NH_3)_2]OH + 3H_2O$$

$$R\text{—}C\equiv CH + [Ag(NH_3)_2]OH \longrightarrow$$
$$R\text{—}C\equiv CAg\downarrow + 2NH_3 + H_2O$$

4. 铜氨溶液试验

取绿豆粒大的固体氯化亚铜，溶于 1 mL 水中，然后滴加浓氨水至沉淀全溶，在此溶液中加入 2 滴试样或通入乙炔 2 min，观察有无红色沉淀生成。

试样：精制石油醚、粗汽油（或环己烯）、乙炔。

相关反应：$HC\equiv CH + 2Cu(NH_3)_2Cl \longrightarrow CuC\equiv CCu\downarrow + 2NH_4Cl + 2NH_3\uparrow$

（二）卤代烃的鉴定

硝酸银试验：

在小试管中加入 5% 硝酸银溶液 1 mL，再加入 2~3 滴试样（固体试样先用乙醇溶解），振荡并观察有无沉淀生成。如立即产生沉淀，则试样可能为苄基卤、烯丙基卤或叔卤代烃。如无沉淀生成，可加热煮沸片刻再观察，若生成沉淀，则加入 1 滴 5% 硝酸并摇振，沉淀不溶解者，试样可能为仲或伯卤代烃；若仍不能生成沉淀，或生成的沉淀可溶于 5% 的硝酸，则试样可能为乙烯基卤或卤代芳烃或同碳多卤代化合物。

试样：正氯丁烷、仲氯丁烷、叔氯丁烷、正溴丁烷、溴苯、溴苄、氯仿。

相关反应：$RX + AgNO_3 \longrightarrow RONO_2 + AgX\downarrow$

试验原理及可能的干扰：本试验的反应为 S_N1 反应，卤代烃的活泼性取决于烃基结构。最活泼的卤代烃是那些在溶液中能形成稳定的碳正离子和带有良好离去基团的化合物。当烃基不同时，活泼性次序如下：

$$\langle\bigcirc\rangle\!\!-\!\!CH_2X \approx \rangle C\!\!=\!\!C\langle_{CH_2X}^{>} \approx R_3CX$$

$$>R_2CHX>RCH_2X>CH_3X\gg$$

$$\rangle C\!\!=\!\!C\langle_X \approx \langle\bigcirc\rangle\!\!-\!\!X$$

故苄基卤、烯丙基卤和叔卤代烃不经加热即可迅速反应；仲及伯卤代烃需经加热才能反应；乙烯基卤、卤代芳烃和在同一碳原子上多卤取代的化合物即使加热也不反应。

当烃基相同而卤素不同时，活泼性次序为：RI>RBr>BCl>RF。

氢卤酸的铵盐、酰卤也可与硝酸银溶液反应立即生成沉淀，可能干扰本试验。羧酸也能与硝酸银反应，但羧酸银沉淀溶于稀硝酸，不致形成干扰。

(三) 醇的鉴定

1. Lucas 试验

Lucas 试剂的配制：将无水氯化锌在蒸发皿中加强热熔融，稍冷后放进干燥器中冷至室温，取出捣碎，称取 34 g，溶于 23 mL 浓盐酸（$d=1.187$）中。配制过程需搅拌，并把容器放在冰水浴中冷却，以防止 HCl 大量挥发。

伯、仲叔醇的鉴定：在小试管中加入 5~6 滴样品及 2mL Lucas 试剂，塞住管口振荡后静置观察。若立即出现浑浊或分层，则样品可能为苄醇、烯丙型醇或叔醇；若静置后仍不见浑浊，则放在温水浴中温热 2~3 min，振荡后再观察，出现浑浊并最后分层者为仲醇，不发生反应者为伯醇。

样品：正丁醇、仲丁醇、叔丁醇、正戊醇、仲戊醇、叔戊醇、苄醇。

相关反应：$ROH + HCl \xrightarrow{ZnCl_2} RCl + H_2O$

试验原理与局限：醇羟基被氯离子取代，生成的氯代烃不溶于水而产生浑浊。反应的速度取决于烃基结构。苄醇、烯丙型醇和叔醇立即反应；仲醇需温热引发才能反应；伯醇在试验条件下无明显反应。氯化锌的作用是与醇形成锌盐（$R\!-\!\overset{+}{O}\!-\!\overset{-}{Z}nCl_2$，其中 H 在 O 下方）以促使 C—O 键的断裂。多于 6 个碳原子的醇不溶于水，故不能用此法检验。甲醇、乙醇所生成的氯代烃具较大挥发性，故亦不适于此法。本试验的关键在于尽可能保持 HCl 的浓度。为此，所用器具均应干燥，配制试剂时用冰水浴冷却，加热反应时温度不宜过高，以防止 HCl 大量逸出。

2. 氧化试验

往试管中加入 1 mL 7.5 mol/L 硝酸，再加入 3~5 滴 5%重铬酸钾溶液，然后加入数滴样品，摇动后观察。若溶液由橙红色转变为蓝绿色，则样品为伯或仲醇；若无颜色变化，则样品为叔醇。

样品：正丁醇、仲丁醇、叔丁醇、异丙醇。

相关反应：$RCH_2OH \xrightarrow{K_2Cr_2O_7+HNO_3} RCOOH + Cr^{3+}$（蓝绿色）

$\qquad\qquad R_2CHOH \xrightarrow{K_2Cr_2O_7+HNO_3} R_2C{=}O + Cr^{3+}$（蓝绿色）

试验原理：硝酸与重铬酸钾的混合溶液在常温下能氧化大多数伯及仲醇，同时橙红色的 $Cr_2O_7^{2-}$ 离子转变为蓝色的 Cr^{3+} 离子，溶液由橙红色转变为蓝绿色而叔醇不能被氧化。可借此将叔醇与伯、仲醇区别开。

3. 氢氧化铜试验

在试管中加入 3 滴 5%的硫酸铜溶液和 6 滴 5%的氢氧化钠溶液，观察记录现象变化。再加入 5 滴 10%的醇样品水溶液，摇振，观察记录现象变化。最后向试管中加入 1 滴浓盐酸，摇振并记录现象变化。

样品：正丁醇、异丙醇、乙二醇、甘油。

试验原理：硫酸铜与氢氧化钠作用产生氢氧化铜淡蓝色沉淀。邻位二醇或邻位多元醇可与新鲜的氢氧化铜形成络合物而使沉淀溶解，形成绛蓝色溶液。加入盐酸后络合物分解为原来的醇和铜盐。

（四）酚的鉴定

1. 酚的弱酸性

取 0.1 g 样品于试管中，逐渐加水摇振至全溶，用 pH 试纸检验水溶液的弱酸性。若不溶于水，可逐滴加入 10%氢氧化钠溶液至全溶，再滴加 10%盐酸溶液使其析出，解释各步骤的现象变化。

样品：苯酚、间苯二酚、对苯二酚、邻硝基苯酚。

相关反应（以苯酚为例）：

试验原理：酚类化合物有弱酸性，与强碱作用生成酚盐而溶于水，酸化后酚重新游离出来。

2. 三氯化铁试验

在试管中加入 0.5 mL 1%的样品水溶液或稀乙醇溶液，再加入 2~3 滴 1%的三氯化铁水溶液，观察各种酚所表现的颜色。

样品：苯酚、水杨酸、间苯二酚、对苯二酚、邻硝基苯酚、苯甲酸。

相关反应（以苯酚为例）：

$$6\ \text{C}_6\text{H}_5\text{OH} + \text{FeCl}_3 \longrightarrow 3\text{HCl} + \left[\text{Fe}(\text{OC}_6\text{H}_5)_6\right]^{3-} + 3\text{H}^+$$

试验原理及局限：酚类与 Fe^{3+} 络合，生成的络合物电离度很大而显现出颜色。不同的酚，其络合物的颜色大多不同，常见者为红、蓝、紫、绿等色。间-羟基苯甲酸、对羟基苯甲酸、大多数硝基酚类无此颜色反应。α-萘酚、β-萘酚及其他一些在水中溶解度太小的酚，其水溶液的颜色反应不灵敏或不能反应，必须使用乙醇溶液才可观察到颜色反应。有烯醇结构的化合物也可与三氯化铁发生颜色反应，反应后颜色多为紫红色。

3. 溴水试验

在试管中加入 0.5 mL 1%的样品水溶液，逐滴加入溴水。溴的颜色不断褪去，观察有无白色沉淀生成。

样品：苯酚、水杨酸、间苯二酚、对苯二酚、邻硝基苯酚、对羟基苯甲酸、苯甲酸。

相关反应（以苯酚为例）：

$$\text{C}_6\text{H}_5\text{OH} + 3\text{Br}_2 \longrightarrow \text{C}_6\text{H}_2\text{Br}_3\text{OH} \downarrow + 3\text{HBr}$$

试验原理与可能的干扰：酚类易于溴化，生成的多取代酚类因不溶于水而成沉淀析出。但分子中如果含有易与溴发生取代反应的氢原子的其他化合物，如芳香胺、硫醇等，也有同样的反应，可能对本试验造成干扰。间苯二酚的溴代产物在水中溶解度较大，需加入较多的溴水才能产生沉淀。

（五）醛和酮的鉴定

醛和酮都具有羰基，可与苯肼、2,4-二硝基苯肼、羟胺、氨基脲、亚硫酸氢钠等试剂加成。这些反应常作为醛和酮的鉴定反应，此处只选取了2,4-二硝基苯肼试验和亚硫酸氢钠试验两例。Tollen 试验、Fehling 试验、Schiff 试验是醛所独有的，常用来区别醛和酮。碘仿试验常用以区别甲基酮和一般的酮。

1. 2，4-二硝基苯肼试验

2,4-二硝基苯肼试剂的配制：取 2,4-二硝基苯肼 1.5 g，加入 7.5 mL 浓硫酸，溶解后将此溶液慢慢倒入 35 mL 95%乙醇中，用 10 mL 水稀释，必要时过滤备用。

鉴定试验：取 2,4-二硝基苯肼试剂 2 mL 于试管中，加入3~4滴样品（固体样品可用最少量的乙醇或二氧六环溶解后滴加），振荡，静置片刻，若无沉淀析出，微热半分钟再振荡，冷却后有橙黄色或橙红色沉淀生成，表明样品是醛或酮。

样品：乙醛水溶液、丙酮、苯乙酮。

相关反应：

$$
\begin{array}{c}
R \\
| \\
C=O \\
| \\
R'(H)
\end{array}
+ O_2N-\!\!\!\!\!\bigcirc\!\!\!\!\!
\begin{array}{c} NO_2 \\ \end{array}
-NHNH_2 \longrightarrow
$$

$$
O_2N-\!\!\!\!\!\bigcirc\!\!\!\!\!
\begin{array}{c} NO_2 \\ \end{array}
-NHN=C
\begin{array}{c}
R \\
\\
(H)R'
\end{array}
$$

试验原理及可能的干扰：产物 2,4-二硝基苯肼易于沉淀且有颜色（黄、橙黄或橙红色），因而可以方便地检出醛和酮。缩醛可水解生成醛，苄醇、烯丙型醇易被试剂氧化生成醛或酮，因而也显正性试验。羧酸及其衍生物不与 2,4-二硝基苯肼加成。强酸或强碱性化合物能使未反应的 2,4-二硝基苯肼沉淀，可能干扰试验。此外某些醇常含少量氧化产物，在试验中也会产生少量沉淀，故若试验中产生的沉淀极少，应视为负结果。

2. 亚硫酸氢钠试验

饱和亚硫酸氢钠溶液的配制：在 100 mL 40%的亚硫酸氢钠溶液中加入不含醛的无水乙醇 25 mL，如有少量亚硫酸氢钠结晶析出则需滤除。此溶液易于氧化和分解，故不宜久置，应随配随用。

鉴定试验：往试管中加入新配制的饱和亚硫酸氢钠溶液2 mL，再加入样品6~8滴，用力振荡后置于冰水浴中冷却，若有结晶析出，表明试样为醛、甲基酮或环酮。往其中加入 2 mL 10%的碳酸钠溶液或 2 mL 5%的盐酸，摇动后放在不超过 50℃ 的水浴中加热，观察并记录现象变化。

样品：乙醛、丙酮、3-戊酮、苯甲醛。

相关反应：

$$NaHSO_3 + R-\overset{\overset{\displaystyle O}{\|}}{C}-H(CH_3) \longrightarrow \underset{HO}{\overset{R}{\diagdown}}C\underset{SO_3Na}{\overset{H(CH_3)}{\diagup}} \downarrow$$

$$\xrightarrow{Na_2CO_3} R-\overset{\overset{\displaystyle O}{\|}}{C}-H(CH_3) + Na_2SO_3 + NaHCO_3$$

$$\xrightarrow{HCl} R-\overset{\overset{\displaystyle O}{\|}}{C}-H(CH_3) + SO_2 + H_2O$$

试验原理与局限：亚硫酸氢根离子有强的亲核性，易与醛或酮的羰基加成，生成的羟基磺酸盐晶体在试验条件下不能全溶而呈沉淀析出，遇到酸或碱又分解为原来的醛或酮。由于亚硫酸氢根离子体积太大，本试验仅适合于醛、脂肪族甲基酮和不多于八个碳原子的环酮。

3. 碘仿试验

碘-碘化钾溶液的配制：将 20 g 碘化钾溶于 100 mL 蒸馏水中，然后加入 10 g 研细的碘粉，搅拌至全溶，得深红色溶液。

鉴定试验：往试管中加入 1 mL 蒸馏水和 3~4 滴样品（不溶或难溶于水的样品用尽量少的二氧六环溶解后再滴加），再加入 1 mL 10% 氢氧化钠溶液，然后滴加碘-碘化钾溶液并摇动，反应液变为淡黄色。继续摇动，淡黄色逐渐消失，随之出现浅黄色沉淀，同时有碘仿的特殊气味逸出，则表明样品为甲基酮。若无沉淀析出，可用水浴温热至 60℃ 左右，静置观察。若溶液的淡黄色已经褪去但无沉淀生成，应补加几滴碘-碘化钾溶液并温热后静置观察。

样品：乙醛水溶液、乙醇、丙酮、正丁醇、异丙醇。

相关反应：$RCOCH_3 + 3NaIO \longrightarrow RCOCI_3 + 3NaOH$

$$\xrightarrow{NaOH} RCOONa + CHI_3 \downarrow$$

试验原理及适用范围：甲基酮的甲基氢原子被碘取代，生成的三碘甲基酮在碱性水溶液中转化为少一个碳原子的羧酸盐，同时生成碘仿。碘仿不溶于水而呈沉淀析出。具有 α-羟乙基（$CH_3\overset{\overset{\displaystyle OH}{}}{CH}-$）结构的化合物易被次碘酸氧化为甲基酮，因而在本试验中也呈正性结果。

4. Tollens 试验

在洁净的试管中加入 2 mL 5%的硝酸银溶液，振荡下逐滴加入浓氨水，开始溶液中产生棕色沉淀，继续滴加氨水直至沉淀恰好溶解为止（不宜多加，否则影响试验的灵敏度），得一澄清透明的溶液。然后向其中加入 2 滴样品（不溶或难溶于水的样品可用数滴乙醇或丙酮溶解后滴加）。振荡，若无变化，可于 40℃的水浴中温热数分钟，有银镜生成者表明为醛类化合物。

样品：甲醛水溶液、乙醛水溶液、丙酮、苯甲醛。

相关反应：$AgNO_3 \xrightarrow{NH_3 \cdot H_2O} AgOH \downarrow \xrightarrow{NH_3 \cdot H_2O} [Ag(NH_3)_2]OH$

$RCHO + 2[Ag(NH_3)_2]OH \longrightarrow 2Ag \downarrow + RCOONH_4 + 3NH_3 + H_2O$

试验原理及注意事项：硝酸银在氨水作用下先生成氢氧化银沉淀，继而生成银氨络合物而溶于水，即为 Tollens 试剂。它是一种弱氧化剂，可将醛氧化成羧酸，而银离子则被还原成银附着于试管壁上成为银镜。酮一般不能被氧化，所以 Tollens 试验是区别醛和酮的一种灵敏的试验。除醛之外，某些易于氧化的糖类、多元酚、氨基酚、某些芳香胺及其他一些具还原性的有机化合物也会使本试验呈正性反应。含—SH 或—CS 基团的化合物会生成 AgS 沉淀而干扰本试验。加有 NaOH 的 Tollens 试剂在空白试验中加热到一定温度也会有银镜生成，所以不加 NaOH 的银氨溶液的试验结果具有更大的可靠性。

Tollens 试验所用试管必须十分洁净，否则即使正性反应也不能形成银镜，而只能析出黑色絮状沉淀。为此，需将试管依次用温热的浓硝酸、水、蒸馏水洗涤后才可使用。Tollens 试剂久置或加热温度过高，会生成具有爆炸性的黑色氮化银沉淀（Ag_3N）和雷酸银（AgONC），因此只宜随配随用，加热温度不宜过高，一般在 40℃左右，最高也不宜超过 60℃。试验后应立即加入少量硝酸煮沸以洗去银镜。

5. Fehling 试验

Fehling 试剂的配制：Fehling A：将 7 g 五水硫酸铜晶体（$CuSO_4 \cdot 5H_2O$）溶于 100 mL 水中。Fehling B：将 34.6 g 酒石酸钾钠晶体、14 g 氢氧化钠溶于 100 mL 水中。A，B 两溶液分别密封储存，使用前临时取等体积混合，即为 Fehling 试剂。

鉴定试验：取 Fehling A 和 Fehling B 各 0.5 mL 在试管中混合均匀，然后加入 3~4 滴样品，在沸水浴中加热，若有砖红色沉淀生成则表明样品是脂肪族醛类化合物。

样品：甲醛水溶液、乙醛水溶液、丙酮、苯甲醛。

相关反应：R—CHO+2Cu（OH）$_2$ ——→R—COOH+Cu$_2$O↓+2H$_2$O

试验原理与注意事项：硫酸铜与氢氧化钠作用，产生的氢氧化铜与酒石酸钾钠形成蓝色的酒石酸铜络合物而溶于水。

$$
\begin{array}{l}
\text{COOK} \\
| \\
\text{CHOH} \\
| \\
\text{CHOH} \\
| \\
\text{COONa}
\end{array}
+ \text{Cu (OH)}_2 \xrightarrow{\text{NaOH}}
\quad\quad\quad + 2\text{H}_2\text{O}
$$

这种铜离子络盐将水溶性的醛氧化成羧酸，同时 Cu^{2+} 被还原为 Cu$^+$，成为氧化亚铜沉淀析出。试验中颜色的变化通常是蓝→绿→黄→红色沉淀。芳香醛不溶于水，不能发生 Fehling 反应，故本试验可用于区别脂肪醛和芳香醛。由于酒石酸铜钠络合物不稳定，故混合均匀后的 Fehling 试剂应立即使用，不宜放置。

6. Schiff 试验

Schiff 试剂的配制：

方法一：将 0.2 g 品红盐酸盐（也叫碱性品红或盐基品红）溶于 100 mL 热水中，冷却后加入 2 g 亚硫酸氢钠和 2 mL 浓盐酸，再用蒸馏水稀释到 200 mL。

方法二：在 20 mL 水中通入二氧化硫使达饱和，加入 0.2 g 品红盐酸盐搅拌溶解。放置数小时，待溶液呈无色或浅黄色时用蒸馏水稀释至 200 mL，密封储存于棕色瓶中待用。

鉴定试验：取 1~2 mL Schiff 试剂于试管中，滴入 3~4 滴样品（固体样品可用少许水或无醛乙醇或二氧六环溶解后滴加），放置数分钟观察颜色变化。若显紫红色，表明样品是醛。取此紫红色溶液 1 滴于另一试管中，再加入同种样品 4 滴，然后加入 4 滴浓硫酸，摇动。紫红色不褪且略有加深者为甲醛；紫红色褪去者为其他的醛。

样品：甲醛水溶液、乙醛水溶液、丙酮。

相关反应：

$$\left(\text{H}_2\text{N}\!-\!\!\bigcirc\!\!- \right)_2 \text{C}\!=\!\!\bigcirc\!\!=\!\overset{\oplus}{\text{N}}\text{H}_2\ \overset{\ominus}{\text{Cl}} + 3\text{H}_2\text{SO}_3 \longrightarrow$$

品红盐酸盐(桃红色)

$$\left(HO_2SHN-\!\!\!\bigcirc\!\!\!- \right)_2 \!\!\underset{\underset{SO_3H}{|}}{C}\!\!-\!\!\!\bigcirc\!\!\!-NH_2 + 2H_2O + HCl$$

Schiff 试剂(无色)

$$\text{Schiff 试剂} + 2RCHO \xrightarrow{-H_2SO_3}$$
(无色)

$$\left(\underset{\underset{OH}{|}}{R-CH}-O_2SHN-\!\!\!\bigcirc\!\!\!- \right)_2 \!\!C=\!\!\!\bigcirc\!\!\!=NH$$

(紫红色,带蓝影)

试验原理与注意事项：桃红色的品红盐酸盐与亚硫酸作用，生成无色的 Schiff 试剂。醛可与 Schiff 试剂加成，生成带蓝影的紫红色产物，脂肪族醛反应很快，芳香醛反应较慢；甲醛的反应产物遇硫酸不褪色，其他醛的反应产物遇硫酸褪色；丙酮在本试验中可产生很淡的颜色，其他酮则不反应。所以可用本试验区分醛和酮，也可区分甲醛和其他的醛。但一些特殊的醛如对氨基苯甲醛、香草醛等不显正性反应。1~3 个碳原子的醛试验非常灵敏，其他醛则需 1 mg 左右的样品才能呈正性反应。操作本试验应该注意：① Schiff 试剂不稳定，光照、受热、在空气中久置等都会失去二氧化硫而恢复为桃红色。遇此情况可再通入 SO_2 气体至无色后才可使用。② 试验中生成的紫红色加成产物可与试剂中过量的 SO_2 作用生成醛的亚硫酸加成物（无色），结果使紫红色加成产物脱去醛而恢复为无色的 Schiff 试剂。所以试剂中过量的 SO_2 越多，试验的灵敏度越差，试验后静置，反应液的紫红色也会逐渐褪去。③ 无机酸的存在也会大大降低试验的灵敏度。

（六）乙酰乙酸乙酯的鉴定

乙酰乙酸乙酯是由酮式结构和烯醇式结构组成的平衡混合体系：

$$\underset{\text{酮式 92.5\%}}{CH_3-\overset{\overset{O}{\|}}{C}-CH_2-\overset{\overset{O}{\|}}{C}-OC_2H_5} \rightleftharpoons \underset{\text{烯醇式 7.5\%}}{CH_3-\overset{}{C}=\overset{\overset{\overset{H}{|}}{\overset{O}{:}}}{\underset{\underset{CH}{\|}}{C}}-OC_2H_5}$$

因此，它兼具酮式和烯醇式的反应特征。β-二羰基化合物大多存在着这种互变异构体的平衡，因此，乙酰乙酸乙酯的结构鉴定试验代表了这类互变异构体的鉴定方法。

1. 2,4-二硝基苯肼试验

往试管中加入 1 mL 新配制的 2,4-二硝基苯肼溶液，然后加入 4~5 滴乙酰乙酸乙酯，振荡，有橙红色沉淀析出则表明存在酮式结构。

相关反应：

$$CH_3\overset{O}{\overset{\|}{C}}-CH_2-\overset{O}{\overset{\|}{C}}OC_2H_5 + \text{（2,4-二硝基苯肼）} \longrightarrow$$

$$CH_3-\underset{CH_2COOC_2H_5}{\overset{\|}{C}}=N-NH\text{（2,4-二硝基苯基）} \downarrow$$

2. 亚硫酸氢钠试验

往试管中加入 2 mL 乙酰乙酸乙酯和 0.5 mL 饱和亚硫酸氢钠溶液，振荡 5~10 min，析出胶状沉淀则表明有酮式结构存在。再往其中加入饱和碳酸钠溶液，振荡后沉淀消失。

相关反应： $CH_3\overset{O}{\overset{\|}{C}}CH_2COOC_2H_5 + NaHSO_3 \longrightarrow$

$$CH_3-\underset{SO_3Na}{\overset{OH}{\underset{|}{\overset{|}{C}}}}-CH_2COOC_2H_5 \downarrow \xrightarrow{\frac{1}{2}Na_2CO_3}$$

$$CH_3\overset{O}{\overset{\|}{C}}CH_2COOC_2H_5 + Na_2SO_3 + \frac{1}{2}CO_2 + \frac{1}{2}H_2O$$

3. 三氯化铁-溴水试验

往试管中滴入 5 滴乙酰乙酸乙酯，再加入 2 mL 水，摇匀后滴入 3 滴 1% 三氯化铁溶液，摇动，若有紫红色出现，表明有烯醇式或酚式结构存在。往此有色溶液中滴加 3~5 滴溴水，摇动后若颜色褪去，表明有双键存在。将此无色溶液放置一段时间，若颜色又恢复，表明酮式结构可转化为烯醇式结构。

相关反应及解释：

$$CH_3-\underset{\underset{\displaystyle OH}{|}}{C}=CH-COOC_2H_5 + FeCl_3 \longrightarrow$$

$$CH_3-C=CH-\underset{\underset{\displaystyle O}{\|}}{C}-OC_2H_5 + HCl$$

紫红色

$$\overset{Br_2}{\longrightarrow} CH_3-\underset{\underset{\displaystyle Br}{|}}{\overset{\overset{\displaystyle OH}{|}}{C}}-\underset{\underset{\displaystyle Br}{|}}{CH}-COOC_2H_5 + FeCl_3(\text{或 } FeBr_3)$$

颜色褪去

放置后一部分酮式转化为烯醇式，与溶液中的 $FeCl_3$ 或 $FeBr_3$ 又发生第一步反应，颜色恢复。

4. 醋酸铜试验

将 0.5 mL 乙酰乙酸乙酯与 0.5 mL 饱和醋酸酮溶液在试管中混合并充分摇振，有蓝绿色淀淀生成。加入 1~2 mL 氯仿再次振荡，沉淀消失，表明有烯醇式结构存在。

相关反应及解释：

$$2\ CH_3\underset{\underset{\displaystyle OH}{|}}{C}=CH-\underset{\underset{\displaystyle O}{\|}}{C}OC_2H_5 + (CH_3COO)_2Cu \longrightarrow$$

$$HC \begin{matrix} \overset{\displaystyle CH_3}{C}-O \\ \\ C=O \\ \underset{\displaystyle OC_2H_5}{} \end{matrix} Cu \begin{matrix} O=\overset{\displaystyle OC_2H_5}{C} \\ \\ O-C \\ \underset{\displaystyle CH_3}{} \end{matrix} CH + 2CH_3COOH$$

乙酰乙酸乙酯的烯醇式结构中有两个配位中心（羟基和酯羰基），与铜离子生成络合物，不溶于水而溶于氯仿。

（七）硝基化合物的鉴定

氢氧化亚铁试验

硫酸亚铁溶液的配制：取 25 g 硫酸亚铁铵和 2 mL 浓硫酸加到 500 mL 煮沸过的蒸馏水中，再放入一根洁净的铁丝以防止氧化。

氢氧化钾醇溶液的配制：取 30 g 氢氧化钾溶于 30 mL 水中，将此溶液加到 200 mL 乙醇中。

鉴定操作：在试管中放入 4 mL 新配制的硫酸亚铁溶液，加入 1 滴液体样品或 20~30 mg 固体样品，然后再加入 1 mL 氢氧化钾乙醇溶液，塞住试管口振荡，若在 1 min 内出现棕红色氢氧化铁沉淀，表明样品为硝基化合物。

相关反应：$R—NO_2+6Fe（OH）_2+4H_2O \longrightarrow R—NH_2+6Fe（OH）_3$

试验原理及可能的干扰：硝基化合物能把亚铁离子氧化成铁离子，使之以氢氧化铁沉淀形式析出，而硝基化合物则被还原成胺。所有的硝基化合物都有此反应。但凡有氧化性的化合物如亚硝基化合物、醌类、羟胺等也都有此反应，可能对本试验形成干扰。

（八）胺的鉴定

1. 胺的碱性

在试管中放置 3~4 滴样品，在摇动下逐渐滴入 1.5 mL 水。若不能溶解，可加热再观察。如仍不能溶解，可慢慢滴加 10% 硫酸直至溶解，然后逐渐滴加 10% 氢氧化钠溶液，记录现象变化。

样品：甲胺水溶液、苯胺。

相关反应及解释：

$$\text{C}_6\text{H}_5\text{—NH}_2 + \text{H}_2\text{SO}_4 \longrightarrow \text{C}_6\text{H}_5\text{—}\overset{+}{\text{N}}\text{H}_3\text{HSO}_4^- \xrightarrow{\text{NaOH}}$$

$$\text{C}_6\text{H}_5\text{—NH}_2 + \text{NaHSO}_4 + \text{H}_2\text{O}$$

脂肪胺易溶于水，芳香胺溶解度甚小或不溶。胺遇无机酸生成相应的铵盐而溶于水，强碱又使胺重新游离出来。

2. Hinsberg 试验

往试管中加入 0.5 mL 样品、2.5 mL 10% 的氢氧化钠溶液和 0.5 mL 苯磺酰氯，塞好塞子，用力摇振 3~5 min。以手触摸试管底部，感觉是否发热。取下塞子，在不高于 70℃ 的水浴中加热并摇振 1 min，冷却后用试纸检验，若不呈碱性，应再滴加 10% 的氢氧化钠溶液至呈碱性，记录现象并作如下处理：

若溶液清澈，可用 6 mol/L 的盐酸酸化。酸化后析出沉淀或油状物，则样品为伯胺。

若溶液中有沉淀或油状物析出，亦用 6 mol/L 盐酸酸化至蓝色石蕊试纸变红，沉淀不消失，则样品为仲胺。

始终无反应，溶液中仍有油状物，用盐酸酸化后油状物溶解为澄清溶液，则样品为叔胺。

样品：苯胺、N-甲苯胺、N,N-二甲苯胺

相关反应：

$$\left.\begin{array}{l} RNH_2 \\ R_2NH \\ R_3N \end{array}\right\} \xrightarrow[NaOH（过量）]{C_6H_5SO_2Cl} \left.\begin{array}{l} [RNSO_2C_6H_5]^-Na^+ \\ （溶于 NaOH） \\ R_2NSO_2C_6H_5 \downarrow \\ R_3N（油状，不反应） \end{array}\right\}$$

$$\xrightarrow{HCl\ 酸化} \begin{array}{l} RNHSO_2C_6H_5 \downarrow （白色沉淀） \\ R_2NSO_2C_6H_5 \downarrow （沉淀不变） \\ [R_3NH]^+Cl^- \quad （溶于水） \end{array}$$

试验原理与注意事项：Hinsberg 试验是伯胺、仲胺或叔胺在碱性介质中与苯磺酰氯的反应，用以区别伯胺、仲胺、叔胺。

伯胺与苯磺酰氯反应，生成的苯磺酰胺的氮原子上还有活泼氢原子，因而可溶于氢氧化钠溶液，用盐酸酸化后才成为沉淀析出。

仲胺与苯磺酰氯反应，生成的苯磺酰胺的氮原子上没有活泼氢原子，不能溶于氢氧化钠溶液而直接成沉淀（有时为油状物）析出，酸化也不溶解。

叔胺氮原子上没有可被取代的氢原子，在试验条件下看不出反应的迹象，但实际情况要复杂得多。大多数脂肪族叔胺经历如下变化过程：

$$R_3N + C_6H_5SO_2Cl \longrightarrow [C_6H_5SO_2\overset{+}{N}R_3Cl^-]$$

$$\xrightarrow{OH^-} R_3N + C_6H_5SO_3H + Cl^-$$

所以看不到明显的反应现象。芳香族叔胺通常不溶于反应介质而呈油状物沉于试管底部。这时苯磺酰氯迅速与介质中的 OH⁻ 作用，转化为苯磺酸，也观察不到明显的反应现象。但苯磺酰氯也会有一部分混溶于叔胺中，一起沉于底部

而与介质脱离接触。所以需要加热使叔胺分散浮起，以使其中的苯磺酰氯全部转化为苯磺酸，否则在酸化以后，未转化的苯磺酰氯仍以油状存在，往往会造成判断失误。如果供试验的芳香族叔胺在反应介质中有一定程度的溶解，则可能导致复杂的次级反应，特别是使用过量试剂、加热温度过高、时间过长时，往往产生深色染料，即使再经酸化也难溶解。

因此，本试验应使用试剂级的胺以免混入杂质；加热温度不宜过高，时间不宜过长；微量的沉淀不能视为正性反应。

可以使用对-甲苯磺酰氯代替苯磺酰氯，效果相同。

(九) 糖的鉴定

1. Molish 试验（α-萘酚试验）

往试管中加入 0.5 mL 5% 的样品水溶液，滴入 2 滴 10% 的 α-萘酚乙醇溶液，混合均匀后将试管倾斜约 45° 角，沿管壁慢慢加入 1 mL 浓硫酸（勿摇动）。此时样品在上层，硫酸在下层，若在两层交界处出现紫色的环，表明样品中含有糖类化合物。

样品：葡萄糖、蔗糖、淀粉、滤纸浆。

相关反应及试验原理：本试验是糖类鉴定的通用试验。试验的原理一般认为是糖被浓硫酸脱水生成糠醛或糠醛衍生物，再进一步与 α-萘酚缩合成有色物质，举例如下：

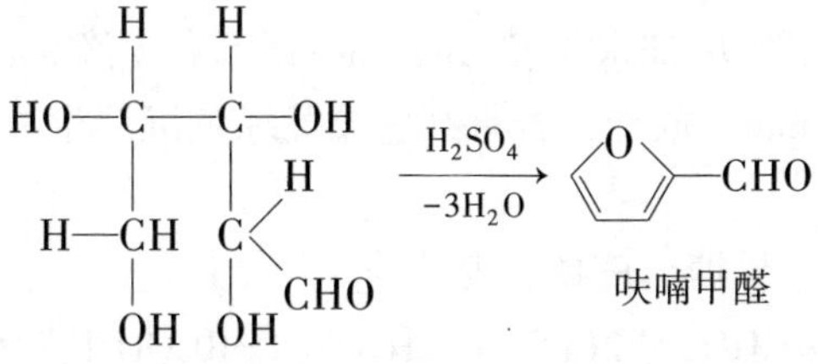

呋喃甲醛

阿拉伯糖

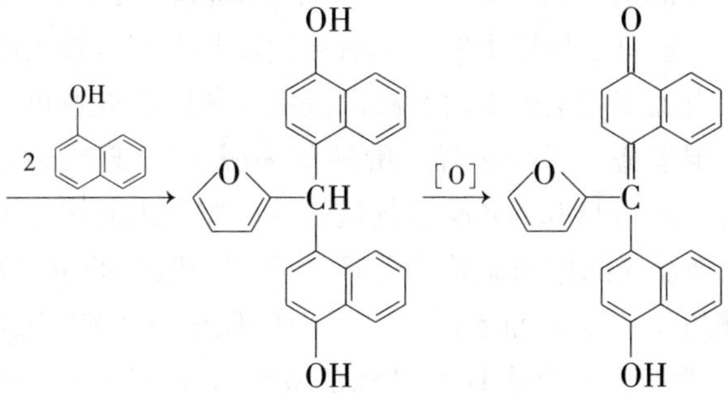

（紫色）

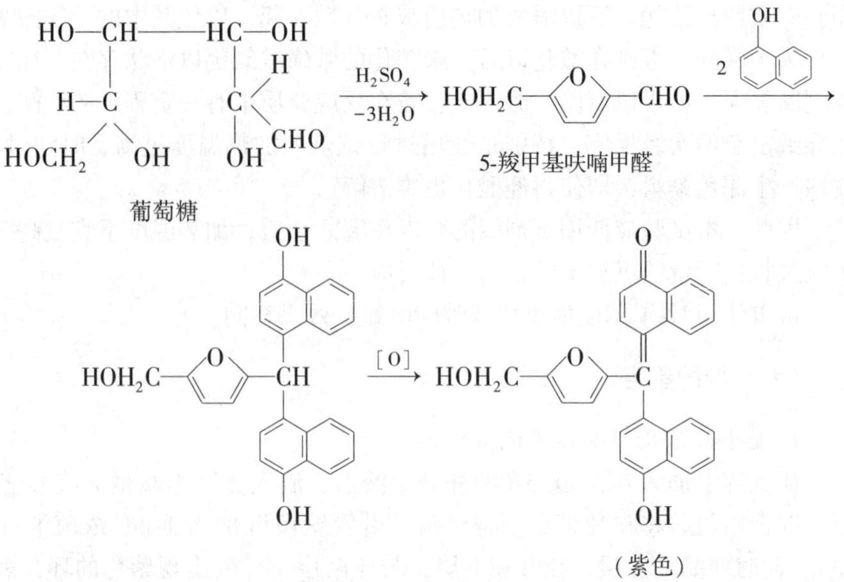

（紫色）

双糖和多糖先水解成单糖后才发生以上反应。

2. Benedict 试验

Benedict 试剂的配制：将 173 g 柠檬酸钠和 100 g 无水碳酸钠溶于 800 mL 水中。另将 17.3 g 结晶硫酸铜溶于 100 mL 水中。将硫酸铜溶液缓缓注入柠檬酸钠溶液中，如溶液不澄清，可过滤之。

鉴定操作：往试管中加入 1 mL Benedict 试剂和 5 滴 5% 的样品水溶液，在沸水浴中加热 2~3 min，放冷，若有红色或黄绿色沉淀生成，表明样品为还原性糖。

样品：葡萄糖、果糖、蔗糖、麦芽糖。

相关反应：$R—CHO + 2Cu^{2+} + 2H_2O \longrightarrow RCOOH + Cu_2O\downarrow + 4H^+$

试验原理及可能的干扰：Benedict 试剂是二价铜离子的柠檬酸络合物溶液，在反应中二价铜离子将糖中的醛基氧化为羧基而自身被还原，成为红色的氧化亚铜沉淀。当沉淀的量较少时，在溶液中显黄绿色或黄色。当糖分子中存在游离的醛基、酮羰基（可经过烯二醇转化为醛基）或半缩醛结构（可开环游离出醛基）时，均可与 Benedict 试剂呈正性反应，因而统称为还原性糖，不能与 Benedict 试剂反应的糖则统称为非还原性糖。所有的单糖都是还原性糖。双糖则因糖苷键的位置不同而不同，分子中仍保留有半缩醛结构的双糖（如麦芽糖）为还原性糖，不存在这种结构的双糖（如蔗糖）不能游离出羰基，则属非还原性糖。硫醇、硫酚、肼、氢化偶氮、羟胺等类化合物可对本试验形成干扰。脂肪族醛、α-羟基酮在本试验中呈正性反应，而芳香醛却不与Benedict试剂反应，所以本试验也常用以区别脂肪醛和芳香醛。

3. Tollens 试验

用 1 mL 5%硝酸银溶液制成 Tollens 试剂，加入 0.5 mL 5%的样品糖溶液，在 50℃水浴中温热，若能生成银镜，表明样品为还原性糖。

样品：葡萄糖、果糖、麦芽糖、蔗糖。

4. Felling 试验

配制 Fehling A 和 Fehling B 溶液。取 A，B 两种溶液各 0.5 mL 在试管中混匀，再加入 5 滴 5%的样品溶液，在沸水浴中加热 2～3 min，若有红色或黄绿色沉淀生成，表明样品为还原性糖。

样品：葡萄糖、蔗糖、淀粉、滤纸浆。

5. 成脎试验

往试管中加入 1 mL 5%的样品溶液，再加入 0.5 mL 10%的苯肼盐酸盐溶液和 0.5 mL 15%的乙酸钠溶液，在沸水浴中加热并振摇，记录并比较形成结晶所需要的时间。若 20 min 仍无结晶析出，取出试管慢慢冷到室温再观察。用宽口滴管移取一滴含有脎的悬浮液到显微镜的载片上，用显微镜观察脎的晶形并与已知的糖脎作比较（图 7-3）。

葡萄糖脎　　　　　麦芽糖脎　　　　　乳糖脎

图 7-3　葡萄糖脎、麦芽糖脎、乳糖脎的晶形

样品：葡萄糖、果糖、蔗糖、麦芽糖。

相关反应：
$$\begin{matrix} CHO \\ | \\ CHOH \\ | \\ (CHOH)_3 \\ | \\ CH_2OH \end{matrix} \text{或} \begin{pmatrix} CH_2OH \\ | \\ C=O \\ | \\ (CHOH)_3 \\ | \\ CH_2OH \end{pmatrix} \xrightarrow{\text{过量苯肼}} \begin{matrix} CH=NNH- \\ | \\ C=NNH- \\ | \\ (CHOH)_3 \\ | \\ CH_2OH \end{matrix}$$

309

试验原理及注意事项：还原性糖能与过量的苯肼作用生成脎，糖脎是不溶于水的黄色晶体。不同的糖脎，其晶形、熔点及生成速度大多不同，所以可通过成脎试验区别不同的还原性糖。由于成脎反应是发生在 C_1 和 C_2 上，不涉及糖分子的其他部分，所以 *D*-葡萄糖、*D*-果糖和 *D*-甘露糖能生成相同的脎。但由于成脎的速度不同，仍然是可以区别的。还原性双糖（如麦芽糖）也能成脎，但它们的脎可溶于热水，所以需冷却后才能析出结晶。非还原性双糖（如蔗糖）不能成脎，若长时间加热则会水解而生成单糖的脎。

苯肼有较高毒性，取用时慎勿触及皮肤。若已发生皮肤沾染，先用稀醋酸洗，再用清水洗净。

6. Seliwanoff 试验（间-苯二酚试验）

间-苯二酚盐酸试剂的配制：0.05 g 间-苯二酚溶于 50 mL 浓盐酸中，再用水稀释至 100 mL。

鉴定操作：在试管中加入 5 滴 5%的样品溶液，再加入 1 mL 间-苯二酚盐酸试剂，在沸水浴中加热，记录溶液转变为红色所需要的时间。若溶液在 1～2 min 内变为红色，说明样品为酮糖，否则为醛糖。

样品：葡萄糖、果糖、麦芽糖、蔗糖。

相关反应（以果糖为例）：

5-羟甲基呋喃甲醛

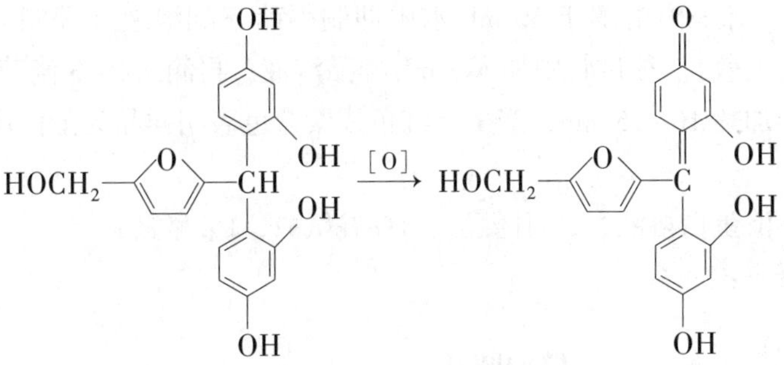

（红色）

试验原理与注意事项：酮糖在酸作用下失水生成 5-羟甲基呋喃甲醛，它与间-苯二酚反应产生红色化合物，反应一般在半分钟内完成使溶液变为红色。醛糖形成羟甲基呋喃甲醛较慢，只有在样品浓度较高或加热时间较长时才能出现微弱的红色反应。双糖如能水解出酮糖，也会有正性反应。

7. 淀粉的水解

往试管中加入 1 mL 淀粉溶液，滴入 3~4 滴浓硫酸，在沸水浴中加热 5 min，冷却后用 10% 的氢氧化钠溶液中和至呈中性，取数滴作 Benedict 试验。若有红色或淡黄色沉淀生成，表明淀粉已水解为葡萄糖。用未经水解的淀粉溶液作对比。

试验原理：淀粉是由多个葡萄糖单元以 α-糖苷键连接而成的多糖，无还原性。在酸或淀粉酶作用下水解成葡萄糖而表现出还原性。

（十）氨基酸和蛋白质的鉴定

蛋白质是由各种氨基酸按照不同的顺序缩聚而成的分子量巨大的聚合物，在酸、碱存在下或受酶的作用，可水解为分子量较小的胨、朊、多肽等。水解的最终产物是各种氨基酸，其中以 α-氨基酸为主。氨基酸的鉴定以纸层析较为方便，此处只介绍鉴定蛋白质的两类常用的化学方法。

试验中所用的清蛋白溶液按以下方法制取：

取鸡蛋一个，两头各钻一小孔，竖立，让蛋清流到烧杯里，加水 50 mL，搅动。蛋清中的清蛋白溶解于水，而球蛋白则呈絮状沉淀析出。在漏斗上铺 3~4 层纱布，用水湿润，将蛋白质过滤。大部分球蛋白被滤除，滤液中主要是清蛋白，供试验用。

1. 蛋白质的颜色反应

（1）茚三酮试验。

　　将 0.1 g 茚三酮溶解于 50 mL 水中即制得茚三酮溶液（配制后两天内使用，久置会失效）。往试管中加入 1 mL 样品溶液，再滴入 2~3 滴茚三酮溶液，在沸水浴中加热 10~15 min，产生紫红色或紫蓝色表明样品为蛋白质或 α-氨基酸或多肽。

　　样品：清蛋白溶液、1% 甘氨酸、1% 谷氨酸、1% 酪氨酸。

　　相关反应：

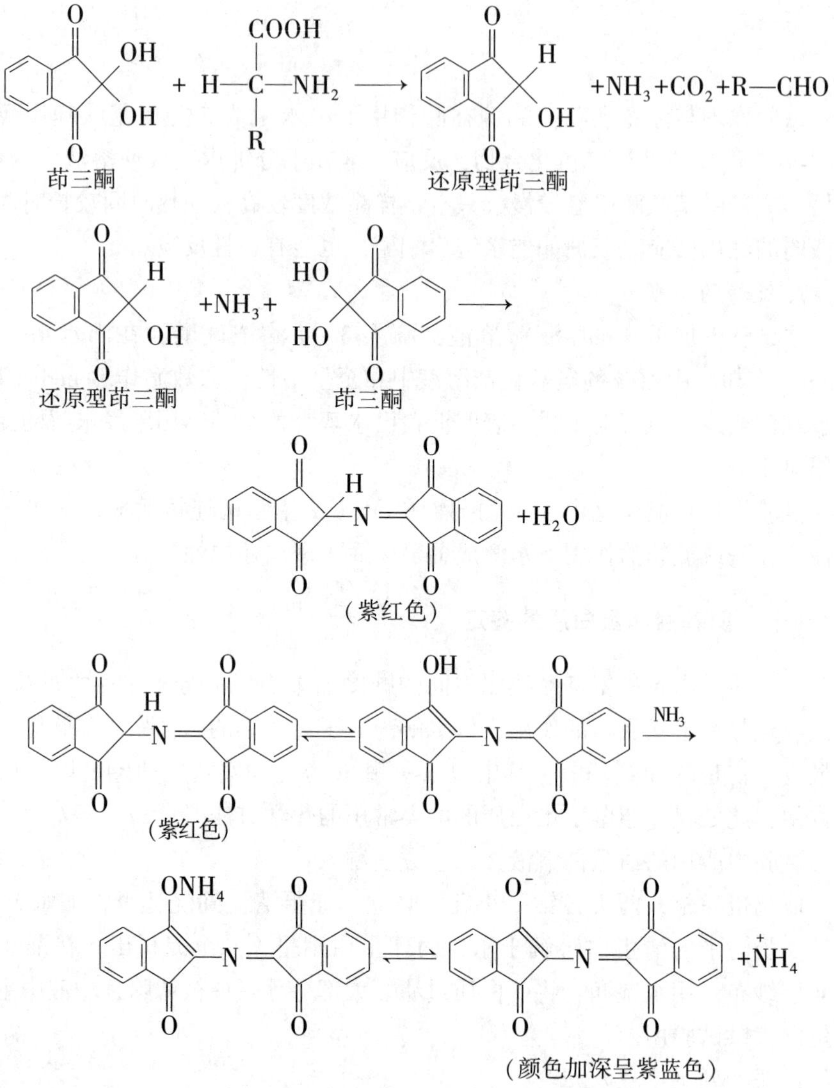

茚三酮　　　　　　　　　　　　　　　　还原型茚三酮

还原型茚三酮　　　　　　茚三酮

（紫红色）

（紫红色）

（颜色加深呈紫蓝色）

　　适用范围：氨、铵盐及含有游离氨基的化合物（如伯胺）均有此颜色反应。蛋白质、多肽和一般的氨基酸都可用本试验检出，但脯氨酸和羟脯氨酸因氮原子上另有取代基，无此颜色反应。

（2）黄蛋白试验。

往试管中加入 1 mL 清蛋白溶液，滴入 4 滴浓硝酸，出现白色沉淀。将试管置水浴中加热，沉淀变为黄色。冷却后滴加 10% 氢氧化钠溶液或浓氨水，黄色变为更深的橙黄色，表明蛋白质中含有酪氨酸、色氨酸或苯丙氨酸。

试验原理与相关反应：试验中蛋白质首先被无机酸沉淀（白色）。若蛋白质分子中含有芳香环，则在加热时发生硝化反应，产生鲜黄色的硝化产物，该产物在碱性溶液中可生成负离子使颜色加深而呈橙黄色。以酪氨酸为例，反应如下：

（3）双缩脲试验。

在试管中加 10 滴清蛋白溶液和 15~20 滴 10% 氢氧化钠溶液，混匀后加入 3~5 滴 5% 的硫酸铜溶液。摇动，有紫色出现，表明蛋白分子中有多个肽键。

试验原理：脲加热至熔点以上，两分子间脱去一分子氨生成双缩脲，也称缩二脲，结构为 $H_2N{-}\overset{\overset{O}{\|}}{C}{-}NH{-}\overset{\overset{O}{\|}}{C}{-}NH_2$，它与氢氧化铜在碱溶液中生成鲜红色络合物，此反应称为双缩脲反应。蛋白质、多肽分子中有多个类似的结构单元（肽键），也能与二价铜离子形成有色络合物。二肽、三肽和四肽在本试验中分别表现出蓝色、紫色和红色。蛋白质和多肽生成的络合物显紫色，可能是这几种颜色混杂的结果。氨基酸因不含肽键而无此反应，所以本试验可区别

氨基酸和蛋白质。

除蛋白质和多肽以外，$\underset{\underset{}{\overset{\overset{O}{\|}}{}}{H_2NC}\!\!-\!\!\underset{\overset{\overset{O}{\|}}{}}{CNH_2}$，$\underset{\overset{\overset{O}{\|}}{}}{H_2NCCH_2}\underset{\overset{\overset{O}{\|}}{}}{CNH_2}$ 及一些含有一

个肽键和—CS—NH$_2$，—CH$_2$NH$_2$，RCHNH$_2$，$\overset{\overset{\overset{}{}}{}}{—CH}\underset{\overset{|}{OH}}{}CH_2NH_2$ 等基团的化合物

也都有双缩脲反应。

2. 蛋白质的沉淀反应

（1）蛋白质的可逆沉淀试验。

取 2 mL 清蛋白溶液于试管中，加入等体积饱和硫酸铵溶液（约 43%），振荡，溶液变浑浊或析出絮状沉淀。取 1 mL 浑浊的溶液加在另一支试管里，加入 1~3 mL 水振荡，沉淀重又溶解，表明蛋白质的沉淀是可逆的。

试验原理：碱金属盐和镁盐在相当高的浓度下能使许多蛋白质从它们的溶液中沉淀出来，这种作用称为盐析作用。硫酸铵的盐析作用特别显著。盐析作用的机制可能是蛋白质分子所带的电荷被中和，或者是蛋白质分子被盐脱去水化层而沉淀出来。在盐析作用中，蛋白质分子的内部结构未发生显著变化，基本保持了原有的性质，当除去造成沉淀的因素后，蛋白质沉淀又可溶解于原来的溶剂中，因而称为可逆沉淀。硫酸铵在中性或弱酸性溶液中都可沉淀蛋白质，其他的盐则需要使溶液呈酸性时才能使蛋白质沉淀完全。用同一种盐沉淀不同的蛋白质所需的浓度是不同的，因而可以进行蛋白质的分级盐析。例如，向含有球蛋白和清蛋白的鸡蛋白溶液中加硫酸铵至半饱和，球蛋白析出，除去球蛋白后继续加硫酸铵至饱和，清蛋白析出。本试验所用蛋白质溶液已经除去了球蛋白，所以只是清蛋白的盐析。

（2）蛋白质的不可逆沉淀试验。

a. 重金属沉淀蛋白质。

取 1 mL 清蛋白溶液于试管中，加入 2 滴 1% 硫酸铜溶液，立即产生沉淀。继续逐滴滴加过量（2~3 mL）的硫酸铜溶液，沉淀又溶解。另取两支试管，分别用 0.5% 醋酸铅、2% 硝酸银溶液代替硫酸铜溶液进行试验，所得结果有何异同？

试验原理：蛋白质遇到重金属盐生成难溶于水的化合物，其过程是不可逆的，原因是蛋白质分子的内部结构，特别是空间结构被破坏，失去其原有的性质，当除去造成沉淀的因素后也不能再溶于原来的溶剂中，称为不可逆沉淀。加热、无机酸（如硫酸、硝酸、盐酸）、有机酸（如三氯乙酸、磺基水杨酸

等）、振荡、超声波等因素都可能使蛋白质发生不可逆沉淀。当重金属中毒时，可用蛋白质作解毒剂，就是利用了不可逆沉淀原理。在本试验中，硫酸铜或醋酸铅所形成的蛋白质沉淀又溶解于过量的沉淀剂中，这是因为沉淀粒子上吸附的离子与过量沉淀剂作用的结果，而不是蛋白质的溶解。如无过量的沉淀剂，即使用大量水稀释也不会溶解。

b. 苦味酸沉淀蛋白质。

将 1 mL 蛋白质溶液和 4~5 滴 1%醋酸溶液在试管中混合，再加入 5~10 滴饱和苦味酸溶液，观察是否有沉淀析出。

附　　录

附录1　水的蒸气压力表（0~100℃）*

温度/℃	蒸气压力/mmHg	温度/℃	蒸气压力/mmHg	温度/℃	蒸气压力/mmHg	温度/℃	蒸气压力/mmHg
0	4.579	15	12.788	30	31.824	85	433.6
1	4.926	16	13.634	31	33.695	90	525.76
2	5.294	17	14.530	32	35.663	91	546.05
3	5.685	18	15.477	33	37.729	92	566.99
4	6.101	19	16.477	34	39.898	93	588.60
5	6.543	20	17.535	35	42.175	94	610.90
6	7.013	21	18.650	40	55.324	95	633.90
7	7.513	22	19.827	45	71.88	96	657.62
8	8.045	23	21.068	50	92.51	97	682.07
9	8.609	24	22.377	55	118.04	98	707.27
10	9.209	25	23.756	60	149.38	99	733.24
11	9.844	26	25.209	65	187.54	100	760.00
12	10.518	27	26.739	70	233.7		
13	11.231	28	28.349	75	289.1		
14	11.987	29	30.043	80	355.1		

* 本附录直接取自书末参考书目2，并依该书沿用了旧的压强单位 mmHg，因为在实验室中直接从水银压力计上读取数据是方便的。在必要时可由读者自己换算成法定计量单位（1 mmHg=133.322 Pa）。

附录2　常用有机溶剂在水中的溶解度*

溶剂名称	温度/℃	在水中溶解度	溶剂名称	温度/℃	在水中溶解度
正 庚 烷	15.5	0.005%	硝 基 苯	15	0.18%
二 甲 苯	20	0.011%	氯　仿	20	0.81%
正 己 烷	15.5	0.014%	二氯乙烷	15	0.86%
甲　　苯	10	0.048%	正 戊 醇	20	2.6%
氯　　苯	30	0.049%	异 戊 醇	18	2.75%
四氯化碳	15	0.077%	正 丁 醇	20	7.81%
二硫化碳	15	0.12%	乙　醚	15	7.83%
醋酸戊酯	20	0.17%	醋酸乙酯	15	8.30%
醋酸异戊酯	20	0.17%	异 丁 醇	20	8.50%
苯	20	0.175%			

* 本附录中数据取自书末参考书目3。

附录3　常见共沸混合物

1. 二元共沸混合物

组　分		共沸点 /℃	共沸物质量组成		组　分		共沸点 /℃	共沸物质量组成	
A(沸点)	B(沸点)		A	B	A(沸点)	B(沸点)		A	B
水 (100℃)	苯(80.6℃)	69.3	9%	91%	乙醇 (78.3℃)	苯 (80.6℃)	68.2	32%	68%
	甲苯 (110.6℃)	84.1	19.6%	80.4%		氯仿 (61℃)	59.4	7%	93%
	氯仿 (61℃)	56.1	2.8%	97.2%		四氯化碳 (76.8℃)	64.9	16%	84%
	乙醇 (78.3℃)	78.2	4.5%	95.5%		乙酸乙酯 (77.1℃)	72	30%	70%
	丁醇 (117.8℃)	92.4	38%	62%	甲醇 (64.7℃)	四氯化碳 (76.8℃)	55.7	21%	79%
	异丁醇 (108℃)	90.0	33.2%	66.8%		苯 (80.6℃)	58.3	39%	61%
	仲丁醇 (99.5℃)	88.5	32.1%	67.9%	乙酸 乙酯 (77.1℃)	四氯化碳 (76.8℃)	74.8	43%	57%
	叔丁醇 (82.8℃)	79.9	11.7%	88.3%		二硫化碳 (46.3℃)	46.1	7.3%	92.7%
	烯丙醇 (97.0℃)	88.2	27.1%	72.9%	丙酮 (56.5℃)	二硫化碳 (46.3℃)	39.2	34%	66%
	苄醇 (205.2℃)	99.9	91%	9%		氯仿 (61℃)	65.5	20%	80%
	乙醚 (34.6℃)	110 (最高)	79.8%	20.2%		异丙醚 (69℃)	54.2	61%	39%
	二氧六环 (101.3℃)	87	20%	80%	己烷 (69℃)	苯 (80.6℃)	68.8	95%	5%
	四氯化碳 (76.8℃)	66	4.1%	95.9%		氯仿 (61℃)	60.0	28%	72%
	丁醛 (75.7℃)	68	6%	94%					
	三聚乙醛 (115℃)	91.4	30%	70%					
	甲酸 (100.8℃)	107.3 (最高)	22.5%	77.5%					
	乙酸乙酯 (77.1℃)	70.4	8.2%	91.8%					
	苯甲酸乙酯 (212.4℃)	99.4	84%	16%	环己烷 (80.8℃)	苯 (80.6℃)	77.8	45%	55%

2. 三元共沸混合物

组　分　（沸点）			共沸物质量组成			共沸点 /℃
A	B	C	A	B	C	
水(100℃)	乙醇(78.3℃)	乙酸乙酯(77.1℃)	7.8%	9.0%	83.2%	70.3
		四氯化碳(76.8℃)	4.3%	9.7%	86%	61.8
		苯(80.6℃)	7.4%	18.5%	74.1%	64.9
		环己烷(80.8℃)	7%	17%	76%	62.1
		氯　仿(61℃)	3.5%	4.0%	92.5%	55.6
	正丁醇(117.8℃)	乙酸乙酯(77.1℃)	29%	8%	63%	90.7
	异丙醇(82.4℃)	苯(80.6℃)	7.5%	18.7%	73.8%	66.5
	二硫化碳(46.3℃)	丙酮(56.4℃)	0.81%	75.21%	23.98%	38.04

附录 4　部分有机化合物的酸离解常数*

（质子转移,25℃）

名　称	pK_{a_1}	pK_{a_2}	名　称	pK_{a_1}	pK_{a_2}	名　称	pK_{a_1}	pK_{a_2}
2,4,6-三硝基苯酚	−0.20		间-硝基苯甲酸	3.49		乙酰丙酮(2,4-戊二酮)	8.2	
三氟乙酸	0.25		对-苯二甲酸	3.54	4.46	苯甲酰丙酮	8.23	
间-氨基苯磺酸	0.39	3.72	邻-苯甲酰苯甲酸	3.54		水杨醛	8.34	
对-氨基苯磺酸	0.58	3.23	3-丁酮酸(18℃)	3.58		丁二酰亚胺	9.62	
三氯乙酸	0.64		间-苯二甲酸	3.62	4.60	邻-苯二甲酰亚胺	9.90	
二氯乙酸	1.26		甲酸	3.75		对-苯二酚(30℃)	9.91	12.04
草酸(乙二酸)	1.27	4.27	间-氯苯甲酸	3.82		苯酚	9.99	
2,4-二硝基苯甲酸	1.43		肉桂酸(顺)	3.88		间-甲苯酚	10.09	
顺丁烯二酸	1.94	6.22	对-氯苯甲酸	3.99		邻-甲苯酚	10.26	
邻-氨基苯甲酸	2.05	4.95	间-羟基苯甲酸	4.08	9.93	对-甲苯酚	10.26	

续表

名　称	pK_{a_1}	pK_{a_2}	名　称	pK_{a_1}	pK_{a_2}	名　称	pK_{a_1}	pK_{a_2}
邻-硝基苯甲酸	2.17		2,4-二硝基苯酚	4.09		丁二酮肟	10.60	
对-氨基苯甲酸	2.38	4.89	苯甲酸	4.21		乙酰乙酸乙酯	10.68	
氟乙酸	2.59		丁二酸	4.21	5.64	葡萄糖(18℃)	12.43	
3,5-二硝基苯甲酸	2.82		丙烯酸	4.26		丙二酸二乙酯	13	
氯乙酸	2.86		苯乙酸	4.31		甘油	14.15	
溴乙酸	2.90		没食子酸(30℃)	4.34	8.85	乙二醇	14.22	
邻-氯苯甲酸	2.94		己二酸	4.43	5.41	水	15.74	
邻-苯二甲酸	2.95	5.41	肉桂酸(反)	4.44		乙醇	18	
水杨酸(邻-羟基苯甲酸)	3.00	13.4	对-羟基苯甲酸	4.58	9.23	丙酮	20	
反丁烯二酸	3.02	4.38	乙酸	4.76		乙炔	25	
酒石酸(d-)	3.04	4.37	异戊酸	4.78		苯胺	25	
间-氨基苯甲酸	3.07	4.74	正戊酸	4.84		三苯甲烷	31.5	
α-呋喃甲酸	3.16		丙酸	4.87		氨	34	
碘乙酸	3.18		三甲基乙酸	5.05		甲苯	35	
酒石酸(内消旋)	3.22	4.81	2,4,6-三氯苯酚	6.00		苯	37	
对-硝基苯甲酸	3.44		碳酸	6.35	10.33	甲烷	40	

＊ 本附录中数据取自书末参考书目 15。

附录5　常用有机溶剂的纯化

市售有机溶剂也像其他化学试剂一样有保证试剂（G.R.）、分析试剂（A.R.）、化学试剂（C.P.）、实验试剂（L.R.）及工业品等不同规格，可根据实验对溶剂的具体要求直接选用，一般不需作纯化处理。溶剂的纯化工作主要应用于以下几种情况：

① 某些实验对溶剂的纯度要求特别高，普通市售溶剂不能满足要求时；

② 溶剂久置，由于氧化、吸潮、光照等原因使之增加了额外的杂质而不能满足实验要求时；

③ 溶剂用量甚大，为避免购买昂贵的高规格溶剂而需要以较低规格溶剂代用时；

④ 溶剂回收再用时。

这里介绍的是前三种情况在实验室条件下的常用纯化方法，对于第④种情况则需先根据具体情况用其他方法除去大部分杂质后再参照本方法处理。

（1）环己烷（Cyclohexane）

C_6H_{12}，分子量为84.16，无色液体，m. p. 6.5℃，b. p. 80.7℃，d_4^{20} 0.778 5，n_D^{20} 1.426 6，不溶于水，当温度高于57℃时能与无水乙醇、甲醇、苯、醚、丙酮等混溶。

环己烷中所含杂质主要是苯，一般不需除去。若必须除去时，可用冷的混酸（浓硫酸与浓硝酸的混合物）洗涤数次，使苯硝化后溶于酸层而除去，然后用水洗去残酸，干燥分馏，压入钠丝保存。

（2）正己烷（n-hexane）

C_6H_{14}，分子量为86.2，无色挥发性液体，m. p. −94℃，b. p. 68.7℃，d_4^{20} 0.659 3，n_D^{20} 1.374 8，不溶于水，可与醇、醚、氯仿混溶。

沸程为60~70℃的石油醚，其主要成分是正己烷，故在许多情况下可代替正己烷作溶剂使用。市售化学纯的正己烷含量为95%，纯化方法是先用浓硫酸洗涤数次，继以0.1 mol/L高锰酸钾的10%硫酸溶液洗涤，再以0.1 mol/L高锰酸钾的10%氢氧化钠溶液洗涤，最后用水洗去残碱，干燥后蒸馏。

（3）石油醚（petroleum ether）

石油醚是低级烷烃的混合物，为无色透明易燃液体，不溶于水，可溶于无水醇及醚、氯仿、二硫化碳、四氯化碳、苯等有机溶剂。

市售石油醚有沸程为30~60℃、60~90℃和90~120℃等3个规格，其中常含有不饱和烃（主要是芳烃），若需除去，其纯化方法同正己烷。

（4）苯（benzene）

C_6H_6，分子量为78.11，无色透明液体，m. p. 5.5℃，b. p. 80.1℃，d_4^{20} 0.879 0，n_D^{20} 1.501 1，不溶于水，可溶于醇、醚、丙酮、冰醋酸等。

分析纯的苯通常可直接使用。如需要无水苯，可先用无水氯化钙干燥过夜，滤除氯化钙后压入金属钠丝作深度干燥。

普通苯中的主要有机杂质是噻吩（b. p. 84℃），如欲制得无水无噻吩苯，可将苯与相当其体积 10% 的浓硫酸一起在分液漏斗中振摇，静置分层后弃去酸层，加入新鲜硫酸并重复操作，直至硫酸层无色或仅呈淡黄色，且检验无噻吩存在为止。苯层依次用水、10% 的碳酸钠溶液、水洗涤，经无水氯化钙干燥后蒸馏，收集 80℃ 馏分，压入钠丝保存备用。检验噻吩的方法是：取 5 滴苯于小试管中，加入 5 滴浓硫酸及 1~2 滴 1% α,β-吲哚醌的浓硫酸溶液，摇振片刻，如呈墨绿色或蓝色，表示有噻吩存在。

苯为致癌物质，应在通风橱中操作。

（5）甲苯（toluene）

C_7H_8，分子量为 92.13，无色可燃液体，m. p. −95℃，b. p. 110.6℃，d_4^{20} 0.866 9，n_D^{20} 1.496 9，不溶于水，可溶于醇、醚。

甲苯中含有甲基噻吩（b. p. 112~113℃），如需除去，处理方法同苯。由于甲苯比苯容易磺化，用浓硫酸洗涤时的温度应控制在 30℃ 以下。

（6）二氯甲烷（dichloromethane）

CH_2Cl_2，分子量为 84.94，无色挥发性液体，不可燃。m. p. −97℃，b. p. 40.1℃，d_4^{20} 1.326 6，n_D^{20} 1.424 1，微溶于水，可与醇、醚混溶。

市售化学纯二氯甲烷含量 95%，一般可直接使用。如需纯化，可用 5% 碳酸氢钠溶液洗涤后再用水洗涤，用无水氯化钙干燥后蒸馏收集 40~41℃ 馏分。纯化后的二氯甲烷应避光储存于棕色瓶中。

二氯甲烷不可用金属钠干燥，否则会发生爆炸。

（7）氯仿（chloroform）

$CHCl_3$，分子量为 119.39，无色挥发性液体，m. p. −63.5℃，b. p. 61.7℃，d_4^{20} 1.483 2，n_D^{20} 1.445 9。

氯仿在光照下能被空气氧化产生剧毒的光气，故通常加入其质量 1%~2% 的乙醇作为稳定剂。如需除去其中的乙醇，可将氯仿与相当其一半体积的水在分液漏斗中摇振后分去水层，再加水重复操作数次，分净水层，用无水氯化钙或无水碳酸钾干燥。另一种纯化方法是将氯仿与相当其体积 5% 的浓硫酸一起摇振，分去酸层，重复操作数次后再用水洗涤，干燥后蒸馏。除去了乙醇的氯仿必须装在棕色瓶中避光保存。

绝不允许用金属钠来干燥氯仿，因为会发生爆炸。

（8）1,2-二氯乙烷（1,2-dichloroethane）

$C_2H_4Cl_2$，分子量为 98.93，无色油状液体，有芳香味。m. p. −35.3℃，

b. p. 83. 7℃，d_4^{20} 1. 253 1，n_D^{20} 1. 444 8，溶于 120 分水中，可与乙醇、乙醚、氯仿混溶。

　　一般纯化可依次用浓硫酸、水、稀氢氧化钠溶液、水洗涤，用无水氯化钙干燥或加入五氧化二磷分馏即可。

　　（9）甲醇（methanol）

　　CH_4O，分子量为 32.04，无色透明易燃液体，m. p. −97. 7℃，b. p. 64. 96℃，d_4^{20} 0. 791 4，n_D^{20} 1. 328 8，可溶于水、醇、醚。

　　市售化学纯的甲醇含水量不超过 0.5% ~ 1%。由于甲醇不与水形成共沸物，故可用精密分馏法除去其中的少量水。精密分馏制得的甲醇含量可达 99.5% 或更高，但仍含有约 0.1% 的水和约 0.02% 的丙酮，可满足一般要求。如欲制得干燥程度更高的甲醇，可用金属镁做进一步干燥（参照绝对乙醇的制备方法），也可用 3A 或 4A 型分子筛干燥。

　　如欲制取无丙酮的甲醇，可将低规格的甲醇（如工业甲醇）500 mL 与呋喃甲醛 25 mL、10% 的氢氧化钠溶液 60 mL 一起加热回流 6 ~ 12h，然后进行分馏，丙酮与呋喃甲醛生成树脂状物留在瓶底，馏出的是无丙酮的甲醇，然后根据需要决定是否需要做进一步的干燥处理。

　　（10）乙醇（ethyl alcohol）

　　C_2H_6O，分子量为 46.07，无色、易燃、有烧辣味的液体。m. p. −115℃，b. p. 78. 85℃，d_4^{20} 0. 789 3，n_D^{20} 1. 361 6。

　　市售普通乙醇是乙醇与水的恒沸混合物，含乙醇 95.57% 及水 4.43%，习惯上称为 95% 乙醇。乙醇的纯化是指对此种乙醇做一步的干燥处理，以制取无水乙醇（含量 99.5%）或绝对乙醇（含量 99.95%）。

　　a. 无水乙醇的制备：将普通乙醇用生石灰干燥可制得无水乙醇。在 250 mL 圆底烧瓶中放置 100 mL 95% 乙醇和 25 g 新煅烧的生石灰，塞紧瓶口放置一周（如不放置或放置时间较短，在后面的处理中要适当延长回流时间）。拔去塞子，装上回流冷凝管，并在冷凝管上口安装氯化钙干燥管，用水浴加热回流 2 ~ 3h，拆去冷凝管，改为蒸馏装置，蒸除前馏分后用已称重的干燥接收瓶接收正馏分，蒸至几乎不再有液体馏出为止，称重计量并计算回收率。这样制得的无水乙醇与市售无水乙醇相当，含量约为 99.5%。

　　b. 绝对乙醇的制备：将自制的无水乙醇或市售分析纯的无水乙醇用金属镁或金属钠做进一步的干燥处理可制得绝对乙醇。

　　①用金属镁干燥。反应过程为：

$$Mg+2C_2H_5OH \longrightarrow Mg(OC_2H_5)_2+H_2$$
$$Mg(OC_2H_5)_2+2H_2O \longrightarrow Mg(OH)_2+2C_2H_5OH$$

在 100 mL 圆底烧瓶中放入 0.3 g 干燥的镁条（或镁屑），10 mL 无水乙醇和几小粒碘，装上带有氯化钙干燥管的回流冷凝管，用热水浴加热（不要振摇），可观察到碘粒周围的镁开始反应，放出氢气并出现局部浑浊。反应逐渐激烈，碘的紫色逐渐褪去。待反应缓和后继续加热至镁基本消失，加入 40 mL 无水乙醇和几粒沸石，再加热回流 0.5h，改成蒸馏装置，蒸馏收集绝对乙醇，密封储存备用。

②用金属钠干燥。反应过程为：

$$2Na+2C_2H_5OH \longrightarrow 2C_2H_5ONa+H_2$$
$$C_2H_5ONa+H_2O \rightleftharpoons C_2H_5OH+NaOH$$

由于第二步反应可逆，使醇中水不能完全除去，因而须加入邻-苯二甲酸二乙酯（或丁二酸二乙酯），通过皂化反应除去反应中生成的氢氧化钠使反应向右移动。

在 100 mL 圆底烧瓶中放入 1 g 刮去了氧化膜的金属钠，加入 50 mL 无水乙醇，投入两粒沸石，装上的回流装置，在冷凝管上口安装氯化钙干燥管。加热半小时，然后加入 2 g 邻-苯二甲酸二乙酯，再回流 10min，改为带有氯化钙干燥管的蒸馏装置，蒸馏收集绝对乙醇，产品密封存放。

无水乙醇和绝对乙醇都具有很强的吸湿性，故制备装置中的全部仪器都需充分干燥，同时在操作过程中必须防止水侵入。

（11）异丙醇（isopropanol）

C_3H_8O，分子量为 60.06，无色油状可燃液体，m. p. −89.5℃，b. p. 82.5℃，d_4^{20} 0.785 4，n_D^{20} 1.377 2，可与水、醇、醚、氯仿混溶。

化学纯或分析纯的异丙醇作为一般溶剂使用并不需要作纯化处理，只有在要求较高的情况（如制备异丙醇铝）下才需要纯化。纯化的方法因起始溶剂的规格不同而不同。

a. 化学纯或更高规格的异丙醇可直接用 3A 或 4A 型分子筛干燥后使用。

b. 含量 91% 左右的异丙醇可选用以下两种纯化方法中的任何一种进行纯化。

①加入新煅烧的生石灰回流 4~5h，用高效分馏柱分馏，收集 82~83℃ 馏分，用无水硫酸铜干燥数天，再次分馏至沸点恒定，含水量可低于 0.01%。

②加入其质量 10% 的粒状氢氧化钠摇振，分出碱液层，再加入氢氧化钠摇振，然后分出异丙醇作分馏纯化。

c. 异丙醇中含水量超过 20% 者可加入固体氯化钠一起摇振，分层后将上层液分出（约含异丙醇 87%），分馏可得含量为 91% 的恒沸液，然后按照上述干燥方法处理。

异丙醇容易产生过氧化物，有时在做纯化处理之前需先检验并除去过氧化物。检验的方法是取 0.5 mL 异丙醇加入 1 mL 10% 的碘化钾溶液和 0.5 mL 稀盐酸（1∶5），再加几滴淀粉溶液振摇 1min，若显蓝色或蓝黑色即证明有过氧化物存在。除去过氧化物的方法是每升异丙醇加 10~15 g 氯化亚锡回流半小时，重新检验，直至无过氧化物。

（12）乙醚（ethyl ether）

$C_4H_{10}O$，分子量为 74.12，无色透明、易燃、易挥发的液体，m. p. 117.4℃，b. p. 34.51℃，d_4^{20} 0.713 8，n_D^{20} 1.352 6，微溶于水，可溶于醇、氯仿、苯等有机溶剂。

将乙醚干燥以制备无水乙醚的方法见实验 16。

（13）四氢呋喃（tetrahydrofuran，THF）

C_4H_8O，分子量为 72.10，无色液体，b. p. 66℃，d_4^{20} 0.889 2，n_D^{20} 1.407 1，可溶于水、乙醇。

市售四氢呋喃中含有少量水，存放较久者还可能含有少量过氧化物。在进行纯化处理之前需先检验并除去可能存在的过氧化物，检验和除去的方法可参看实验 16。

不含过氧化物的四氢呋喃可先用无水硫酸钙或固体氢氧化钾作初步干燥，滤除干燥剂后按照每 250 mL 四氢呋喃加 1 g 氢化锂铝的比例加入氢化锂铝并在隔绝潮气的条件下回流 1~2h，然后常压蒸馏收集 65~67℃ 馏分（不可蒸干）。所得四氢呋喃精制品应在氮气保护下储存，如欲较久存放，还应加入 0.025% 的 2,6-二叔丁基-4-甲基苯酚作抗氧剂。

（14）二氧六环（二噁烷，dioxane）

$C_4H_8O_2$，分子量为 88.10，无色易燃液体，m. p. 11.8℃，b. p. 101.1℃，d_4^{20} 1.033 7，n_D^{20} 1.422 4，可与水混溶，也溶于大多数常见的有机溶剂。

普通二氧六环中含有少量乙醛、缩醛（ CH_3— ）和水，久置还可能产生少量过氧化物。纯化的方法是加入其质量 10% 的浓盐酸一起回流 3h，同时慢慢通入氮气以除去生成的乙醛。冷到室温后加入固体氢氧化钾直至不再溶解，分去水层。有机层用固体氢氧化钾干燥过夜，过滤，加入金属钠并加热回流数小时，蒸馏收集 101℃ 馏分，压入钠丝避潮储存。

（15）乙酸乙酯（ethyl acetate）

$C_4H_8O_2$，分子量为 88.10，无色易燃有水果香味的液体，m. p. -83℃，b. p. 77℃，d_4^{20} 0.900 3，n_D^{20} 1.372 3，25℃时在水中的溶解度为 8.7%（质量），可溶于乙醇、乙醚、丙酮、氯仿、苯等有机溶剂。

分析纯的乙酸乙酯含量 99.5%，可满足一般使用要求。工业乙酸乙酯含量 95%~98%，其中含有少量水、乙醇和醋酸，可选用下述任一方法纯化：

a. 于 100 mL 乙酯乙酯中加进 10 mL 醋酸酐和 1 滴浓硫酸，加热回流 4h，除去乙醇和水，然后分馏收集 76~77℃ 馏分，加入 2~3 g 无水碳酸钾振荡。过滤后再蒸馏，收集 77℃ 馏分，产物纯度可达 99.7%。

b. 将乙酸乙酯先用等体积的 5% 碳酸钠溶液洗涤，再用饱和氯化钙溶液洗涤，然后用无水碳酸钾干燥。滤除干燥剂后蒸馏收集 77℃ 馏分。

（16）丙酮（acetone）

C_3H_6O，分子量为 58.08，无色易燃的挥发性液体，m. p. -94℃，b. p. 56.5℃，d_4^{20} 0.789 9，n_D^{20} 1.359 1，可与水、乙醇、乙醚、苯等混溶。

普通丙酮中常含有少量水及甲醇、乙醛等还原性杂质，分析纯的丙酮中含水量也高达 1%，可选用下列方法精制：

a. 在 100 mL 丙酮中加入 0.5 g 高锰酸钾回流，以除去还原性杂质。若高锰酸钾的紫色很快褪去，则需补加高锰酸钾并继续回流，直至紫色不再消失为止。蒸出丙酮，用无水碳酸钾或无水硫酸钙干燥。过滤，蒸馏收集 55~56.5℃ 馏分。

b. 在 100 mL 丙酮中加入 4 mL 10% 硝酸银溶液及 35 mL 0.1 mol/L 的氢氧化钠溶液，振荡 10min 以除去还原性杂质。过滤，滤液用无水硫酸钙干燥，再过滤。将滤液蒸馏收集 55~56.5℃ 馏分。

（17）吡啶（pyridine）

C_5H_5N，分子量为 79.10，无色可燃液体，有特殊臭味，m. p. -42℃，b. p. 115. 6℃，d_4^{20} 0.981 9，n_D^{20} 1.509 5，可与水、醇、醚及动植物油等多种溶剂相混溶。

分析纯的吡啶纯度高于 99.5%，可供一般使用，如需制无水吡啶，可加入粒状氢氧化钠或氢氧化钾加热回流，然后在隔绝潮气下蒸馏备用。无水吡啶具有很强的吸湿性，最好在精制品中加入粒状氢氧化钾并密封储存。

（18）N,N-二甲基甲酰胺（N,N-dimethylformamide，DMF）

C_3H_7NO，分子量为 73.09，无色液体，m. p. -61℃，b. p. 153℃，d_4^{20} 0.948 7，n_D^{20}1.430 5，可与水及大多数有机溶剂混溶，为非质子极性溶剂，被称为万能有机溶剂。

N,N-二甲基甲酰胺中含有少量水分，常压蒸馏时有些分解，产生二甲胺和一氧化碳。当有酸或碱存在时分解加快。所以若用固体氢氧化钾或氢氧化钠干燥会造成部分分解。较好的方法是用硫酸钙、硫酸镁、氧化钡、硅胶或分子筛干燥，然后减压蒸馏，收集 76℃/4.79 kPa（36 mmHg）的馏分。如其中含水较多，可加入十分之一体积的苯，在常压及 80℃下蒸去水和苯，然后用硫酸镁或氧化钡干燥，再减压蒸馏。

（19）二甲亚砜（dimethyl sulfoxide，DMSO）

C_2H_6OS，分子量为 78.13，无色、无嗅、微带苦味的吸湿性液体，m. p. 18.45℃，b. p. 189℃，d_4^{20}1.095 4，n_D^{20}1.478 3，可溶于水、乙醇、乙醚、丙酮、氯仿等，是一种重要的非质子极性溶剂。

二甲亚砜中常含有少量水，常压蒸馏时会有些分解。若需制备无水二甲亚砜，可用活性氧化铝、氧化钡或硫酸钙干燥过夜，滤去干燥剂后减压蒸馏，收集 75~76℃/1.6 kPa（12 mmHg）或 64~65℃/0.533 kPa（4 mmHg）的馏分，放入分子筛储存备用。二甲亚砜的蒸馏温度不应高于 90℃，否则会发生歧化反应产生部分二甲砜和二甲硫醚。二甲亚砜与氢化钠、高碘酸或高氯酸镁等混合时有爆炸危险，处理及使用时应予注意。

（20）二硫化碳（Carbon disulfide）

CS_2，分子量为 76.14，无色挥发性易燃有毒的液体，新蒸出的纯品有甜味，而普通二硫化碳中常含有硫化氢、硫磺及硫氧化碳等杂质而具恶臭。m. p. -111.6℃，b. p. 46.5℃，d_4^{20}1.263 2，n_D^{20}1.631 9，不溶于水，可与甲醇、乙醇、乙醚、苯、氯仿混溶。

一般有机合成实验对二硫化碳的纯度要求并不高，可在普通二硫化碳中加入少量研细的无水氯化钙，干燥后滤除干燥剂，水浴加热蒸馏收集。如需制备较纯的二硫化碳，可将试剂级的二硫化碳用 0.5% 的高锰酸钾水溶液洗涤 3 次以除去硫化氢，再加汞振摇以除去硫，最后用 2.5% 硫酸汞溶液洗涤以除去恶臭（残留的硫化氢），经氯化钙干燥后蒸馏收集。

附录6　商品氘代溶剂中残留质子的化学位移

溶　剂	同位素纯度（D 的原子百分含量）	残留氢的 δ 值	溶　剂	同位素纯度（D 的原子百分含量）	残留氢的 δ 值
乙酸-D_4	99.5%	CH_3:2.05；OH:11.53	二甲亚砜-D_6	99.5%	CH_3:2.50
丙酮-D_6	99.5%	CH_3:2.05	对-二氧六环-D_8	98%	CH_2:3.55
乙腈-D_3	98%	CH_3:1.95	乙醇（无水）-D_4	98%	CH_3:1.17；CH_2:3.59；HO:2.60*
苯-D_6	99.5%	CH:7.20	甲醇-D_4	99%	CH_3:3.35；HO:4.84*
氯仿-D	99.8%	CH:7.25	甲基环己烷-D_{14}	99%	CH_3:0.92；CH_2:1.54；CH:1.65
环己烷-D_{12}	99%	CH_2:1.40	二氯甲烷-D_2	99%	CH_2:5.35
重水	99.8%	HO:4.75*	吡啶-D_5	99%	α-H:8.70；β-H:7.20；γ-H:7.58
1,2-二氯乙烷-D_4	99%	CH_2:3.69	四氢呋喃-D_8	98%	α-CH_2:3.60；β-CH_2:0.75
乙醚-D_{10}	98%	CH_3:1.16；CH_2:3.36	四亚甲基砜-D_8	98%	α-CH_2:2.92；β-CH_2:2.16
二甲基甲酰胺-D_7	98%	CH_3:2.76；CH_3:2.94；HCO:8.05			

注：1. 表中数据由 Merck Sharp and Dohme of Canada Ltd. 提供，见书末参考书目21。

2. 标有 * 的数据因溶质不同会有较大幅度变化。

3. 已有100%同位素纯度的溶剂出售。

附录7　有机化学文献和手册中常见的英文缩写

aa	acetic acid	醋酸	con	concentrated	浓的
abs	absolute	绝对的	cor	corrected	正确的、校正
ac	acid	酸	cr	crystals	结晶、晶体
Ac	acetyl	乙酰基	cy	cyclohexane	环己烷
ace	acetone	丙酮	d	decomposses	分解
al	alcohol	醇（通常指乙醇）	dil	diluted	稀释、稀的
alk	alkali	碱	diox	dioxane	二噁烷、二氧杂环己烷
Am	amyl［pentyl］	戊基			
amor	amorphous	无定形的	diq	deliquescent	潮解的，易吸湿气的
anh	anhydrous	无水的			
aqu	aqueous	水的，含水的	distb	distillable	可蒸馏的
as	asymmetric	不对称的	dk	dark	黑暗的、暗（颜色）
atm	atmosphere	大气，大气压			
b	boiling	沸腾	DMF	dimethyl formamide	二甲基甲酰胺
bipym	bipyramidal	双锥体的			
bk	black	黑（色）	eff	efforescent	风化的，起霜的
bl	blue	蓝（色）	Et	ethyl	乙基
br	brown	棕（色），褐（色）	eth	ether	醚、（二）乙醚
bt	bright	嫩（色），浅（色）	exp	explodes	爆炸
Bu	butyl	丁基	extrap	extrapolated	外推（法）
bz	benzene	苯	et. ac.	ethyl acetate	乙酸乙酯
c	cold	冷的（塑料表面）无光（彩）	fl	flakes	絮片体
			flr	fluorescent	荧光的
c	percentage concetration	百分（比）浓度	fr	freezes	冻、冻结
			fr. p.	freezing point	冰点、凝固点
chl	chloroform	氯仿	fum	fuming	发烟的
co	columns	柱、塔、列	gel	gelatinous	胶凝的
col	colorles	无色	gl	glacial	冰的
comp	compound	化合物	glyc	glycerin	甘油

gold	golden	(黄) 金的、金色的	Me	methyl	甲基
gr	green	绿的、新鲜的	met	metallic	金属的
gran	granular	粒状	micr	microscopic	显微（镜）的、微观的
gy	gray	灰（色）的	min	mineral	矿石、无机的
h	hot	热	mod	modification	(变)体、修改、限制
hex	hexagonal	六方形的	mol	monoclinic	单斜（晶）的
hing	heating	加热的	mut	mutarotatory	变旋光（作用）
hp	heptane	庚烷	n	normal chain refractive index	正链、折光率
hx	hexane	己烷	nd	neadles	针状结晶
hyd	hydrate	水合物	o	ortho-	正、邻（位）
hyg	hygroscopic	收湿的	oct	octahedral	八面的
i	insoluble	不溶（解）的	og	orange	橙色的
i	iso-	异	ord	ordinary	普通的
ign	ignites	点火、着火	org	organic	有机的
in	inactine	不活泼的、不旋光的	orh	orthorhombic	斜方（晶）的
inflam	inflammable	易燃的	os	organic solvents	有机溶剂
infus	infusible	不熔的	p	para-	对（位）
irid	iridescent	虹彩的	pa	pale	苍（色）的
la	large	大的	par	partial	部分的
lf	leaf	薄片、页	peth	petroleum ether	石油醚
lig	ligron	石油英	pk	pink	桃红
liq	liquid	液体、液态的	Ph	phenyl	苯基
lo	long	长的	pl	plates	板、片、极板
lt	light	光、明（朗）的、轻的	pr	prisms	棱镜、棱柱体、三棱形
m	melting	熔化			
m	meta	间位（有机物命名）、偏（无机酸）			

pr	propyl	丙基	*t*	tertiary	特某基、叔、第三的
purp	purple	红紫（色）	ta	tablets	平片体
pw	powder	粉末、火药	tcl	triclinic	三斜（晶）的
pym	pyramids	棱锥形、角锥	tet	tetrahedron	四面体
rac	racemic	外消旋的	tetr	tetragonal	四方（晶）的
rect	rectangular	长方（形）的	THF	tetrahydro-furan	四氢呋喃
res	resinous	树脂的			
rh	rhombic	正交（晶）的	to	toluene	甲苯
rhd	rhombodral	菱形的、三角晶的	tr	transparent	透明的
s	soluble	可溶解的	trg	trigonal	三角的
s	secondary	仲、第二的	undil	undiluted	未稀释的
sc	scales	秤、刻度尺、比例尺	uns	unsymmetrical	不对称的
			unst	unstable	不稳定的
sf	softens	软化	vac	vacuum	真空
sh	shoulder	肩	var	variable	蒸气
silv	silvery	银的、银色的	vic	vicinal	连（1，2，3 或 1，2，3，4）
sl	slightly	轻微的			
so	solid	固体	visc	viscous	粘（滞）的
sol	solution	溶液、溶解	volat	volatile 或 volatilises	挥发（性）的
solv	solvent	溶剂，有溶解力的			
sph	sphenoidal	半面晶形的	vt	violet	紫色
st	stable	稳定的	w	water	水
sub	sublimes	升华	wh	white	白（色）的
suc	supercooled	过冷的	wr	warm	温热的、（加）温
sulf	sulfuric acid	硫酸			
sym	symmetrical	对称的	wx	waxy	蜡状的
syr	syrup	浆、糖浆	ye	yellow	黄（色）的
			xyl	xylene	二甲苯

注：本附录直接取自书末参考文献 2。

附录8　常见化学品的危险性特征

1. 本附录使用说明

认识所接触的化学品的危险性特征是保障实验室安全的重要因素之一。所谓化学品的危险性，一般是指其易燃性、爆炸性、腐蚀性及化学毒性（急性毒性、亚急性毒性、慢性毒性和特殊毒性）。本附录收入了五十种常见无机物和近两百种常见有机物的主要危险性特征及相关数据，分别以表格形式列出。各表中的化合物均以其中文名称首字笔画为序排列，首字相同的以次字笔画为序排列并以此类推。对于各栏目的含义及所用到的文字、符号作如下说明：

类属：同一化合物从不同角度分类可有不同的类属，且在不同文献中分类标准亦不尽相同。本栏目中对于易燃性、爆炸性、腐蚀性等主要依据书末参考书目分类；对于化学毒性，有机物主要依据书末参考书目分类，无机物主要依据书末参考书目分类，同时参考了中国医药公司上海化学试剂采购供应站所编的《试剂手册》（上海科学技术出版社1985年11月第二版）。

闪点：亦称闪燃点，其定义见第7页

爆炸极限：亦称燃爆极限，指易燃气体或易燃液体的蒸气在空气中遇明火发生燃爆的浓度范围，以体积百分浓度表示。爆炸极限愈宽广，爆炸的危险性愈大。

蒸气压：这些数据有助于推估化学品的危险性大小。本栏中仍然沿用了两种旧的压强单位，即mmHg（毫米汞柱）和atm（大气压），而未折算为最新国际压强单位。如有必要，可由读者自己折算（1 mmHg = 133.322 Pa；1 atm = 101 325 Pa）。

急性毒性：由于篇幅所限，本栏只收入急性毒性（给毒一次者），而未收入亚急性、慢性和特殊毒性数据。急性毒性亦因试验动物及给毒方式的不同而有不同的数据，本栏侧重收入大鼠经口半致死量（LD_{50}），凡未作注明者均为此数据。其他动物或其他给毒方式的试验数据则另有注明。同一种动物、同一给毒方式在不同文献中报道的数据不尽相同时，则经反复比较后作出取舍。

本栏中所用术语及符号的含义为：

经口：包括灌胃、口服、喂饲、摄入等给毒。

吸入：包括染毒、暴露、接触等给毒。

肌肉：肌肉注射给毒。

腹腔：腹腔注射给毒。

皮下：皮下注射给毒。

静脉：静脉注射给毒。

LD（LC）—绝对致死剂量（绝对致死浓度）。

LD_{50}（LC_{50}）—半数致死剂量（半数致死浓度）。

MLD（MLC）—最小致死剂量（最小致死浓度）。

mg/kg—每公斤体重给予某化学物品的毫克数。

ml/kg—每公斤体重给予某化学物品的毫升数。

mg/m^3—每立方米空气中含有化学物品的毫克数。

ppm—空气中的气态物质按容积计，每一百万份空气中某一物质的份数（百万分之一）。

TLV：为慢性毒性，是 Threshold Limit Value 的缩写，指长期反复接触的化学药品对人体的伤害情况。

由于各国所采用的标准不同，同一国家在不同时期所采用的标准也不相同，故本栏作了以下注释：

［中］——指我国 1980 年颁布的 TJ36-79《工业企业设计卫生标准》中规定的工人工作地点空气中有害物在长期分次的、有代表性的采样测定中均不应超过的数值。

［美］——指美国 American Conference of Governmental Industrial Hygienist（ACGIH）发布的 Threshold Limit Value for Chemical Substances in the Work Environment Adopted by ACGIH for 1983-1984 中规定的数据，系指一个工作日（7 或 8h）与一个工作周（40h）的时间-加权平均值。

［前苏］——指前苏联在 1976 年以前颁布的相关数值。其允许浓度指在工作环境空气中有害物质的浓度应在工人整个劳动生活中每日接触 8h，经过相当长的时间对其一生或任何后代不引起影响的浓度。

［日］——日本产业卫生学会发布的《容许浓度の勧告》（1982）中的数据。指工人在此浓度下连续接触，对大部分工人并未检出不良影响的浓度。

［文］——文献资料中报道、引用或建议使用的数据，未注明国别者。

（皮）——指不论从空气中沉降或直接接触其蒸气、雾珠、粉尘、液体或固体均可经皮肤途径（包括黏膜、眼睛）被吸收的物质。

自燃点：物质在空气中受热自燃所需的最低温度，是评价物质易燃性的参数之一。在本附录中未设专栏而并入其他栏内。

主要危险性特征：本栏主要收入中毒的症状及后果。若其他方面（燃烧、爆炸、腐蚀）危险性较严重时，也酌情收入，但一般不能包括该物质的全部危险性。

空白的栏目一般是尚未收集到该数据，并不意味没有该项危险。

2.常见无机物的危险性特征

名　称	类　属	蒸气压 (温度)	TLV /(mg/m³)	主要危险性特征	相关参数
一氧化碳	易燃剧毒气体	10atm (−161℃)	55	易燃,有毒,有窒息作用。与血红蛋白结合阻止氧气进入组织。CO-血红蛋白复合物超过10%时出现中毒症状,超过80%即可致死。	自燃点610℃ 爆炸极限12.5%~ 74.2%
二氧化硫	剧毒气体	3.34atm (21.1℃)	13[美]	剧毒,有窒息性,特臭。对眼睛、粘膜、皮肤有强腐蚀性。引起喉痛、咳嗽、眼结膜充血、角膜溃烂、皮肤红肿等。遇水或水汽形成腐蚀性酸液或酸雾。	
二氧化碳	不燃气体	20atm (18.9℃)	9 000[美]	高浓度时会刺激呼吸中心,引起呼吸加快和窒息。干冰可迅速冻伤肌体。	
三氧化二铝		1 mmHg (2158℃)	10[文]	有害颗粒物。	
三氯化铝	一级无机酸性腐蚀物品	1 mmHg (100℃)		有强腐蚀性。可经呼吸道或消化道进入体内。腐蚀眼睛、皮肤、呼吸道。大量吸入可致肺水肿甚至死亡。遇水猛烈放热并产生酸雾。	大鼠经口 LD₅₀ 3700 mg/kg
三氯化磷	一级无机酸性腐蚀物品	100 mmHg (21℃)	3[美]	有毒。对皮肤、粘膜有较强腐蚀性。遇水、醇或酸剧烈分解产生 HCl 气体并大量放热。	

续表

名 称	类 属	蒸气压（温度）	TLV /(mg/m³)	主要危险性特征	相关参数
无水氯化锌		1 mmHg (430℃)	1[文]	不燃,有刺激性,可灼伤皮肤。吸入可致喉痛,腹胀,呕吐,头痛,肺水肿等。	大鼠静脉注射最低致死剂量 30 mg/kg
五氧化二磷	一级无机酸性腐蚀物品	1 mmHg (384℃)	1[文]	遇有机物作用可引起燃烧。遇水产生大量烟雾并大量放热,生成磷酸。对眼睛,皮肤,呼吸道有严重腐蚀作用,可引起喉痛,呼吸困难,肺水肿或死亡。	
汞	无机有毒物品	0.001 mmHg (20℃)	0.01[文]	不燃,有毒,易挥发。可经呼吸道或皮肤吸收。急性中毒可致腐蚀性气管炎,支气管炎,发汗,多梦等。慢性中毒主要表现为肾,脑,神经系统的损害。	在 1.04 mg/m³ 浓度下工作三个月可致死亡。
亚硝酸钠	二级无机氧化剂		3 ppm[文]	人体接触后有呼吸急促,头痛,头晕,皮肤发蓝,昏厥,眼结膜充血,疼痛等症状。可产生高铁血红蛋白病。	
亚硫酰氯（氯化亚砜）	一级无机酸性腐蚀物品	100 mmHg (21.4℃)	1 ppm[文]	不燃,有刺激性,腐蚀性和毒性。严重灼伤皮肤,眼睛,粘膜等。可引起喉痛,呼吸困难,腹痛,视力模糊等。遇水分解为有毒气体。	
亚硫酸氢钠			5[文]	刺激眼睛,皮肤,粘膜。	LD_{50} 115 mg/kg（大鼠静脉）

334

续表

名　称	类　　属	蒸气压 （温度）	TLV /（mg/m³）	主要危险性特征	相关参数
过氧化氢 （双氧水， 90%）	一级无机腐 蚀物品	1 mmHg （20℃）	1.5[美]	强氧化剂。刺激眼睛，皮肤，呼吸道。常见者有 35%,50%,90%等规格。皮肤接触可致灼伤。吸入 可致肺水肿。遇可燃物或还原剂可燃烧或爆炸。	
氟化氢	剧毒气体	400 mmHg （2.5℃）	1[美]	在空气中浓度超过 1 mg/m³ 时对人的眼，皮肤，呼 吸器官产生直接影响和慢性中毒。表现为上，下肢 长骨疼痛，重者骨质疏松，骨质增生变形，易发生自 发性骨折。此外，可引起皮肤及痒，疼痛及湿 疹。其 40%~60%水溶液即为氢氟酸。	
氢	易燃气体	10 atm （-241℃）	18[文]	无毒。极易燃，在氧气中燃烧可达 2 100~2 500℃高 温。爆炸范围宽广。	自燃点 560℃，爆炸 极限 4.0%~74.2%
氢化锂铝	一级遇水燃 烧物品	0.025[文] （以 LiH 计）		易燃。125℃分解。强腐蚀性。可经呼吸道，消化 道吸收。研磨，摩擦，电火花，水，汽，酸，高温均可 引起燃烧。与多数氧化剂反应可引起燃烧或爆炸。 腐蚀眼睛，粘膜，呼吸道，灼伤皮肤。	
钠	一级遇水燃 烧物品	1 mmHg （432℃）		遇水猛烈反应并燃烧爆炸，放出强腐蚀性毒烟。该 毒烟强烈刺激眼睛，皮肤，呼吸道，吸入可致肺水 肿。钠与身体湿气反应放热造成灼伤，治愈很慢。	自燃点 >115℃（在 干燥空气中）

续表

名　　称	类　　属	蒸气压（温度）	TLV /（mg/m³）	主要危险性特征	相关参数
氨	剧毒气体	10 atm（25.7℃）	18[文]	可经皮肤、呼吸道、消化道吸收。强烈刺激眼和上呼吸道，引起充血和肺水肿，高浓度时刺激皮肤、造成深层组织坏死。低浓度长期吸入引起喉炎、声音嘶哑。高浓度大量吸入肺水肿、支气管炎、肺炎、喉痉挛、窒息、昏迷、休克等。	自燃点 651℃。爆炸极限：空气中 15%～29%氧气中 13.5%～79%
氨水	无机碱性腐蚀物品	115 mmHg（20℃）	30[文]	为氨的水溶液（25%～28%），对眼睛、皮肤、呼吸道有刺激作用和腐蚀性，溅入眼内引起晶体浑浊，严重时失明。皮肤接触可致灼伤。误食有腹痛、恶心等。	
氧化钙	无机碱性腐蚀物品		5[文]	遇水大量放热最高可达 800～900℃，可灼伤皮肤	
臭氧		41 mmHg（-12℃）	0.2[美]	主要影响呼吸系统，引起肺水肿。0.1 ppm 浓度可对人肺产生影响。0.2 ppm 3h 对眼睛发生作用，长期低浓度接触会过早衰老。	大鼠吸入 4.8 ppm×4hLD₅₀
钾	一级遇水燃烧物品	8 mmHg（432℃）		固体，接触空气会燃烧。与身体湿气反应产生灼伤，治愈很慢。与水接触引起燃烧和爆炸，并产生腐蚀性毒雾，刺激眼睛，皮肤，呼吸道。	

续表

名　称	类　属	蒸气压（温度）	TLV /（mg/m³）	主要危险性特征	相关参数
硝酸	一级无机酸性腐蚀物品		5[美]	具强腐蚀性及强氧化性。强烈刺激眼睛、粘膜、皮肤和牙齿。与许多化合物发生危险的反应。	
硝酸银			0.01[文]（以 Ag 计）	具腐蚀性,刺激皮肤、粘膜、眼睛。接触浓溶液会造成眼角膜不透明。长期少量接触会导致永久性皮肤变色。	小鼠经口 LD₅₀ 50 Ag/kg
硫酸	一级无机酸性腐蚀物品	1 mmHg（145.8℃）	1[美]	强酸性,强腐蚀性。强烈腐蚀眼睛、皮肤和呼吸道粘膜。触及皮肤立形成严重灼伤。遇水大量放热。	
氯化氢	一级无机酸性腐蚀物品	10 atm（-31.7℃）	7[美]	主要通过呼吸道危害人体,表现为粘膜刺激、溃疡、鼻中隔穿孔、咳嗽、牙蚀、肺水肿和肠胃病。人在 3.4～220 mg/m³ 浓度下引起粘膜刺激和牙蚀发生。	
溴	一级无机酸性腐蚀物品	165 mmHg（20℃）	0.7[美]	剧毒,具强腐蚀性和刺激性恶臭。可经呼吸道或消化道吸收。刺激眼睛、呼吸道。灼伤皮肤后愈复极慢。吸入蒸气引起眩晕、肺炎、肺水肿甚至死亡。强氧化剂,与金属、碱、磷或还原剂反应剧烈,引起燃烧或爆炸。	

续表

名　称	类　属	蒸气压（温度）	TLV /(mg/m³)	主要危险性特征	相关参数
溴化氢	二级无机酸性腐蚀物品	10 atm (−8.4℃)	10[美]	对所有组织有强腐蚀性。吸入可致肺水肿,皮肤接触引起严重灼伤。	
磷化氢	易燃气体	20 atm (−3℃)	0.3[文]	易燃有毒。急性中毒特征是中枢神经系统的抑制和肺部刺激症状。低浓度长期接触可致慢性中毒。引起人死亡的最低浓度是 1 000ppm。	大鼠吸入 LD$_{50}$ 11 ppm×4h
磷酸	二级无机酸性腐蚀物品	0.028 5 mmHg (20℃)	1[美]	有强腐蚀性,可经呼吸道吸收。腐蚀眼睛,皮肤和呼吸道粘膜。吸入蒸气可产生肺水肿甚至死亡。	

3. 常见有机物的危险性特征

编号	化合物名称	类属	闪点	爆炸极限（体积）	蒸气压（温度）	急性毒性 大鼠经口 LD_{50} 或其他	TLV	主要危险性特征
	一画							
1	乙二胺	二级易燃品 低毒	43.3℃（闭杯）	2.7%~16%	116 mmHg（20℃）	1 460 mg/kg	2 mg/m³［前苏］ 10 ppm［文］	自燃点385℃。灼伤眼睛，刺激鼻、喉、皮肤。遇热分解放出有毒气体。
2	乙二酸（草酸）	低毒				兔经口 375mg/kg LD_{50}	1 mg/m³［美］	刺激并严重损害眼、皮肤、粘膜、呼吸道，也损害肾。误服可引起胃肠道炎症。长期吸入可发生慢性中毒。
3	乙二醇	低毒 可燃品	111.1℃（闭杯）		0.06 mmHg（20℃）	5.5~8.54 ml/kg	125 mg/m³［美］	自燃点400℃。可经皮肤吸收中毒。大剂量作用于神经系统和肝、肾，轻微刺激眼和皮肤。
4	乙炔	易燃气体 微毒	-17.8℃（闭杯）	2.5%~82%	40 atm（16.8℃）	小鼠吸入 900 000 ppm× 2hLC	500 mg/m³［文］	自燃点305℃。具有麻醉和阻止细胞氧化的作用，使脑缺氧引起昏迷。

续表

编号	化合物名称	类属	闪点	爆炸极限（体积）	蒸气压（温度）	急性毒性 大鼠经口 LD_{50} 或其他	TLV	主要危险性特征
5	乙酐	二级有机酸性腐蚀物品 低毒	53.89℃（闭杯）	3%～10%	1 mmHg（20℃）	1 784mg/kg	20 mg/m³ [美、日]	自燃点390℃。强烈刺激眼、皮肤、呼吸道，有催泪作用。严重灼伤的皮肤和眼睛。
6	乙胺	一级易燃液体 低毒	<−17.78℃	3.55%～13.95%	400 mmHg（20℃）	400 mg/kg	18 mg/m³ [美、日]	自燃点385℃。对上呼吸道、皮肤、粘膜有刺激性。
7	乙烯	易燃气体 低毒	−136℃	2.7%～36% 2.9%～79.9%（氧）	48.12 atm（8℃）	小鼠吸入 95 000 ppm LC	5 710 mg/m³ [文]	自燃点490℃。有较强麻醉作用，大量吸入可引起头痛。
8	乙烷	易燃气体	−60℃	3%～16% 4.1%～50.5%（氧）	38.49 atm（20℃）	人吸入 61.36 mg/m³ 无明显毒害	300 mg/m³ [前苏]	自燃点515℃。高浓度时由于缺氧而引起窒息。
9	乙酰苯胺	低毒	169℃（开杯）			800 mg/kg		高剂量摄入可引起高铁血红蛋白和骨髓增生。反复接触会引起紫绀。
10	乙酸	二级有机酸性腐蚀物品 低毒	43℃	4%～16%	15 mmHg（25℃）	3 300 mg/kg	25 mg/m³ [美] 5mg/m³ [前苏]	自燃点465℃。刺激眼睛，呼吸道，引起严重的化学灼伤。

续表

编号	化合物名称	类属	闪点	爆炸极限（体积）	蒸气压（温度）	急性毒性 大鼠经口 LD$_{50}$或其他	TLV	主要危险性特征
11	乙酸乙酯	一级易燃液体 低毒	4.44℃	2.18%～11.40%	100 mmHg（25℃）	5 620mg/kg	300 mg/m³ [中] 200 mg/m³ [前苏]	自燃点426.67℃。对粘膜有中度刺激作用,有麻醉作用。大量接触可致呼吸麻痹。偶有过敏。
12	乙酸丁酯	一级易燃液体	22.22℃	1.39%～7.55%	15 mmHg（25℃）	1 400mg/kg	300 mg/m³ [中] 200 mg/m³ [前苏]	自燃点425℃。强烈刺激眼和呼吸道,高浓度有麻醉作用。
13	乙酸戊酯	一级易燃液体	25℃（闭杯）	1.10%～7.50%	5 mmHg（25℃）	16 600 mg/kg	100 mg/m³ [中、前苏]	自燃点379℃。刺激眼睛、粘膜,重者有头痛、嗜睡、胸闷等症状。长期接触可发生贫血和嗜酸性粒细胞增多。
14	乙酸异戊酯	一级易燃液体 微毒	25℃	1.0%～10.0%	6 mmHg（20℃）	1 200 mg/kg	525 mg/m³ [美、日]	刺激眼、粘膜,大剂量吸入可致麻醉,引起头痛、恶心、食欲不振。
15	乙醇	一级易燃液体 微毒	12.78℃	3.3%～19%	50 mmHg（25℃）	10 800 mg/kg	50 mg/m³ [中] 260 mg/m³ [美、日]	自燃点423℃。为麻醉剂,对眼睛、粘膜有刺激作用。对试验动物致癌。

续表

编号	化合物名称	类属	闪点	爆炸极限（体积）	蒸气压（温度）	急性毒性 大鼠经口 LD$_{50}$ 或其他	TLV	主要危险性特征
16	乙醛	一级易燃液体 微毒	-38℃（闭杯）	3.97%~57%	740 mmHg（20℃）	1 930 mg/kg	5 mg/m³［前苏］ 180 mg/m³［美］	自燃点175℃。有严重的着火危险。刺激中枢神经、皮肤、鼻、咽喉、粘膜，引起痉挛性咳嗽，合并气管炎或肺炎。
17	乙醚	一级易燃液体	-45℃	1.85%~48% 2.1%～82.0%（氧）	438.9 mmHg（20℃）	1 700 mg/kg	500 mg/m³［中］ 1 200 mg/m³［美］	自燃点160℃。易被火花或火焰点燃，久置易生成过氧化物。主要作用于中枢神经系统引起全身麻醉。对呼吸道有轻微的刺激作用。
二画								
18	二乙胺	一级易燃液体	-26.11℃	1.77%~10.10%	195 mmHg（20℃）	540 mg/kg	30 mg/m³［美，前苏］	自燃点312.2℃。腐蚀眼、皮肤，呼吸道。
19	二甲亚砜（DMSO）		95℃（开杯）	2.6%~28.5%		17.9 ml/kg		人的皮肤接触主要引起刺激，发红、发痒。可引起湿疹，但并不普遍。

续表

编号	化合物名称	类属	闪点	爆炸极限（体积）	蒸气压（温度）	急性毒性 大鼠经口 LD$_{50}$ 或其他	TLV	主要危险性特征
20	二甲苯（混合）	二级易燃液体 低毒	25℃	1.0%~7.0%	10 mmHg（28.3℃）	4 300mg/kg	100 mg/m³［中］ 435 mg/m³［美］	主要是对中枢神经和植物神经系统的刺激和麻醉作用，慢性毒性比苯弱。
21	二苯酮				1 mmHg（108.2℃）	小鼠经口 2 895 mg/kg LD$_{50}$		刺激眼睛、皮肤，加热时放出辛辣的刺激性气体。
22	二苯胺		153℃	0.7%~	1 mmHg（108.3℃）	大鼠经口 3 000 mg/kg MLD	10 mg/m³［美］	毒性与苯胺类似，但远比苯胺小。可经皮肤或呼吸道吸收，但吸收性低于苯胺。有致畸胎作用。其中常含有杂质4-氨基联苯，该杂质有致癌作用。自燃点634℃。
23	1,4-二氧六环	一级易燃液体 微毒	12℃（闭杯）	2%~22.2%	37 mmHg（25℃）	5 700 mg/kg	10 mg/m³［前苏］ 90 mg/m³［美］	自燃点180℃。可经皮肤吸收，刺激眼、粘膜，具麻醉性。能在体内蓄积，主要损害肝、肾，动物试验可致造血系统损伤，细胞分裂受抑制，可造成胎儿畸形。

续表

编号	化合物名称	类属	闪点	爆炸极限（体积）	蒸气压（温度）	急性毒性 大鼠经口 LD$_{50}$或其他	TLV	主要危险性特征
24	二硝基苯肼	一级易燃固体						受热易燃，干燥时有爆炸性，受振动，撞击则有爆炸性。含水20%以上则无爆炸性。有毒，有刺激性。
25	2,4-二硝基苯酚	一级易燃固体				30 mg/kg	0.05 mg/m³［前苏］	可经皮肤或呼吸道吸收，直接作用于能量代谢，抑制磷酸化过程。长期暴露于低浓度中可造成中枢神经系统及肝、肾损害，眼白内障。干燥时有燃烧危险。
26	二氯甲烷	低毒	无	15.5%~66.4%（在氧中）	440 mmHg（25℃）	1 600~2 000 mg/kg	10 mg/m³［美］ 50 mg/m³［文］	自燃点615℃。有麻醉作用。刺激眼睛、粘膜、皮肤，呼吸道，可引起肺水肿，对肝、肾有轻微毒性。
27	1-丁烯	易燃气体 低毒	-80℃	1.6%~10%	2.61 atm（20℃）	小鼠吸入 420 000mg/kg ×2h LC$_{50}$	100 mg/m³［中］	自燃点384℃。引起的弱的刺激和麻醉作用。

续表

编号	化合物名称	类属	闪点	爆炸极限（体积）	蒸气压（温度）	急性毒性 大鼠经口 LD_{50} 或其他	TLV	主要危险性特征
28	2-丁烯	易燃气体	-73℃	1.75%~9.70%	760 mmHg（1℃）			自燃点 323.89℃。
29	2-丁烯醛（巴豆醛）	一级易燃液体 低毒	12.78℃	2.12%~15.50%	19 mmHg（20℃）	300 mg/kg	0.5 mg/m³ [前苏] 6 mg/m³ [美]	自燃点 232.22℃。窒息性臭味,有催泪性,对眼和上呼吸道粘膜有强烈刺激作用。
30	丁醇	二级易燃液体 低毒	29℃	1.45%~11.25%	5.5 mmHg（25℃）	4 360 mg/kg	200 mg/m³ [中] 150 mg/m³ [美]	自燃点 365℃。为麻醉剂。刺激眼、鼻、喉、粘膜。皮肤多次接触可致出血和坏死。
31	2-丁醇	二级易燃液体 微毒	24℃（闭杯）	1.7%~9.8%（100℃）	10 mmHg（20℃）	6 480 mg/kg	305 mg/m³ [美]	自燃点 406℃。刺激眼、鼻、皮肤,呼吸道。抑制中枢神经,高浓度时有麻醉作用。
32	丁醛	一级易燃液体	-6.67℃（闭杯）	2.5%~12.5%	170mmHg（20℃）	2 810 mg/kg	5 mg/m³ [前苏]	自燃点 230℃。灼伤眼睛、粘膜,呼吸道。刺激皮肤,具催泪性。

续表

编号	化合物名称	类属	闪点	爆炸极限（体积）	蒸气压（温度）	急性毒性 大鼠经口 LD_{50} 或其他	TLV	主要危险性特征
33	丁醚	一级易燃液体 低毒	25℃（闭杯）	1.5%~7.6%	12.5 mmHg（25℃）	11 000 mg/kg	100 ppm［美］	自燃点 194.44℃。
	三画							
34	三乙胺	一级易燃液体	<-7℃（开杯）	1.25%~7.95%	53.5 mmHg（20℃）	460 mg/kg	5 mg/m³［前苏］ 40 mg/m³［美］	对眼睛、皮肤有一定刺激作用。在 500 ppm 浓度下可产生严重的肺刺激症状。
35	三甲胺	易燃气体	-6.67℃（闭杯）	2.0%~11.6%	760 mmHg（2.9℃）			自燃点 190℃。
36	2, 4, 6-三硝基甲苯（T.N.T.）	炸药及爆炸物品，中等毒			0.046 mmHg（82℃）	大鼠经口 700 mg/kg MLD	1 mg/m³［中、前苏］（皮） 0.5 mg/m³［美］（皮）	可经皮肤、呼吸道、消化道吸收，主要危险为慢性中毒。局部皮肤刺激产生黄疸、皮炎。可形成高铁血红蛋白症，但比苯胺弱。慢性作用表现为中毒性胃炎、肝炎、再生障碍性贫血，中毒性白内障。本品在 295℃燃烧。

续表

编号	化合物名称	类属	闪点	爆炸极限（体积）	蒸气压（温度）	急性毒性 大鼠经口 LD$_{50}$或其他	TLV	主要危险性特征
37	2,4,6-三硝基苯酚（苦味酸）	炸药及爆炸物品	150℃			家兔经口 120 mg/kg MLD	0.1 mg/m³ [中]（皮）	自燃点300℃。至少应用10%的水润湿保存。刺激眼、粘膜、呼吸道，强烈刺激皮肤，引起过敏性皮炎，常累及面部及口、唇、鼻周围。长期接触可出现消化道症状，损伤红细胞，引起出血性肾炎，肝炎，黄疸等。
38	三聚乙醛（副醛）	二级易燃液体	35.56℃（开杯）	1.30%~	25.3 mmHg（20℃）	1 530 mg/kg	5 mg/m³ [前苏]	本品极易燃，有爆炸危险。接触后有喉痛，头痛，眩晕，嗜睡，腹痛，神志不清，皮肤及眼结膜充血等症状。
39	己二酸	可燃物品 微毒	196.12℃		1 mmHg（159.5℃）	小鼠经口 1 900 mg/kg LD$_{50}$		自燃点420℃。在天然食品中有发现。可经呼吸道和消化道吸收，刺激眼睛和呼吸道。吸入引起喉痛，咳嗽，眼睛、皮肤接触引起充血和疼痛。

续表

编号	化合物名称	类属	闪点	爆炸极限（体积）	蒸气压（温度）	急性毒性 大鼠经口 LD_{50} 或其他	TLV	主要危险性特征
40	己内酰胺	低毒	110℃	1.4%~8.0%	6 mmHg (120℃)	2 140 mg/kg	10 mg/m³［中，前苏］ 20 mg/m³［美］	自燃点 375℃。致痉挛性毒物和细胞原生质毒，主要作用于中枢神经，特别是脑干。可引起实质脏器的损害。
41	马来酐（顺丁烯二酸酐）	二级有机酸性腐蚀物品 低毒	102℃	1.4%~7.1%	1 mmHg (44℃)	481 mg/kg	1 mg/m³［美，前苏］	自燃点 476℃。滴入眼内可有表浅的角膜炎。吸入可致喉咽炎和支气管炎。
	四画							
42	水杨酸（邻羟基苯甲酸）		157℃		5 mmHg (136℃)	891 mg/kg		自燃点 540℃。对皮肤有强烈刺激作用，可造成严重的局部烧伤，可引起恶心、眩晕和呼吸急促。
43	水杨醛（邻羟基苯甲醛）	有机有毒物品	77.78℃		1 mmHg (33℃)	大鼠皮下 900 mg/kg LD_{50}		潜在助癌剂。刺激眼睛、呼吸道。对皮肤有一定程度刺激。

续表

编号	化合物名称	类属	闪点	爆炸极限（体积）	蒸气压（温度）	急性毒性 大鼠经口 LD_{50} 或其他	TLV	主要危险性特征
44	六氢吡啶	一级易燃液体	16.11℃		40 mmHg（29.2℃）	大鼠经口 0.52ml/kg LD_{50}		对皮肤、粘膜有腐蚀作用，可引起肺水肿。对神经系统有损伤，重者神志不清或昏厥。
	五画							
45	丙三醇（甘油）	可燃物品	160℃	0/9%～	0.0025 mmHg（50℃）	小鼠经口 470 mg/kg LD_{50}	10 mg/m³［文］	自燃点 370℃。经消化道吸收，刺激眼睛、皮肤。可引起头痛、恶心、腹泻，眼睛、皮肤充血、疼痛。影响肾脏。
46	丙烯	易燃气体 低毒	−108℃	2.0%～11.1% 2.1%～52.8%（氧）	10.30atm（20℃）	小鼠吸入 65 000ppm × 2hLC	400ppm［文］	自燃点 460℃。有麻醉作用。
47	丙酮	一级易燃液体 低毒	−18℃（闭杯）	2.55%～12.80%	226.3 mmHg（25℃）	9 750 mg/kg	400 mg/m³［中］ 200 mg/m³［前苏］	自燃点 465℃。主要作用于中枢神经系统，具有麻醉作用。对眼和粘膜有一定刺激作用，皮肤长期接触可引起皮炎。

续表

编号	化合物名称	类属	闪点	爆炸极限（体积）	蒸气压（温度）	急性毒性 大鼠经口 LD_{50}或其他	TLV	主要危险性特征
48	丙酸	可燃物品 低毒	54.44℃	2.1%~12%	10 mmHg（39.7℃）	4 920 mg/kg	2 mg/m³[前苏] 10ppm[文]	自燃点512.78℃。高浓度接触可引起皮肤、眼和粘膜的表面局部损害。
49	丙醇	一级易燃液体 低毒	25℃（闭杯）	2.15%~13.50%	20.8 mmHg（25℃）	1 900 mg/kg	200 mg/m³[中] 500 mg/m³[美]	自燃点440℃。具有刺激作用的麻醉剂。
50	丙醛	一级易燃液体 低毒	-9.44~-7.22℃（开杯）	2.9%~17.0%	235 mmHg（20℃）	1 400 mg/kg	5 mg/m³[前苏]	自燃点207.22℃。可经皮肤吸收。对眼睛和皮肤有严重刺激。
51	甲苯	一级易燃液体 低毒	4.44℃（闭杯）	1.2%~7.1%	36.7 mmHg（30℃）	2 400~ 7 530 mg/kg	100 mg/m³[中] 50 mg/m³[前苏]	自燃点480℃。可经皮肤或呼吸道吸收，具有麻醉作用。对皮肤和粘膜有较大刺激作用。纯品未见对造血系统有影响，工业品慢性吸入产生类似苯的毒性作用。

续表

编号	化合物名称	类属	闪点	爆炸极限（体积）	蒸气压（温度）	急性毒性 大鼠经口 LD$_{50}$或其他	TLV	主要危险性特征
52	甲胺	易燃气体 中等毒	0℃（闭杯）	4.95%~20.75%	2atm（25℃）	小鼠肌肉 2 500 mg/kg LD	12ppm［美］ 1ppm［前苏］	自燃点430℃。对皮肤和粘膜有腐蚀和刺激作用。
53	甲基丙烯酸甲酯	一级易燃液体	10℃（开杯）	1.7%~8.2%	40 mmHg（25.5℃）	8 420 mg/kg	410 mg/m³［美］ 110ppm［文］	自燃点412℃。对眼和皮肤有中度刺激。对动物肝、肾有损害。大剂量接触对中枢神经系统有影响,有一定致敏作用。
54	甲基橙	微毒				狗经口 2g 呕吐、瘫痪		有致敏作用,可引起皮肤湿疹。
55	甲烷	易燃气体	-190℃	5.3%~15% 5.4%~59.2%（氧）	760 mmHg（-161.5℃）	猫吸入 90%浓度有麻醉作用	300 mg/m³［文］	自燃点540℃。有单纯窒息作用。高浓度时因缺氧而窒息。空气中达到25%~30%出现头昏,呼吸加速,运动失调。

续表

编号	化合物名称	类属	闪点	爆炸极限（体积）	蒸气压（温度）	急性毒性 大鼠经口 LD_{50} 或其他	TLV	主要危险性特征
56	甲酸	一级有机腐蚀物品 低毒	68.89℃（开杯）	18%～57%	43 mmHg（25℃）	2 120 mg/kg	9 mg/m³[美]	自燃点 600℃。刺激性，强腐蚀性，接触皮肤起水泡。人经口约 30g，肾功能衰竭或呼吸功能衰竭而死亡。
57	甲酸甲酯	一级易燃液体	−18.89℃	5.05%～22.70%	600 mmHg（26℃）	兔经口 1 622 mg/kg LD_{50}	250 mg/m³[美] 100ppm[文]	自燃点 465℃。高浓度时有显著刺激性。吸入可作用于中枢神经系统，引起视觉等的障碍。
58	甲醇	一级易燃液体 中等毒	11.1℃	6.72%～36.5%	125 mmHg（25℃）	12～14mL/kg	50 mg/m³[中] 5 mg/m³[前苏]	自燃点 385℃。主要作用于神经系统，具有麻醉作用，可引起视神经及视网膜的损伤，视力模糊而失明。其蒸气对粘膜对明显的刺激作用。

续表

编号	化合物名称	类属	闪点	爆炸极限（体积）	蒸气压（温度）	急性毒性 大鼠经口 LD_{50}或其他	TLV	主要危险性特征
59	甲醛	其他有机腐蚀物品	85℃（37%）	7%~73%	10 mmHg（-88℃）	800 mg/kg	3 mg/m³[中、美] 0.5 mg/m³[前苏]	自燃点430℃。对皮肤、粘膜有严重的刺激作用。皮肤触及可使用蛋白的凝固。皮肤发皮肤硬乃至局部组织坏死。能引起结膜炎，严重者有发生喉痉挛、肺水肿等。
60	四氢呋喃	一级易燃液体 微毒（吸入）、低毒（经口）	-14℃（闭杯）	2.3%~11.8%	114 mmHg（15℃）	大鼠经口 3 000 mg/kg MLC	590 mg/m³[美、日] 100 mg/m³[前苏]	自燃点321℃。刺激眼睛、粘膜，高浓度时刺制中枢神经，引起肝肾损害。
61	四氯化碳	有机有毒物品	无	无	114.5 mmHg（25℃）	7 920 mg/kg	25 mg/m³[中]（皮） 30 mg/m³[美]（皮）	具有轻度麻醉作用，能经呼吸道及皮肤吸收，对肝、肾等脏器有严重损害。在试验动物中致癌。在高温下分解生成剧毒的光气。

续表

编号	化合物名称	类属	闪点	爆炸极限（体积）	蒸气压（温度）	急性毒性 大鼠经口 LD_{50} 或其他	TLV	主要危险性特征
	六画							
62	过氧化二苯甲酰	一级有机氧化剂					5 mg/m³[文]	刺激眼、皮肤、粘膜，降低心率，升高体温。干粉对干热、振动、摩擦敏感。在高温下自动爆炸。
63	光气	剧毒			1 520 mmHg (27.3℃)	大鼠吸入 50ppm×30min MLC	0.4 mg/m³[美]	窒息性毒剂。主要作用于呼吸器官，引起急性中毒性水肿而致死。
	七画							
64	呋喃	一级易燃液体	<0℃	2.3%~14.3%			10ppm[文]	自燃点>0℃。有较高燃烧危险性。易通过皮肤吸收。
65	呋喃甲醇	可燃物品 中等毒	75℃（开杯）	1.8%~16.3%	1 mmHg (31.8℃)	275 mg/kg	40 mg/m³[美]（皮） 20 mg/m³[日]	自燃点490.5℃。对眼有强烈刺激作用，能引起皮炎。

续表

编号	化合物名称	类属	闪点	爆炸极限（体积）	蒸气压（温度）	急性毒性 大鼠经口 LD₅₀或其他	TLV	主要危险性特征
66	呋喃甲醛	有机有毒物品	60℃（闭杯）	2.1%~19.3%	1 mmHg(20℃)	127 mg/kg	10 mg/m³[中、前苏] 8 mg/m³[美]	自燃点315.56℃。易经皮肤吸收。接触后引起中枢神经系统损害，呼吸后至死亡。对皮肤、麻醉以至死亡。粘膜有刺激作用，有时出现皮炎、鼻炎，嗅觉减退。
67	吡啶	一级易燃液体 低毒	20℃（闭杯）	1.8%~12.4%	20 mmHg(25℃)	891 mg/kg	4 mg/m³[中] 15 mg/m³[美]	自燃点482.2℃。高浓度吸入可抑制中枢神经系统，引起多发性神经炎。可经口可损伤肝、肾。对皮肤粘膜、眼睛有强烈刺激作用。对皮肤有光感作用。
68	间二甲苯	二级易燃液体	29℃	1.0%~7.0%	10 mmHg(28.3℃)		100ppm[文]	自燃点530℃。具麻醉性。
69	间二硝基苯	一级易燃液体	150℃（闭杯）			猫经口 27 mg/kg MLD	1 mg/m³[中、美]（皮）	爆燃点≥300℃。有爆炸性，对摩擦敏感。毒性与邻二硝基苯相似。

续表

编号	化合物名称	类属	闪点	爆炸极限（体积）	蒸气压（温度）	急性毒性 大鼠经口 LD_{50} 或其他	TLV	主要危险性特征
	八画							
70	环己烯	一级易燃液体	-6.67℃		160 mmHg (38℃)	小鼠吸入 45~50 mg/m³×2h，血压下降，严重者死亡	1 015 mg/m³[美] 80 mg/m³[前苏]	自燃点310℃。抑制中枢神经，具有麻醉作用。刺激眼睛，粘膜，皮肤。
71	环己烷	一级易燃液体 低毒	-20℃（开杯）	1.3%~8.4%	103.7 mmHg (26℃)	29 820 mg/kg	100 mg/m³[中] 1 050 mg/m³[美]	自燃点245℃。对粘膜、皮肤有刺激作用，能抑制中枢神经系统，有麻醉作用。
72	环己酮	二级易燃液体 低毒	43.89℃	1.1%~8.1%	4.5 mmHg (25℃)	1 620 mg/kg	50 mg/m³[美] 25 mg/m³[前苏]	自燃点420℃。对眼、喉、粘膜、皮肤有刺激作用。高浓度可引起呼吸衰竭。
73	环己醇	可燃物品 低毒	67.78℃（闭杯）	1.2%~	1 mmHg (21℃)	2 060 mg/kg	50 mg/m³[中] 200 mg/m³[美]	自燃点300℃。刺激眼、皮肤、呼吸道，引起眼结膜角膜坏死。对中枢神经系统有抑制作用，可见麻醉症状，麻醉作用及肝、肾损害。

续表

编号	化合物名称	类属	闪点	爆炸极限（体积）	蒸气压（温度）	急性毒性 大鼠经口 LD_{50} 或其他	TLV	主要危险性特征
74	环氧乙烷	易燃气体 中等毒	<-18℃ （开杯）	3.0%～80.0% （3.0%～100%）	1 094 mmHg （20℃）	330 mg/kg	5 mg/m³［中］ 1 mg/m³［前苏］	自燃点429℃。具刺激性。对神经系统可产生抑制作用，为一原浆毒。许多试验系统证明为诱变剂。
75	环氧丙烷	一级易燃液体 低毒	-37.22℃ （开杯）	2.8%～37%		930 mg/kg	50 mg/m³［美］ 1 mg/m³［前苏］	具有原发性刺激性。轻度抑制中枢神经，为一原浆毒。对动物致癌。对人体危害主要局限于眼和皮肤。
76	苯	一级易燃液体	-11℃ （闭杯）	1.4%～7.1%	76 mmHg （20℃）	3 800 mg/kg	40 mg/m³［中］（皮） 30 mg/m³［美］	自燃点562.2℃。主要经呼吸道或皮肤吸收中毒。急性毒性累及中枢神经系统，产生麻醉作用。慢性毒性主要影响造血机能及神经系统。对皮肤有刺激作用。疑为致癌物。

编号	化合物名称	类属	闪点	爆炸极限（体积）	蒸气压（温度）	急性毒性 大鼠经口 LD$_{50}$或其他	TLV	主要危险性特征
77	苯乙酮	可燃物品 低毒	82.22℃（开杯）		0.45 mmHg（25℃）	兔经口 900 mg/kg LD$_{50}$	5 mg/m³[前苏]	自燃点571℃。刺激眼，粘膜，皮肤。高浓度时抑制中枢神经。皮肤接触可造成灼伤。
78	苯甲酰氯	一级有机酸性腐蚀物品	72℃		0.4 mmHg（20℃）	小鼠吸入 1 870g/m³×2hLC$_{50}$	5 mg/m³[前苏]	强烈刺激眼睛和上呼吸道。引起皮肤坏死。长期接触引起周围血象和神经系统紊乱。
79	苯甲酸		121℃		1 mmHg（96℃）	2 530 mg/kg		自燃点574℃。用作食品防腐剂。对皮肤有轻度刺激作用。已公布的对人的最低中毒剂量为6 mg/kg。
80	苯甲酸乙酯	微毒	88℃		0.8 mmHg（44℃）	6 500 mg/kg		自燃点490℃。对皮肤有中度刺激，对眼经口，皮肤，呼吸道侵入肌体。未见人中毒的报告。

续表

编号	化合物名称	类属	闪点	爆炸极限（体积）	蒸气压（温度）	急性毒性大鼠经口 LD_{50} 或其他	TLV	主要危险性特性特征
81	苯甲酸甲酯	低毒	83℃		1 mmHg（39℃）	3 400 mg/kg		毒性特征类似于苯甲酸乙酯。
82	苯甲醇	可燃物品低毒	100.56℃		0.15 mmHg（25℃）	3 100 mg/kg		自燃点 436℃。对眼和上呼吸道粘膜有刺激作用。有麻醉作用。进入人体内代谢迅速。
83	苯甲醛	可燃物品	64.44℃（闭杯）		1 mmHg（26℃）	1 300 mg/kg		自燃点 191.67℃。对眼和上呼吸道粘膜有一定刺激作用。可引起头痛、恶心、呕吐、皮炎。
84	苯甲醚（茴香醚）	可燃物品微毒	51.67℃		3.1 mmHg（25℃）	3 700 mg/kg		自燃点 475℃。
85	苯肼	中等毒	88.89℃（闭杯）		1 mmHg（71.8℃）	188 mg/kg	20 mg/m³［美］（皮）	自燃点 173.89℃。可经皮肤吸收，对皮肤有刺激和致癌作用。可引起溶血性贫血，肝大和肝功能异常。

续表

编号	化合物名称	类属	闪点	爆炸极限（体积）	蒸气压（温度）	急性毒性 大鼠经口 LD_{50} 或其他	TLV	主要危险特性
86	苯胺	中等毒	70℃（闭杯）	1.3%～	15 mmHg（77℃）	440 mg/kg	5 mg/m³[中]（皮） 10 mg/m³[美]（皮）	自燃点615℃。可经皮肤吸收。主要产生高铁血红蛋白症、溶血性贫血、肝和肾的损害。
87	苯酚	其他有机腐蚀物品，高毒	79.44℃（闭杯）	1.5%～	0.2 mmHg（20℃）	530 mg/kg	5 mg/m³[中]（皮） 19 mg/m³[美]（皮）	自燃点715℃。细胞原浆毒物，对各种细胞有直接损害。强烈刺激眼睛和皮肤，造成严重灼伤。在鼠试验中损害肝脏。
88	叔丁醇	一级易燃液体 低毒	11.11℃（闭杯）	2.4%～8%	42 mmHg（25℃）	3 500 mg/kg	300 mg/m³[美] 100ppm[文]	自燃点480℃。刺激眼睛和粘膜。
89	咖啡因							口服剂量大于1g会引起心悸、失眠、眩晕、头痛。

360

续表

编号	化合物名称	类属	闪点	爆炸极限（体积）	蒸气压（温度）	急性毒性 大鼠经口 LD$_{50}$或其他	TLV	主要危险性特征
90	胼（联氨）	中等毒	52℃	4.7%～100%	14.4 mmHg（25℃）	60 mg/kg	0.1 mg/m³［美、前苏］	可经皮肤、消化道、呼吸道迅速吸收。对磷酸吡啶醛酶系统有抑制作用，也可引起局部刺激，也可致敏，对人可能致癌。本品为高活性还原剂，爆炸范围广，如遇可浸渍的物质如木屑、布、灰污等，可在空气中自燃。接触金属氧化物、过氧化物或其他氧化剂时也会自燃。
	九画							
91	重氮甲烷	炸药及爆炸物品，高毒		200℃时爆炸		猫吸入 300 mg/m³ × 10min，肺出血，肺水肿，死亡。	0.4 mg/m³［美］	具强烈刺激作用，对人可能是致癌物。遇金属或粗糙表面，遇热或受撞击会猛烈爆炸。

编号	化合物名称	类属	闪点	爆炸极限(体积)	蒸气压(温度)	急性毒性 大鼠经口 LD_{50}或其他	TLV	主要危险特征
	十画							
92	烟碱(尼古丁)	有机有毒物品		0.75%~4.0%	1 mmHg (61.8℃)		0.5 mg/m³[美]	自燃点243.89℃。易燃有毒。大量吸入会引起恶心、呕吐、腹痛、腹泻、大汗、昏厥,终辇甚至死亡。
	十一画							
93	萘	二级易燃固体 低毒	78.89℃	0.9%~5.9%(蒸气)	10 mmHg (87.6℃)	1 780 mg/kg	50 mg/m³[美] 20 mg/m³[前苏]	自燃点526℃。可通过呼吸道、胃肠道吸入,刺激眼、粘膜、皮肤,引起皮肤湿疹。高浓度吸入可致溶血性贫血、肝肾损害、神经炎和晶体浑浊。
94	2-萘酚		153℃(闭杯)		10 mmHg (145.5℃)	2 420 mg/kg		强烈刺激眼睛、粘膜、皮肤和肾脏,可经皮肤吸收,可引起皮炎、肾炎、眼球炎和角膜损伤、晶体浑浊等。

续表

编号	化合物名称	类属	闪点	爆炸极限（体积）	蒸气压（温度）	急性毒性 大鼠经口 LD_{50} 或其他	TLV	主要危险性特征
95	脲					狗静脉 300 mg/kg MLC		可经口、呼吸道或皮肤吸收。刺激眼睛和呼吸道。吸入粉尘可引起喉痛、咳嗽,气短,经口摄入出现腹痛。
96	8-羟基喹啉					460 mg/kg		杀菌剂。中枢神经兴奋剂。强烈刺激眼睛,粘膜和皮肤。
十二画								
97	硝基甲烷	二级易燃液体	35℃（闭杯）	7.3%~	27.8 mmHg (20℃)	940 mg/kg	250 mg/m³[美] 30 mg/m³[前苏文]	自燃点 418.3℃。具有强烈的痉挛作用及后遗症。强烈振动,遇热,遇无机碱等易引起燃烧爆炸。
98	硝基苯	有机有毒物品	35℃（闭杯）	1.8%~	0.15 mmHg (20℃)	640 mg/kg	5 mg/m³[中、美]（皮）	自燃点 482℃。为高铁血红蛋白形成剂,能引起紫绀。可经呼吸道或皮肤吸收。刺激眼睛。影响中枢神经系统,慢性接触则引起肝,脾损害,急性中毒可找到海恩氏小体,红细胞中并致贫血。饮酒可增强毒作用。

续表

编号	化合物名称	类属	闪点	爆炸极限（体积）	蒸气压（温度）	急性毒性 大鼠经口 LD$_{50}$ 或其他	TLV	主要危险性特征
99	硫酸二甲酯	有机有毒物品 高毒	83.3℃（开杯）		<1 mmHg（20℃）	大鼠经口 440 mg/kg LD	0.5 mg/m³［美］（皮）	自燃点190.78℃。作用与芥子气相似。通过呼吸道和皮肤吸收，对上呼吸道有强烈刺激作用。可引起支气管炎，肺气肿、肺水肿。皮肤接触可引起红肿、上皮细胞坏死，点状出血。眼部深部可有出血和溃疡。眼睑经挛和水肿，视觉减退，色觉障碍。
100	氯乙酸	二级有机酸性腐蚀物品 中等毒	126.11℃	8%～	1 mmHg（43℃）	76 mg/kg	1ppm［文］	本品与磷酸丙糖脱氢酶的巯基反应产生毒性作用。对皮肤，粘膜和眼睛有明显的局部刺激作用和腐蚀作用。
101	氯乙醇	有机有毒物品 中等毒	60℃（开杯）	4.9%～15.9%	4.9 mmHg（20℃）	71.3 mg/kg	0.5 mg/m³［前苏、文］ 3 mg/m³［美］（皮）	对粘膜有强烈刺激作用。可经呼吸道、消化道或皮肤进入人体内。代谢迅速，无蓄积性。可能是潜在的致癌物。

续表

编号	化合物名称	类属	闪点	爆炸极限（体积）	蒸气压（温度）	急性毒性 大鼠经口 LD_{50}或其他	TLV	主要危险性特征
102	氯乙醛	其他有机腐蚀物品 低毒	87.78℃	4.9%~15.9%	100 mmHg（40%溶液,45℃）	50~400 mg/kg	3 mg/m³[美]	对皮肤和粘膜有强烈刺激性和腐蚀作用。
103	1-氯丁烷	一级易燃液体 低毒	-9.44℃（开杯）	1.85%~10.10%	80.1 mmHg（20℃）	2 670 mg/kg		自燃点460℃。高浓度时有麻醉作用,并对皮肤有强烈刺激性。
104	1-氯戊烷	一级易燃液体	12.22℃（开杯）	1.6%~8.63%	31.07 mmHg（25℃）			自燃点260℃。高浓度有麻醉作用。
105	氯甲烷	易燃气体 低毒		8.25%~18.70%	3.8 mmHg（20℃）	小鼠吸入 6 600 mg/m³ ×6h LC_{50}	105 mg/m³[美] 5 mg/m³[前苏]	自燃点630℃。主要作用于中枢神经系统,并能损害肝和肾。严重者意识丧失。
106	氯仿	有机有毒物品 中等毒			200 mmHg（25℃）	2 000 mg/kg	50 mg/m³[美] 240 mg/m³[日]	刺激眼睛。主要作用于中枢神经系统,具麻醉作用。可造成肝,肾,心脏的损害。

续表

编号	化合物名称	类属	闪点	爆炸极限（体积）	蒸气压（温度）	急性毒性大鼠经口 LD_{50} 或其他	TLV	主要危险性特征
107	氯苄	有机有毒物品	67.22℃	1.1%~14%	1 mmHg（22℃）	小鼠经口 1 624 mg/kg LD_{50}	5 mg/m³[美] 0.5 mg/m³[前苏]	自燃点 585℃。主要经呼吸道吸收，对粘膜（尤以眼结膜）有刺激作用。皮肤接触可引起红斑和大疱，乃至湿疹。遇金属分解可能引起爆炸。
108	氯苯	二级易燃液体	29.44℃（闭杯）	1.3%~7.1%	11.8 mmHg（25℃）	2 390 mg/kg	50 mg/m³[前苏] 350 mg/m³[美]	自燃点 637.75℃。对中枢神经系统有抑制及麻醉作用。大剂量可引起试验动物肝、肾病变。对血液有轻度的作用比苯轻。具有轻度的局部麻醉作用。
	十三画							
109	蒽	其他有机腐蚀物品 微毒	121.11℃（闭杯）	0.6%~	1 mmHg 145℃	小鼠经口 4 880mg/kg（工业品）LD_{50}	0.2 mg/m³[文]	自燃点 540℃。纯品有轻度局部麻醉作用和弱的光感作用。工业品因含有相当的杂质而毒性明显增加，有致癌作用。长期大量接触可起损肝、心的轻度损害。

续表

编号	化合物名称	类属	闪点	爆炸极限（体积）	蒸气压（温度）	急性毒性 大鼠经口 LD_{50}或其他	TLV	主要危险性特征
110	碘甲烷	有机有毒物品 中等毒			400 mmHg (25℃)	小鼠经口 76 mg/kg LD_{50}	5 ppm[文]	可经皮肤吸收。对中枢神经系统有抑制作用,对皮肤有刺激作用。
111	碘仿	中等毒				兔经口 910 mg/kg LD	10 mg/m³[美] 0.6 ppm[文]	
112	溴乙烷	有机有毒物品 中等毒	-20℃	6.75%~11.25%	475 mmHg (25℃)	小鼠腹腔 1 750 mg/kg LD_{50}	5 mg/m³[前苏] 890 mg/m³[美]	自燃点 511.11℃。有麻醉作用,能引起肺,肝,肾损害。
113	1-溴丁烷	一级易燃液体	18.33℃ (开杯)	2.6%~6.6%				自燃点 265℃。高浓度时有麻醉作用。
114	溴甲烷	剧毒气体		10%~16% 8.6%~20%	1 824 mmHg (25℃)	小鼠吸入 1 540 mg/kg LC_{50}	1 mg/kg[中,前苏] 20 mg/kg[美]	自燃点 536℃。为较强的神经毒物,致死毒作用带狭窄。对皮肤,肾,肝都可引起损害。对呼吸道有刺激作用,严重时可引起肺水肿。

续表

编号	化合物名称	类属	闪点	爆炸极限（体积）	蒸气压（温度）	急性毒性大鼠经口 LD_{50} 或其他	TLV	主要危险性特征
	十五画							
115	溴仿	有机有毒物品中等毒	无		5.6 mmHg（25℃）	2 500 mg/kg	5 mg/m³[美] 5 mg/m³[前苏]	主要抑制中枢神经系统，具麻醉作用和催泪性，严重损害肝脏。
116	樟脑	二级易燃固体低毒	65.56℃（闭杯）	0.6%～3.5%	38 mmHg（18℃）	大鼠腹腔 900 mg/kg MLD	12 mg/m³[美] 3 mg/m³[前苏]	自燃点 466℃。蒸气有麻醉性。
	十六画							
117	磺胺					小鼠经口 621 mg/kg LD_{50}		牵涉再生障碍性贫血。怀疑致癌。

参 考 文 献

［1］武汉大学化学与分子科学学院实验中心. 有机化学实验［M］. 武汉：武
汉大学出版社，2004

［2］王福来，有机化学实验［M］. 武汉：武汉大学出版社，2001

［3］北京大学化学学院有机化学研究所. 有机化学实验［M］. 北京：北京大
学出版社，2002

［4］查正根、郑小琦、汪志雪、顾静芬. 有机化学实验［M］. 合肥：中国科
技大学出版社，2010

［5］李兆陇、阴金香、林天舒. 有机化学实验［M］. 北京：清华大学出版社，
2001

［6］杨高文. 有机化学实验［M］. 南京：南京大学出版社，2010

［7］武汉大学化学与分子科学学院实验中心. 基础有机化学实验［M］. 武汉：
武汉大学出版社，2014

［8］兰州大学，复旦大学化学系有机化学教研室. 有机化学实验［M］. 北京：
高等教育出版社，2010

［9］有机化学实验技术编写组. 有机化学实验技术［M］. 北京：科学出版社，
1978

［10］化学实验规范编写组. 化学实验规范［M］. 北京：北京师范大学出版
社，1987

［11］［美］帕维亚 D L，兰普曼 G M，小克里兹 G S. 现代有机化学实验技术
导论［M］. 丁新腾译. 北京：科学出版社，1985

［12］Lehman J W. Operational Organic Chemistry, a Laboratory Course（second e-
dition）［M］. Ally and Bacon Inc，1988

［13］John C. Gilbert, Stephen F. Martin, Experimental Organic Chemistry［M］.
A Miniscale and Microscale Approach, Fifth Edition, 2011

［14］《防火检查手册》编辑委员会. 化学危险物品手册［M］. 上海：上海科

学技术出版社，1983

[15] Wilcox C F Jr. Experimental Organic Chemistry [M]. Theory and Practice. New York：Macmillan Publishing Company，1984

[16] Harwood L M, Moody C J. Experimental Organic Chemistry，Principles and Practice [M]. London：Blackwell Scientific Publication. 1989